Start
スタートダッシュ
Dash iOS

アプリエンジニアの必須ノウハウを
サクっと押さえる

諏訪悠紀、平屋真吾、前田翼、田辺信之 著

技術評論社

はじめに

この本は、これからiOSアプリ開発を始める人に向けた入門書です。

まずはじめに、「これからiOSアプリ開発を始めること」について少し考えてみます。現代のiOS業界は、すでに世の中にはiOSアプリがたくさんあり、ある程度成熟した業界となっています。iOSアプリ開発業界がビジネスとして成り立ってから数年が経過し、今や何万ものアプリが世の中にリリースされています。iOSデバイスは、実生活の中で密接に関わっています。個人の生活を支えるツールとしての役割から始まり、お店のレジに使われていたり、飲食店の注文端末として使われていたりと、じつにさまざまな企業で活用されています。

開発側の視点でも考えてみましょう。iOS SDKやXcodeといったiOSアプリ開発に欠かせないツール、サービスも日に日に進化を遂げています。

上記のことから、iOSアプリ開発をこれから始めるうえで必要な知識やノウハウは、かなり膨大な量となっていることがわかります。これから始める人にとっては、非常にハードルの高いことです。

本書では「これからiOSアプリ開発を始める=スタートダッシュする」ことを目的に、数多くのiOSアプリ開発の知識やノウハウから「スタートダッシュするために本当に必要な情報」を濃縮して構成しています。

序章では、iOSアプリ開発とはどのような世界なのかを知るために、iOSアプリエンジニアにはどのような知識とスキルが必要とされるのかを解説しています。また、現状を知ってもらうだけではなく、今後もiOSアプリエンジニアとして生きていくために必要な観点も解説しています。

第1章ではiOSのことを正しく理解していただくために、iOSのこれまでの歴史とiPhoneを中心としたiOSデバイスの種類を概説しています。続けて、iOSアプリ開発には欠かせないXcodeの基本的な使い方を学びます。

第2章ではSwiftの基礎を解説しています。Xcodeの機能「Playground」を使って、Swiftの基本的な書き方のルールをしっかりと学びます。Swiftの言語機能は幅広いですが、ここでも特に重要な機能に焦点を当てて解説しています。

第3章はこれからのiOS開発のパラダイムとして、SwiftUIについて解説しています。

SwiftUIは2019年に発表されたばかりの新しいフレームワークですが、今後デファクトスタンダードになることが予想されます。本書を今後も役に立つ書籍にすべく取り入れました。

第4章ではiOSアプリのデザインについて解説しています。iOSアプリにおいて切っても切れない関係である「UI/UXデザイン」はどのように進めれば良いのか、実際に現場で採用されている手法を用いて解説しています。

第5章ではiOSアプリにOSS(オープンソースソフトウェア)を組み込む方法を解説しています。iOSアプリを開発する際、すべて自分自身のコードで完結させることは珍しく、OSSを利用することが一般的です。OSSを使う方法は主にCocoaPods、Carthage、Swift Package Managerと3つの選択肢がありますが、それぞれの使い方を掲載しています。

第6章では開発の手助けとなるテストについて解説しています。実際のところiOSアプリ開発においてテストは軽視されがちですが、テストを怠ると結果的に開発スピードが遅くなったりiOSアプリの品質が低下したりといった問題が発生します。かんたんに導入できるので、参考にしながらテストを実施するようにしましょう。

本書は、読者のみなさんがiOSアプリ開発をするデスクの脇に置いてもらい、何度も見返しながら開発を頑張る姿をイメージしながら執筆しました。執筆者一同、同じようにしてスタートダッシュを切ってきました。その時を思い返しながら「開発を始める時にはどのような情報があると理解できるのか」をポイントに、掲載する内容を吟味しました。

開発のスタートダッシュに寄り添う本として活用いただけたらうれしいです。

目次

はじめに ………… 3

第0章
iOSアプリエンジニアの現場の世界 13

0-1 iOSアプリエンジニアとは ………… 14
何のためにiOSアプリを作るのか ………… 14

0-2 iOSアプリ開発に必要な知識とスキル ………… 16
UIを実装する ………… 16
ロジックを実装する ………… 16
設計手法・開発手法を知る ………… 17
ネットワーク知識・非同期処理を押さえる ………… 17

0-3 iOSアプリ開発の今後の展望 ………… 19
ハードウェア・ソフトウェアの進化とユーザー体験の変化 ………… 19
Swiftの成長 ………… 20

第1章
これだけは知っておきたいiOSアプリ開発のはじめかた 23

1-1 iOSアプリ開発に必要なもの ………… 24
Macを購入する ………… 24
Apple IDを作成する ………… 24
Xcodeをインストールする ………… 24
iPhoneを用意する ………… 25

1-2 iOSと開発環境を知る ………… 26
iOSとは ………… 26
Xcode ………… 28

iOS SDK …… 28

1-3 **アプリのリリースとApp Store** …… 30
Apple Developer Program …… 30
App Store Connect …… 30

1-4 **Xcode 11の基礎知識** …… 32
Xcode 11のインストール …… 32
Xcodeプロジェクトの作成 …… 34
Xcodeの画面の基本構成 …… 38

1-5 **iOSアプリを実行する** …… 41
シミュレータで実行する …… 41
実機のiPhoneで実行する …… 42

第2章
Swiftをマスターしよう 53

2-1 **Swiftの実行環境とHello World** …… 54
Swiftの特徴的な言語仕様 …… 54
動作環境を押さえる …… 56
Playgroudで実行環境を構築する …… 56

2-2 **変数と定数を理解する** …… 59

2-3 **Swiftにおける型を理解する** …… 62
String型 …… 62
Int型 …… 63
Bool型 …… 65
配列型 …… 66
Dictionary型 …… 69
列挙型 …… 71
Optional型 …… 73
値型と参照型 …… 75
関数 …… 81
クロージャ …… 83
プロトコル …… 84

2-4 制御構文 ······ 88

if文 ······ 88

if-let文 ······ 89

guard文 ······ 90

switch文 ······ 91

for文 ······ 94

while文 ······ 95

repeat-while文 ······ 95

2-5 アプリケーション開発をする際に知っておくべきこと ······ 97

トレイリングクロージャ ······ 97

属性（attribute） ······ 98

Delegateパターン ······ 99

GCDを使った非同期処理 ······ 102

2-6 エラー処理 ······ 107

Optionalでエラーハンドリング ······ 107

Error protocol ······ 108

do-catch文 ······ 109

throwsキーワード ······ 110

tryキーワード ······ 111

Result<Success, Failure>型 ······ 112

do-catchとResultの使い分け ······ 113

第3章 iOS開発の新しいパラダイム 115

3-1 SwiftUIとは ······ 116

宣言型のシンタックス ······ 116

プレビュー ······ 116

SwiftUIでHello World ······ 118

フレームワークの部品を追加する ······ 124

3-2 SwiftUIによるデザイン・レイアウト調整 ······ 131

デザイン調整のやり方 ······ 131

VStackやHStackを使って部品を整列させる ······ 136

alignmentでStack内の部品の表示位置をそろえる 137
padding modifierを使ったレイアウト調整 139
Spacerを使ったレイアウト調整 142

3-3 SwiftUIでリスト表示と画面遷移 147
リスト表示とナビゲーション 147
Listを使って静的な行を作成する 147
Listを使って配列からリスト表示 149
セクションやヘッダー／フッターでスタイルをカスタマイズ 153
NavigationLinkを使って画面遷移を実装する 155

3-4 SwiftUIでユーザーの入力を受け付ける部品 160
Buttonでユーザーのインタラクションを受け付ける 160
Sliderを使ってある範囲内の値を選ぶ 163
Toggleで2つの状態を切り替える 164

3-5 SwiftUIでToDoアプリを作ってみよう 167
タスクを表すモデルを作成する 167
タスクを表すビューを実装する 169
タスク一覧の実装 171
タスクの新規作成のためのUI実装 173
タスクの追加と削除 178
SwiftUIの注意点と今後の展望 182

第4章
エンジニアでも押さえておきたいiOSアプリデザイン 183

4-1 アプリ開発の流れとUI/UXデザイン 184
企画 184
設計（デザイン） 185
開発 185
リリース 185
分析 186
UI/UXデザインとは 186
UXデザインの流れを押さえる 187

4-2　**情報を設計する** …… 191
情報を書き出す …… 191
UI Flows …… 191

4-3　**画面を構成する** …… 193
iOS Human Interface Guidelinesを確認する …… 193
ペーパープロトタイプをつくる …… 194
ワイヤーフレームで設計する …… 195
ビジュアルデザイン …… 195
モックアップをつくる …… 196

4-4　**Storyboardを使った開発を押さえる** …… 197
Storyboardとは …… 197
Auto Layoutとは …… 198
制約（Constraint） …… 199

4-5　**StoryboardでAuto Layoutを設定してみよう** …… 201
制約を追加 …… 204
制約の確認・削除・編集 …… 206
Safe Area …… 207
整列ツール …… 211

4-6　**ソースコードとStoryboardをつないでみよう** …… 217
@IBOutletでソースコードからStoryboardを操作する …… 217
@IBActionでViewのアクションを受け取る …… 222

4-7　**UINavigationControllerを使って画面遷移をする** …… 226
UITableViewでリスト画面作成 …… 226
詳細画面を作成する …… 232
UINavigationControllerでつなげる …… 237

4-8　**ダークモードに対応する** …… 241
ダークモードへの切り替え …… 242
カラーの設定方法 …… 243
UIKitのコンポーネントは未設定でダークモードに対応済 …… 244
システムカラーとUIエレメントカラーを設定 …… 244
カスタムカラーの設定 …… 247
Storyboardからカラーを設定 …… 249

プログラムからカラーを設定 …… 250

4-9 **パスワードレス認証 - Face IDとTouch ID** …… 252

多要素認証（MFA: Multi-Factor Authentication） …… 252

FIDOとパスワードレス認証 …… 253

iOSの生体認証 - Face IDとTouch ID …… 253

4-10 **画面サイズとジェスチャー** …… 259

プッシュ遷移 …… 260

モーダル遷移 …… 260

ボトムシート（Bottom Sheet） …… 263

第5章 OSSを駆使した現場の実践TIPS 267

5-1 **OSSを使ううえでの心得** …… 268

メリットとデメリット …… 268

OSSを使用するかの判断 …… 268

ライセンス …… 269

OSSの導入方法 …… 269

検証環境 …… 270

5-2 **CocoaPodsでOSSを管理する** …… 271

メリットとデメリット …… 271

ライブラリの追加 …… 272

Podfile …… 279

バージョン管理 …… 280

Podfile.lock …… 280

ライブラリの更新 …… 281

ライブラリの削除 …… 283

5-3 **CarthageでOSSを管理する** …… 284

メリットとデメリット …… 284

ライブラリの追加 …… 285

Cartfileの書き方 …… 294

バージョン管理 …… 295

ライブラリの更新 …… 296
ライブラリの削除 …… 296

5-4 Swift Package ManagerでOSSを管理する …… 298
メリットとデメリット …… 298
ライブラリの追加 …… 298
バージョンの指定 …… 304
ライブラリの更新 …… 305
ライブラリの削除 …… 308

5-5 Alamofireを使用して通信処理を実装する …… 311
サンプルプロジェクトの作成 …… 311
インストール手順 …… 311
JSONデータの取得 …… 312
HTTPヘッダーの指定 …… 315
レスポンスのバリデーション …… 315
レスポンスのハンドリング …… 316

5-6 Kingfisherを使用してWeb上の画像を表示する …… 318
サンプルプロジェクトの作成 …… 318
インストール手順 …… 318
画像のダウンロードとUIImageViewへの設定 …… 319
プレースホルダの設定 …… 321
角丸の設定 …… 322
アニメーションの設定 …… 323

5-7 PKHUDを使用してHUDを表示する …… 324
サンプルプロジェクトの作成 …… 325
インストール手順 …… 325
ローディングの表示と非表示 …… 325
成功/失敗の表示 …… 327
ローディング・成功・失敗の表示（テキストあり） …… 328
テキストの表示 …… 329
マスクの無効化 …… 330

第6章
iOS開発テストの超入門 333

6-1 テストとは 334
自動テストのメリット 334
自動テストのデメリット 335
テストの種類 335

6-2 XCTestでユニットテスト 338
XCTestのセットアップ 338
テストクラスを新規作成 341
アサーション 346
テストの実行と結果表示 348
非同期テスト 350
テストのグループ化 351

6-3 XCTestでUIテスト 352
UIテストのセットアップ 352
テストするサンプルプロジェクト 353
UIテストを書く 358
スクリーンショットを撮る 359

6-4 CI/CD入門 362
CIとは 362
CIのメリット 363
CDとは 363
Xcode ServerでCIを実践する 364

索引 375
参考資料 381

第0章

iOSアプリエンジニアの現場の世界

0-1 iOSアプリエンジニアとは

序章では、iOSアプリ開発を始める前の準備として、“iOSアプリエンジニアの現場の世界”をみていきます。

iOSエンジニアとひとことで言っても、求められる業務知識・スキルは非常に幅広いです。アプリ画面の見た目や動きを思いのまま表現できるスキルも必要ですし、プログラムを組み立てる設計のスキルも必要です。また近年のアプリは、インターネットに接続してデータ通信をおこなったり、ハードウェアと連携する機能を持つことが多いため、ネットワーク通信および非同期処理の知識が必要な場面も多く出てきます。アプリに関するさまざまなカテゴリの専門知識やノウハウを習得したうえで、アプリの使い手（ユーザー）にとって使いやすいアプリを作ることができます。

すべてのiOSエンジニアがフルスタックである必要はありません。まずは、自分の作りたいアプリの種類、あるいは自分の得意分野を活かすことを考えましょう。自分に必要な専門知識を身につけたほうが効率的ですし、何より楽しく学び始められます。

何のためにiOSアプリを作るのか

iOSアプリは一般的に、利用目的に応じていくつかの種類に分類できます。もちろん、この分類以外にも、アイデア次第でまったく新しい種類のアプリが作れるかもしれません。

▼表0-1　おもなiOSアプリの種類

分類	説明	例
ユーティリティ	生活や仕事をサポートするようなアプリ。比較的シンプルなアプリが多い	タスク管理、アラーム、カメラ、など
サービス	あるサービスを利用するために使うアプリ	LINE、Facebook、Instagramなど
ゲーム	ソーシャルゲームやカジュアルゲームなど、娯楽目的のアプリ	ソーシャルゲーム、カジュアルゲームなど
エンタープライズ	企業が社内で利用する目的のアプリ	―

個人でアプリを開発する場合、まずはユーティリティ系のアプリから作り始めることをおすすめします。その理由は、シンプルな機能であればあるほど、完成までの道のりが

短いためです。はじめのうちは、アプリを短期間で完成させることを目的にすると良いでしょう。達成感を得ることは、今後継続的に学んでいくうえでとても大切です。

0-2 iOSアプリ開発に必要な知識とスキル

iOSアプリエンジニアに求められる知識やスキルはとても幅広いです。しかし、それらをすべて初めから習得する必要はありません。知識とスキルの幅の広さ、あるいは領域ごとへの知識の深さは、iOSアプリエンジニアを続けていく中で自然と身につきます。

ここでは、アプリエンジニアとしてスタートダッシュを切るうえで、特に身につけるべき知識やスキルを理解しましょう。

UIを実装する

UIとは、ユーザーインターフェース（User Interface）の略で、ユーザーがアプリを使用するうえで表示される画面などのことを指します。ユーザーは、アプリを使う中では、ボタンをタップしたりテキストを入力したり、書かれている文字や画像を見たりといったような行動を起こします。iOSアプリエンジニアは、これらの行動にともなうアプリの振る舞いを実装しなければいけません。

アプリのUIを実装するには、通常はAppleが標準提供しているiOS SDKを使います。iOS SDKの中には、ボタン・ラベル・イメージといったような標準的なコンポーネントが含まれています。

開発に慣れないうちは、まずはiOS SDKに含まれている各コンポーネントの使い方に慣れることからはじめることをおすすめします。各コンポーネントの使い方は、Apple公式のドキュメントを参考にしながら実装していくことで、UI実装スキルを身につけることができるでしょう。

ロジックを実装する

アプリでは、ユーザーの操作や状況に応じて、さまざまな振る舞いをおこなわなければいけません。臨機応変に対応できるアプリを作るためには、条件分岐やデータの取り回し、演算といったようなロジック（処理）を実装する必要があります。

ロジックにおいて重要なポイントは、正確かつ効率的に、シンプルにすることです。正しく処理される大前提のうえで、効率的な処理がおこなわれるように記述すべきです。処理が遅い非効率なコードでは、ユーザーから見た際にもっさり動くようなアプリになってしまいます。

また、読みやすくシンプルに記述することも重要です。アプリのコードは、一度作っただけでは終わらず、ときには機能追加のため、すでに書いてあるコードをさらに書き足す場合もあります。読み返せないようなコードを書いてしまうと、コードを修正することが困難になってしまいます。「よくわからないけどなぜか動いているコード」を生み出してしまう可能性もあります。後先のことを考え、読みやすくシンプルにコードをまとめるスキルが求められます。

➡ 設計手法・開発手法を知る

ソフトウェア開発において、これまで多くの設計手法・開発手法が提唱されています。たとえば、デザインパターン、オブジェクト指向、テスト駆動開発（TDD）、リアクティブプログラミングといったようなものです。もともとソフトウェア開発の身近にいた方は、聞き覚えのある名前も含まれているはずです。これらの設計手法・開発手法は、これまでソフトウェアの歴史とともに発展してきました。

設計手法・開発手法を、歴史から追ってすべてを1から理解する必要はありません（もちろん、知っているとより良いです）。設計手法・開発手法が取り扱うテーマは、「書けば書くほど複雑になってしまうコードに対して、ルールを設けて秩序を保つ」ということに尽きます。

また、設計手法・開発手法にはトレンドがあります。トレンドになっている手法がどのようなものかをキャッチアップしていくマインドが、とても重要になります。

iOSアプリにおける設計手法は、Swiftの言語仕様の一部に採用されていたり、iOS SDK内の一部コンポーネントの振る舞いとして採用されたりしています。つまり、設計手法を知ることで、Swiftの言語仕様の理解が進んだり、iOS SDKの使い方を学ぶコストが削減できるといったような効果もあります。

➡ ネットワーク知識・非同期処理を押さえる

近年のアプリは、アプリの中で扱うデータの書き込みや読み出しを、インターネットを用いたデータ通信によりおこなうケースが増えています。また、Bluetoothの機器との通信や位置情報の取得といったような、非同期で処理する場面が増えてきています。そのため、データ通信や非同期処理がどのようなしくみで動作するか理解しておくと同時に、どのように実装すれば良いか理解する必要があります。

実装は、標準で提供されているSDKやオープンソースのライブラリを利用することが多いです。しかし、どのようなしくみで動いているのかを理解することで、正しく動作するアプリが実装できます。

0-3 iOSアプリ開発の今後の展望

アプリ開発者として一人前になるためには、現状必要とされるスキルセットを習得するだけではなく、今後のiOSアプリ業界の変化を知り、柔軟に対応しながら学び続けていく姿勢が大切です。

毎年必ずおこなわれるiOSのバージョンアップや新しいデバイスのリリースをキャッチアップし、自身の知識・スキルをアップデートしていきます。

ハードウェア・ソフトウェアの進化とユーザー体験の変化

iOSアプリ開発は、ハードウェアの進化と密接に関わっています。ハードウェアの進化がどのようにソフトウェア開発に影響が出てくるのか、いくつかの具体的なApple製デバイスを取り上げて考えてみましょう。

近年では、2017年に登場したiPhone Xが大きな話題となりました。これまでのiPhoneにはあたりまえのように搭載されていたホームボタンが無くなり、ベゼルレス（ベゼルを大きく省きディスプレイ領域を広げる）が採用されるといった大幅な変更がおこなわれました。

ハードウェアとソフトウェアの進化は、ユーザー体験に変化をもたらします。わかりやすい例が、Touch IDやFace IDの登場です。Touch IDやFace IDが登場する前は、ユーザーがiPhoneのロックを解除したり、有料アプリをダウンロードしたりする際はパスコードやパスワードを入力する必要がありました。Touch IDでは指紋で触れるだけで、Face IDでは自分の顔をカメラに読み込ませるだけで、パスコードの入力の必要なくiPhoneのロックが解除できるようになりました。また、Touch IDやFace IDはiPhoneのロック解除だけではなく、有料アプリや課金アイテムを購入する際にも利用できます。日常的におこなう行為であるため、iPhoneを使うユーザー体験に大きな変化をもたらしました。

iOSのバージョンアップ

iOSのバージョンアップは、毎年以下のようなスケジュールで実施されます。

- 5月ころにWWDCにてiOSの次期バージョンの機能概要が発表、ベータ版リリース
- 9月ころにiOSの次期バージョンが正式リリース

iOSのバージョンアップには、ハードウェアやOSにアクセス可能な新しいAPIの提供や、バグ修正が含まれます。毎年発表される新しいiOSバージョンの機能をキャッチアップし続け、かつその機能を用いてどのようなアプリを作るかを考えていけると良いでしょう。

➡ Swiftの成長

Swiftは、2014年のWWDCで発表された、現在のiOSアプリ開発においてデファクトスタンダードなプログラミング言語です。かつてはObjective-Cで記述することがほとんどでしたが、現在ではSwiftでiOSアプリを開発することが一般的になっています。

Swiftは「モダン、安全、高速、インタラクティブ」を特徴として掲げています。モダンな記法で安全に記述ができるような言語機能をそろえ、高速に動作し、インタラクティブに試せる環境を提供します。これらの特長により、従来のiOSアプリ開発における課題であった「iOSアプリ開発のハードルの高さ」を下げています。iPad向けのSwift Playgroundをはじめ、子どもでもSwiftを学べるような環境が整っています。

- Swift Playground：https://www.apple.com/jp/swift/playgrounds/

2015年、Swiftはオープンソースとしてリリースされました。Appleだけではなく、開発コミュニティ全体がSwiftの成長に貢献できるようになっています。

- SwiftのWebページ：https://swift.org/

Swiftの最新バージョンは「Swift 5」となっています。Swiftが初めてリリースされてからSwift 5に到るまで、Swiftの言語機能は追加・改善されてきました。基本的な書き方に関するところから高度な機能まで、より安全に書きやすくなるような進化し続けています。

これから先も、Swiftの言語機能は、開発コミュニティの貢献によって進化していくことでしょう。どのような機能が提案されているかは「Swift Evolution」、またはGitHubリポジトリで確認できるようになっています。

- Swift Evolution : https://apple.github.io/swift-evolution/
- GitHubリポジトリ : https://github.com/apple/swift-evolution

最新のXcodeでは最新のSwiftバージョンをサポートしており、反対に古いバージョンはサポートされなくなっていきます。最新のバージョンのSwiftの書き方や機能をキャッチアップしていき、Swiftに関する知識をアップデートしていくと良いでしょう。

第1章

これだけは知っておきたいiOSアプリ開発のはじめかた

1-1 iOSアプリ開発に必要なもの

まず、iOSアプリ開発に必要なものを準備しましょう。iOSアプリ開発は、Macユーザーであればだれでも無償で始められます。Mac自体は購入する必要がありますが、Macさえあれば追加の費用はかかりません。

Macを購入する

iOSアプリを開発するにはMacが必須です。MacBookやMacBook Pro、iMacなどを購入したうえでiOSアプリ開発を始めるようにしましょう。

iOSアプリ開発のためにMacを購入する場合、スペックに配慮しながらモデルを選択することをおすすめします。スペックの低いモデルでは、iOSアプリをビルドする処理が遅くスピーディに開発できないデメリットがあるためです。MacBook Proシリーズであれば、ストレスなく開発が進められるでしょう。

Apple IDを作成する

Apple IDは、Appleが提供しているサービスを利用するために必要なアカウントです。MacやiPhone、iPod touchを所有しているのであれば、ほとんどの場合すでに取得しているはずです。

Apple IDを持っていると「App Store」で公開されているMacアプリやiPhoneアプリ、iPadアプリをインストールできます。後述している、iOSアプリ開発に必要な「Xcode」のインストールにもApple IDが必要になります。

Xcodeをインストールする

XcodeはAppleが提供しているiOSアプリやMacアプリ、iPadOSアプリを開発するための統合開発環境（IDE）です。Macユーザーであればだれでも無償でインストールできます。

Xcodeのインストール手順は後述するので、手順に沿ってインストールするようにしましょう。

iPhoneを用意する

iOSアプリ開発はiPhoneが無くても進められますが、iOSアプリが実機上でどのように動くのか確認する際に必要です。

Macではシミュレータを使うことで、iPhone上で動かしているような感覚でiOSアプリの動作確認がおこなえます。しかし、画面の文字やボタンの大きさなど実際にiPhoneを手に取ってみなければわからないところも多いため、実機を用意しておいたほうが良いでしょう。

また、ジャイロセンサーやBluetoothといった、実機ならではの機能を使うiOSアプリの開発では、実機の用意が必須となります。

1-2 iOSと開発環境を知る

iOSとは

iOSは、AppleがおもにiPhone向けに開発したOS（オペレーティングシステム）です。現在、最新バージョンであるiOS 13が提供されており、最新のiPhoneに搭載されています。

iOSのバージョン

iOSは毎年9月頃、メジャーバージョンアップデートが実施されています。メジャーバージョンアップデートでは新機能の追加や大幅なUIの変更などがおこなわれるため、リリース済みのiOSアプリでは新しいバージョンのiOSで正常に動くようにするための修正を必要とすることがあります。しかしながらメジャーバージョンアップデートが毎年規則的に実施されるので、対応するためのスケジューリングがしやすくなっています。

iOSデバイスの種類

iOSが搭載されているデバイスは、ほぼiPhoneのみと捉えて良いです。iPhoneのほかには、iPod touchもiOSが搭載されるデバイスの一種です。iOS 13に対応しているデバイスは、以下のとおりです。

▼表1-1　iOS 13に対応するデバイス

デバイス名	発売時期
iPhone SE（第2世代）	2020年5月
iPhone 11	2019年9月
iPhone 11 Pro	2019年9月
iPhone 11 Pro Max	2019年9月
iPod touch（第7世代）	2019年5月
iPhone XS	2018年9月
iPhone XS Max	2018年9月
iPhone XR	2018年9月
iPhone X	2017年9月
iPhone 8	2017年9月

iPhone 8 Plus	2017年9月
iPhone 7	2016年9月
iPhone 7 Plus	2016年9月
iPhone SE	2016年3月
iPhone 6s	2015年9月
iPhone 6s Plus	2015年9月

iOS 12まではiPadもデバイスに含まれていましたが、今後のiPadには、iOSではなくiPadOSが搭載されるようになりました。したがって、iPadに対応したアプリをリリースしたい場合はiPadOSでの動作確認も必要になります。

■ デバイスのディスプレイサイズ

デバイスのディスプレイサイズは、iPhoneの世代ごと、およびモデルごとに異なります。特にiOSアプリの画面デザインにおいては、さまざまなディスプレイサイズで使われることを想定して設計する必要があります。

ディスプレイのサイズが特に大きく異なるのは、iPhone 8以前の世代とiPhone X以降の世代です。iPhone X以降では、ホームボタンなし・ベゼルレスといったデザインを採用しているため、ディスプレイが凹型になっており、ディスプレイサイズが広く取られています。たとえば、iPhone Xで動作することを基準に画面デザインをおこなってしまうと、iPhone SEで実行した時に表示できなくなってしまうなどの問題が発生する可能性があります。

さまざまなディスプレイサイズを柔軟にサポートするため、Appleでは「Adaptive User Interfaces（適応的なUI）」を推奨しています。これは、UIパーツやフォントを絶対値で指定するのではなく、Auto LayoutやDynamic Textといった機能を使って、ディスプレイサイズに合わせてUIパーツやフォントの大きさが変わるようにプログラミングする手法です。

- **Human Interface Guidlines：**
  https://developer.apple.com/design/adaptivity/

➡ Xcode

■ Xcode 11の動作環境

Xcodeの最新のメジャーバージョンはXcode 11です（2020年4月現在）。Xcode 11はmacOS 10.14.4（Mojave）以上のMacで利用できます。Xcode 11で特に注意したい点が、SwiftUIのプレビュー機能はmacOS 10.15（Catalina）以上のみ利用できるところです。macOS 10.14.4（Mojave）ではSwiftUIのプレビュー機能は使えないので、利用したい場合はmacOSのアップデートが必要です。

■ シミュレータ

シミュレータはXcodeに付属しているため、Xcodeをインストールしていれば利用できます。

実際のiOSアプリ開発では、iOSアプリがすべてのデバイスで正常に動作するか確認することが必要です。しかし、実際のデバイスをすべて用意することは非常に困難です。そのため、iOSデバイスを再現する環境を利用することで、特定のiOSデバイスにおけるiOSアプリの動作をMac上で再現できます。

➡ iOS SDK

iOS SDKはiOSアプリを構築するうえで欠かせないSDK（Software Development Kit）です。このiOS SDKに含まれているAPI（Application Programming Interface）を呼び出すことで、iOSアプリ上からiOSの持っている機能を利用できます。

■ iOS SDKバージョン

iOS SDKにはバージョンがあります。毎年メジャーバージョンアップが実施され、iOS SDK 13が最新バージョンです。（2020年4月現在）。iOSのバージョンとiOS SDKバージョンは名前が似ていますが、意味は異なるので注意が必要です。iOSバージョンはiOSデバイスに搭載されているiOS自体のバージョンを指します。対してiOS SDKバージョンは、iOSアプリに含むiOS SDKのバージョンを指します。

より具体的なユースケースを確認していきましょう。たとえば、「iOS 12.0がインストールされたiPhone」があったとします。このiPhoneには、「iOS SDK 13.0を使ってビルドしたiOSアプリ」をインストールできます。しかし、iOS SDK 13.0で新たに提供されるAPIは実行時に動作しません。この場合は、iPhoneをiOS 13.0以上にアップデートする必要があります。

このように、iOS自体のバージョンとiOS SDKのバージョンは組み合わせによりiOSデバイス上で動くか動かないかが変わってきます。

■ フレームワーク

APIは、カテゴリごとにフレームワークという形でパッケージングされています。たとえば、UIパーツを利用したい場合はUIKitフレームワーク、位置情報を取得したい場合はCore Locationフレームワークを利用するといったぐあいです。これらのAppleから標準的に提供されるフレームワークを総称してiOS SDKと呼んでいます。

フレームワークには、コアな機能を呼び出すことを中心にパッケージングされているものから、iOSアプリからよりかんたんに呼び出すことができるようにパッケージングされているものなど、さまざまなものがあります。

1-3 アプリのリリースとApp Store

　一般ユーザー向けにiOSアプリをリリースする場合、App Storeを利用して配信します。一般ユーザーはiPhoneからApp Storeアプリを起動し、iOSアプリをインストールできます。
　自分が開発したiOSアプリをApp Storeで公開するには、以下の作業が必要です。

- Apple Developer Programの契約
- App Store Connectでのリリース申請

Apple Developer Program

　Apple Developer Programは、Appleのプラットフォーム上でアプリをリリースするために必要なサポートサービスです。年間11,800円の有償サービスです。

- Apple Developer Program：
  https://developer.apple.com/jp/

　XcodeのインストールおよびiOSアプリの開発自体はApple IDさえあれば誰でも無償ではじめられますが、開発したiOSアプリを一般ユーザー向けにリリースする際には、Apple Developer Programへの加入が必要となります。

App Store Connect

　App Store Connectは、iOSアプリのリリース作業をするためのサービスです。

- App Store Connect：
  https://appstoreconnect.apple.com/

　完成したiOSアプリをアップロードする作業は、Xcode上からおこなえます。App Store Connectでは、iOSアプリに関するさまざまな情報を登録したり、リリースの申請に関わるやり取りをApple社とおこなえます。

iOSアプリをリリースする際は、次のような手順を踏みます。

- (1)XcodeでiOSアプリをアーカイブする
- (2)XcodeでiOSアプリをApp Store Connectにアップロードする
- (3)App Store Connectでリリースに必要な情報を設定する
- (4)App Store Connectからリリース申請する
- (5)Apple社のレビューが通過すればリリースされる

iOSアプリをリリースするためには、必ずApple社による審査（レビュー）がおこなわれます。審査では、App Store Reviewガイドラインに定義されている規約に違反していないかどうかがチェックされます。

iOSアプリのコンセプト自体が違反している場合、リリースが叶わない可能性もあります。まずは一読し、どのようなiOSアプリがリリース可能なのか確認しておくことをおすすめします。

- App Store Reviewガイドライン：
  https://developer.apple.com/jp/app-store/review/guidelines/

1-4 Xcode 11の基礎知識

Xcodeの基本的な使い方を学びましょう。Xcodeの一連の使い方を学ぶには、まずはかんたんなiOSアプリを作ってみる方法が効率的です。本節では、まずMacにXcodeをインストールし、Xcodeプロジェクトを作成します。あらかじめ用意されているテンプレートを使いながら、開発・実行・デバッグをどのようにおこなっていくのか学びましょう。

Xcode 11のインストール

まずは「App Store」アプリを開きましょう。画面右上に検索窓があるので「Xcode」と入力し、検索します。Xcodeのアプリがヒットします。

▼図1-1

インストールは数十分かかるのでしばらく待ちます。インストール完了後、Xcodeを起動します。

初めて起動する場合は、「Xcode and iOS SDK License Agreement」と書かれた画面が表示されます。利用規約なので、内容を読み「Agree」をクリックします。

▼図1-2

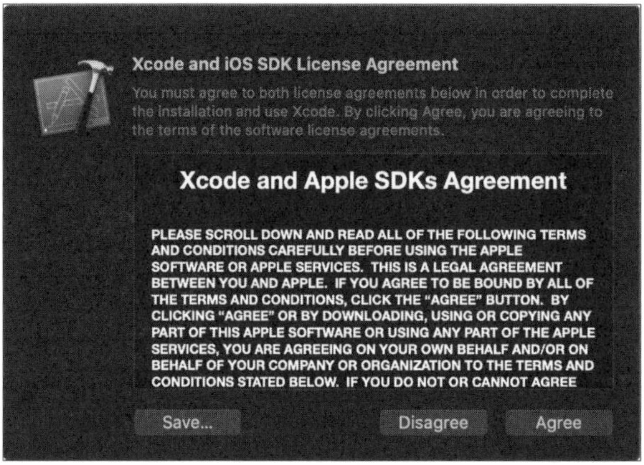
Xcode and iOS SDK License Agreement
You must agree to both license agreements below in order to complete the installation and use Xcode. By clicking Agree, you are agreeing to the terms of the software license agreements.
Xcode and Apple SDKs Agreement
PLEASE SCROLL DOWN AND READ ALL OF THE FOLLOWING TERMS AND CONDITIONS CAREFULLY BEFORE USING THE APPLE SOFTWARE OR APPLE SERVICES. THIS IS A LEGAL AGREEMENT BETWEEN YOU AND APPLE. IF YOU AGREE TO BE BOUND BY ALL OF THE TERMS AND CONDITIONS, CLICK THE "AGREE" BUTTON. BY CLICKING "AGREE" OR BY DOWNLOADING, USING OR COPYING ANY PART OF THIS APPLE SOFTWARE OR USING ANY PART OF THE APPLE SERVICES, YOU ARE AGREEING ON YOUR OWN BEHALF AND/OR ON BEHALF OF YOUR COMPANY OR ORGANIZATION TO THE TERMS AND CONDITIONS STATED BELOW. IF YOU DO NOT OR CANNOT AGREE
Save...
Disagree
Agree

次に、XcodeがMacのシステムにアクセスする必要があるため、システム変更の許可をおこないます。Macのユーザー情報を入力し「OK」をクリックします。

▼図1-3

Xcodeが変更を加えようとしています。
許可するにはパスワードを入力してください。
ユーザ名: Yuki Suwa
パスワード:
キャンセル
OK

次に、必要なコンポーネントのインストールが進みます。しばらく待ちましょう。

▼図1-4

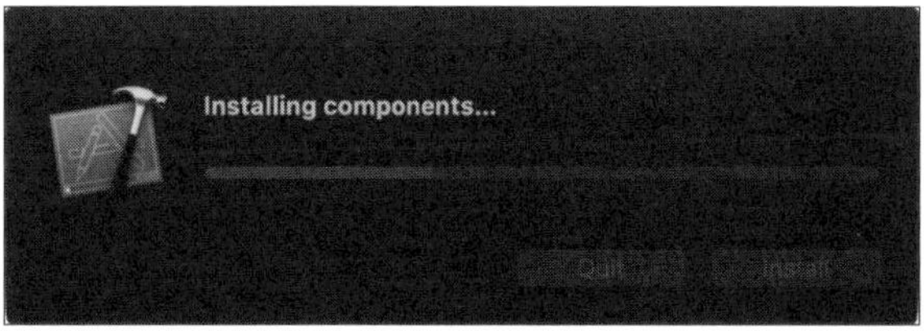
Installing components...

「Welcome to Xcode」と書かれた画面が表示されれば、インストールは完了です。iOSアプリ開発のスタートラインに立ちました。

▼図1-5

➡ Xcodeプロジェクトの作成

Xcodeの起動後に表示される画面の「Create a new Xcode project」をクリックします。

▼図1-6

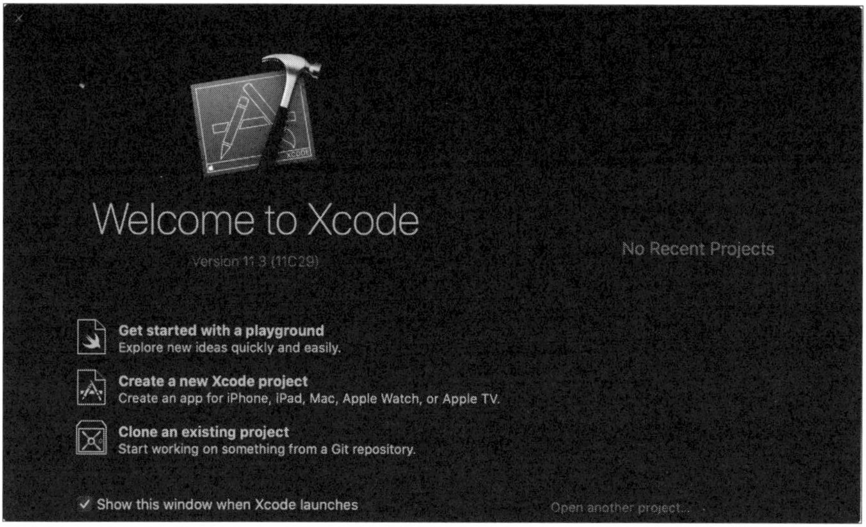

次に、テンプレートを選択する画面が表示されます。「Single View App」を選択し「Next」をクリックします。

▼図1-7

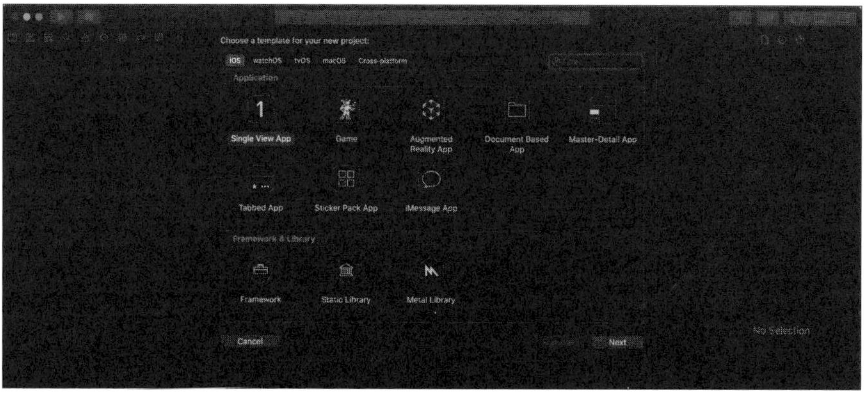

次に、Xcodeプロジェクトに必要な各項目を設定します。iOSアプリの名前や開発に使用するプログラミング言語などを設定します。

▼図1-8

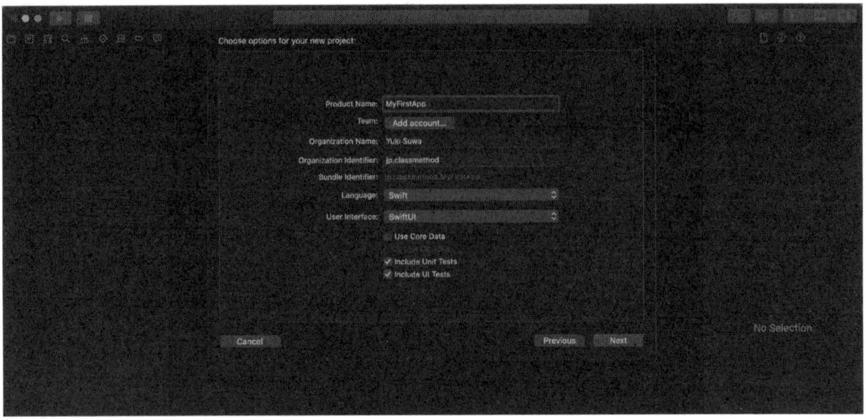

各項目の設定値の意味は、以下の表のとおりです。

▼表1-2　Xcodeプロジェクトの設定

設定値名	意味
Product Name	iOSアプリの名前。ここでは「MyFirstApp」と設定します。
Team	iOSアプリを開発するTeamアカウント。ここでは設定しません。
Organization Name	iOSアプリを開発する団体または個人の名称。会社名や個人名を設定します。
Organization Identifier	iOSアプリを開発する団体または個人のID。全世界でユニークである必要があります。一般的にリバースドメインで命名します。ここでは適当な名前で問題ありません。
Bundle Identifier	iOSアプリのID。Organization Identifier + Product Nameの形式で自動的に設定されます。
Language	iOSアプリを開発するプログラミング言語。SwiftまたはObjective-Cのいずれかを設定します。ここでは「Swift」を選択します。
User Interface	iOSアプリで使用するUIの作成方法。SwiftUIまたはStoryboardのいずれかを設定します。ここでは「SwiftUI」を選択します。
Use Core Data	iOSアプリでCore Data（iOSアプリ内で使用できるローカルのデータベース）を使用するか否かの設定。ここでは、どちらでも構いません。
Include Unit Tests	Xcodeプロジェクトに、ユニットテストの環境を含めて作成するか否かの設定。ここでは、どちらでも構いません。
Include UI Tests	Xcodeプロジェクトに、UIテストの環境を含めて作成するか否かの設定。ここでは、どちらでも構いません。

基本的には、すべての設定値や用意する環境をあとから追加・変更できます。しかし、「Language」と「User Interface」については、あとから変更する場合は手間がかかるため、これらの設定の変更が必要な場合は、Xcodeプロジェクトを作り直したほ

うが早いです。入力したあと「Next」をクリックします。

次に、Xcodeプロジェクトを保存するディレクトリを決めます。ディレクトリを開き「Create」をクリックします。

▼図1-9

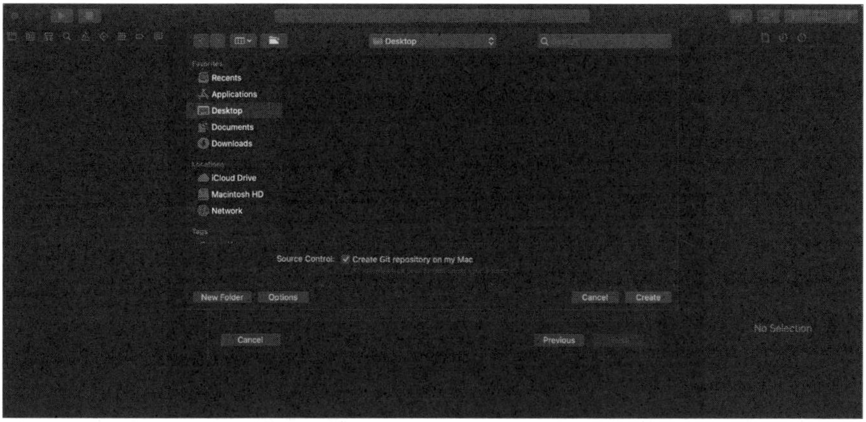

以上でXcodeプロジェクトの作成が完了しました。次のような画面が表示されます。

▼図1-10

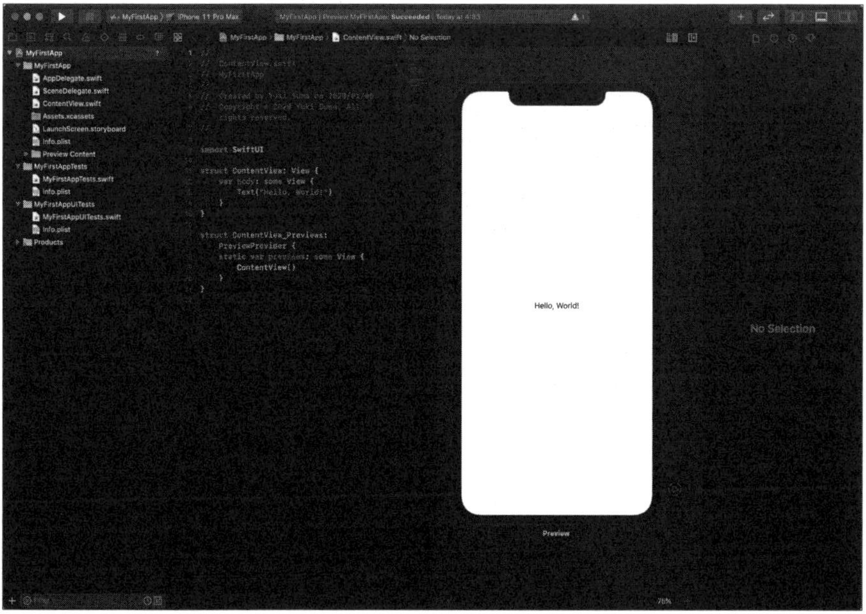

➡ Xcodeの画面の基本構成

Xcodeで開発するための画面が表示されたところで、画面内の基本構成を学びましょう。この画面はXcodeワークスペースと呼び、iOSアプリの開発はほぼこの画面内の操作でおこないます。したがって、この画面の使い方を学ぶことは非常に重要です。

Xcodeワークスペースの画面内は、5つのエリアに分かれています。各エリアにはそれぞれ固有の機能があります。

▼図1-11

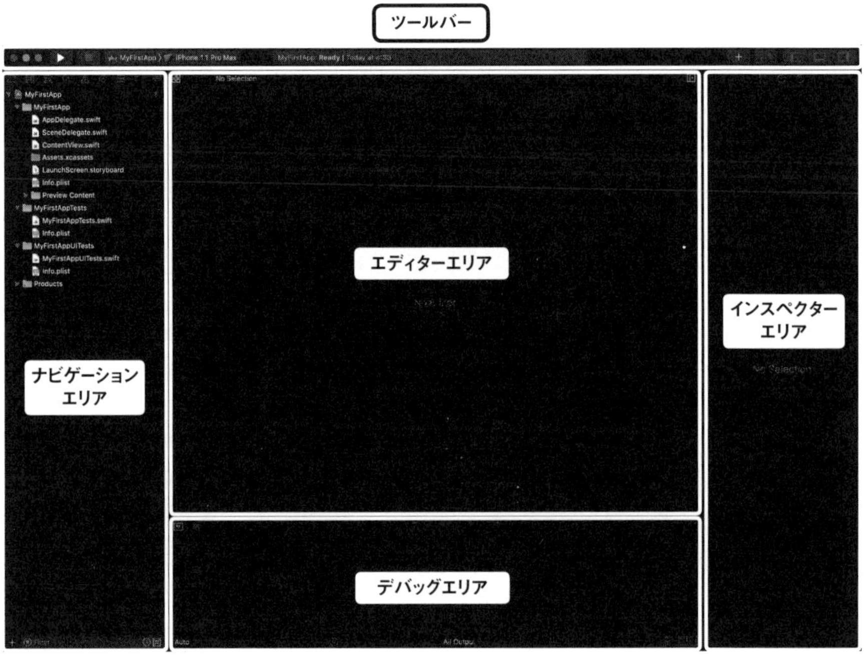

ここでは、各エリアがどのような機能を持っているか概要を把握しましょう。詳細な使い方は、実際に使いながら学ぶことで、「どのような場面で使うものなのか」といったユースケースも同時に理解できます。

■ ツールバー

iOSアプリの実行操作やウィンドウの切り替え、UIコンポーネントの配置などの操作がおこなえるエリアです。

特に重要なのが、左側のRunボタンです。Runボタンをクリックすることで、iOSアプリを実行できます。また、実行するシミュレータのデバイスの種類を選択する操作もツールバー上からおこないます。

ツールバーの中心に位置する領域は、Activity Monitorと呼びます。Xcodeがおこなっているバックグラウンド処理（ビルドなど）のステータスが表示されます。開発を進めていくと、ビルド処理に時間がかかる場合があります。現在Xcodeがどのような処理をおこなっているか、Activity Monitorを見ることで状況を把握できます。

■ ナビゲーターエリア

Xcodeプロジェクトでの開発作業を補佐する（ナビゲーションする）機能を提供するエリアです。上部のタブを切り替えることで、このエリアに表示する内容を変更できます。

提供されているナビゲーターの種類は次の表のとおりです。

▼表1-3　提供されているナビゲーター

アイコン	種類	説明
	Project Navigator	Xcodeプロジェクトに含まれる各ファイルが一覧できる。
	Source Control Navigator	ソースコード管理をおこなっている場合に、Gitのブランチ・コミット・タグなどの情報を確認できる。
	Symbol Navigator	ソースコード内に定義されているクラスのメソッドやプロパティが一覧できる。
	Find Navigator	Xcodeプロジェクトやフレームワークに含まれる各ファイルをキーワードで検索できる。
	Issue Navigator	Xcodeプロジェクトのビルド時に検出された問題の詳細が確認できる。
	Test Navigator	ユニットテストの作成・管理・実行など各種管理がおこなえる。
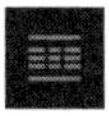	Debug Navigator	デバッグ実行中の情報が確認できる。
	Breakpoint Navigator	ブレークポイントの追加・削除・編集がおこなえる。
	Report Navigator	開発中のビルドやデバッグなどのレポートが確認できる。

最もよく利用するのが、初期表示されているProject Navigatorです。Xcodeプロジェクトでは多くのファイルを扱いますが、すばやく探し出せるような機能が用意されています。

■ エディタエリア

ソースコードエディタを含む、各ファイルを編集するためのエリアです。Xcodeワークスペースの中で最も重要なエリアと言えるでしょう。

エディタエリアに表示される内容は、ファイルの種類で変わります。たとえば、Swiftファイルの場合はSwiftのソースコードエディタとして機能し、Storyboardファイルを開いた場合はUIを編集するエリアとして機能します。ほかにも、さまざまな種類のファイルの編集に対応しています。なお、エディタは分割できるため、複数のファイルを同時に開くこともできます。

SwiftUIを使用している場合は、エディタエリアにプレビューを表示できます。ソースコードと分割して表示することで、コーディングした内容がどのような見た目になるのかリアルタイムで確認できます。

■ インスペクターエリア

エディタで編集中のファイル内のさまざまな要素の情報を見たり、編集したりするためのエリアです。エディタで扱っているファイルや、そのファイルの中で扱っている要素の種類で表示される内容は変わります。

■ デバッグエリア

おもにデバッグ実行中に使用するエリアです。ソースコードにログを出力するコードが含まれている場合、その出力値が表示されます。また、ブレークポイントを設定している場合は、その時点での値の確認もおこなえます。

1-5 iOSアプリを実行する

Xcodeプロジェクトを iOSアプリとして実行してみましょう。シミュレータまたは実機（iPhoneなど）で実行できます。それぞれ実行してみましょう。

シミュレータで実行する

ツールバーのRunボタンをクリックしましょう。

▼図1-12

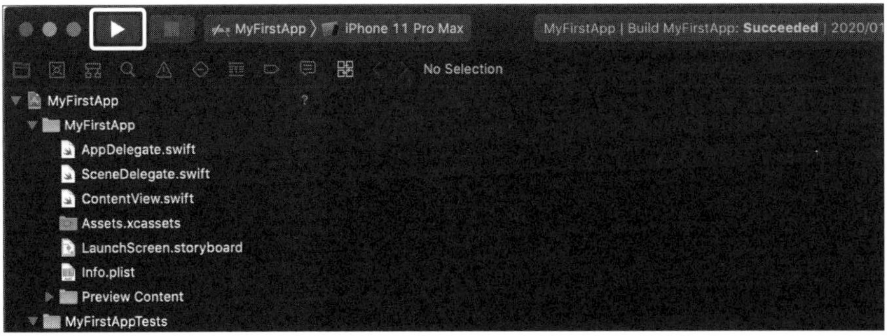

ビルドが実行され、シミュレータ上でデバッグ起動できます。シミュレータの画面上に「Hello, World!」と表示されます。

▼図1-13

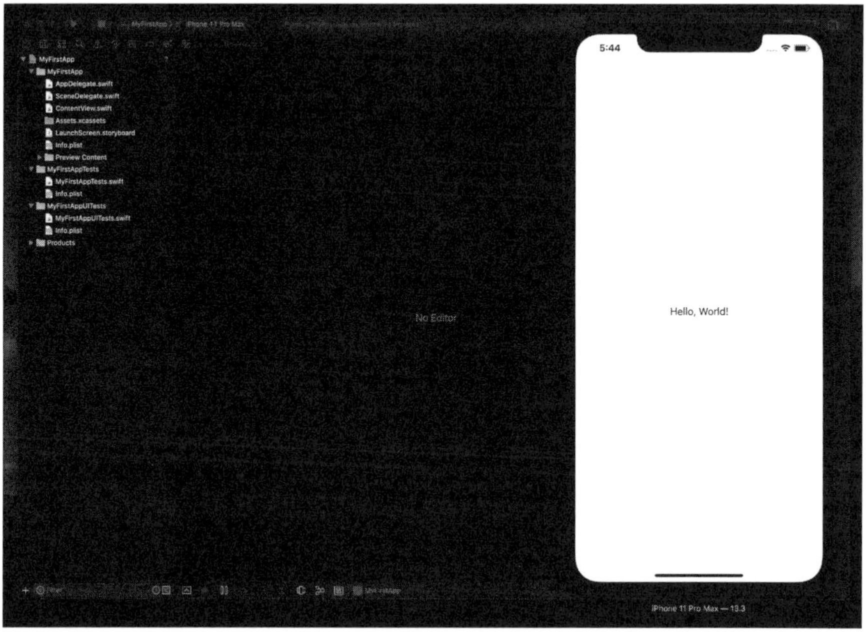

➜ 実機のiPhoneで実行する

実機のiPhoneで実行する場合は、XcodeにApple IDを登録する必要があります。

iOSアプリを実機にインストールするには「iOSアプリの開発元がだれか」といった署名が必要です。署名は「Teamアカウント」を使っておこないます。TeamアカウントはApple IDに関連されているため、まずはApple IDをXcodeに登録する必要があります。

Xcodeの設定でApple IDを登録し、iOSアプリの署名をおこなったうえで、iPhoneでのデバッグを試してみましょう。

■ Apple IDの登録

メニューの「Xcode」から「Preferences...」を選択します。

▼図1-14

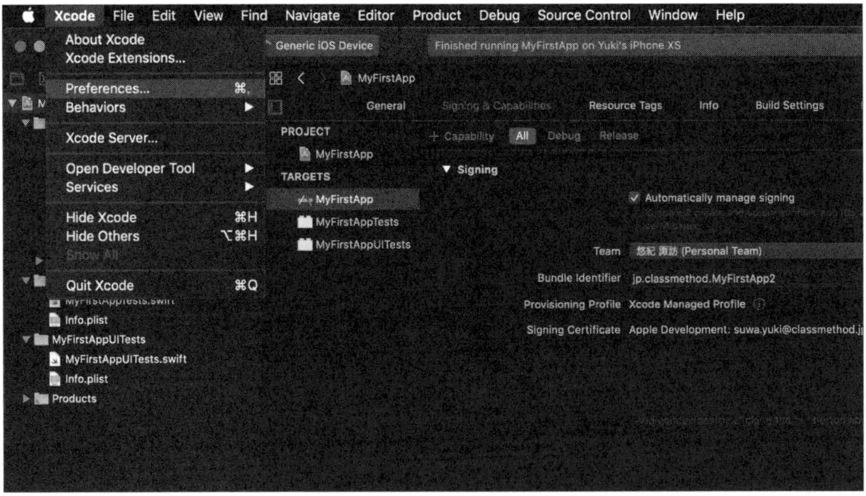

「Accounts」タブを選択し、アカウントの設定画面を開きます。画面左下に「+」アイコンがあるのでクリックします。

▼図1-15

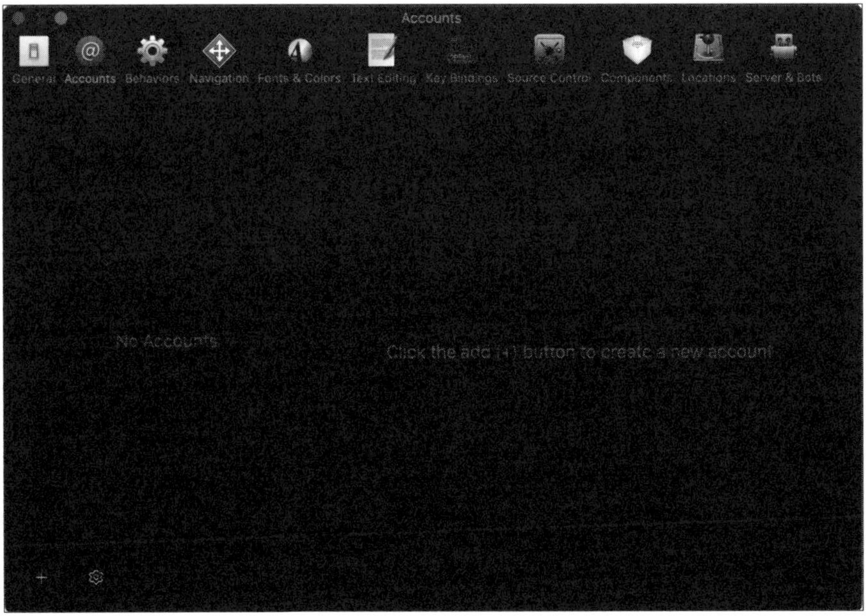

アカウントの種類は「Apple ID」を選択し「Continue」をクリックします。

▼図1-16

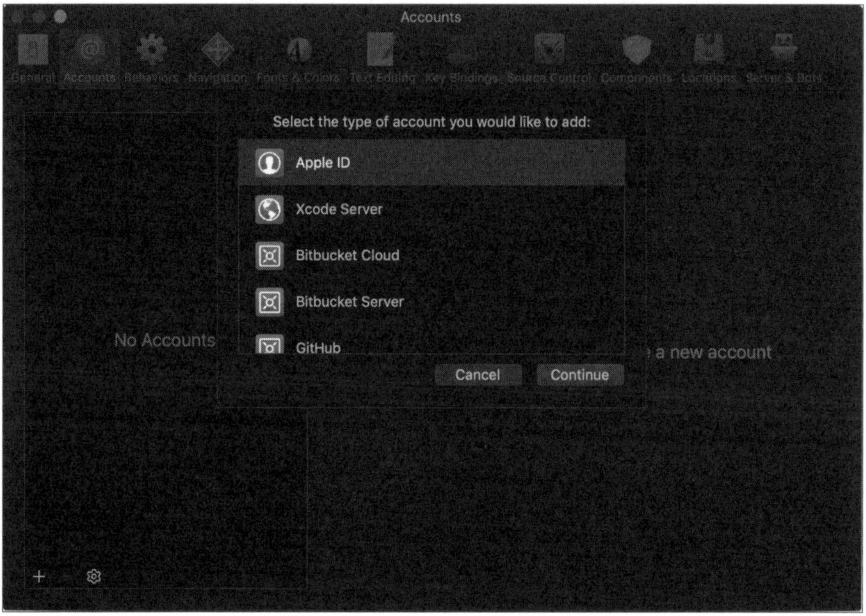

Apple IDのログインをおこないます。Apple IDに登録しているメールアドレスを入力し「Next」をクリックします。すると、パスワード入力欄が表示されるので、続けてパスワードを入力し「Next」をクリックします。

▼図1-17

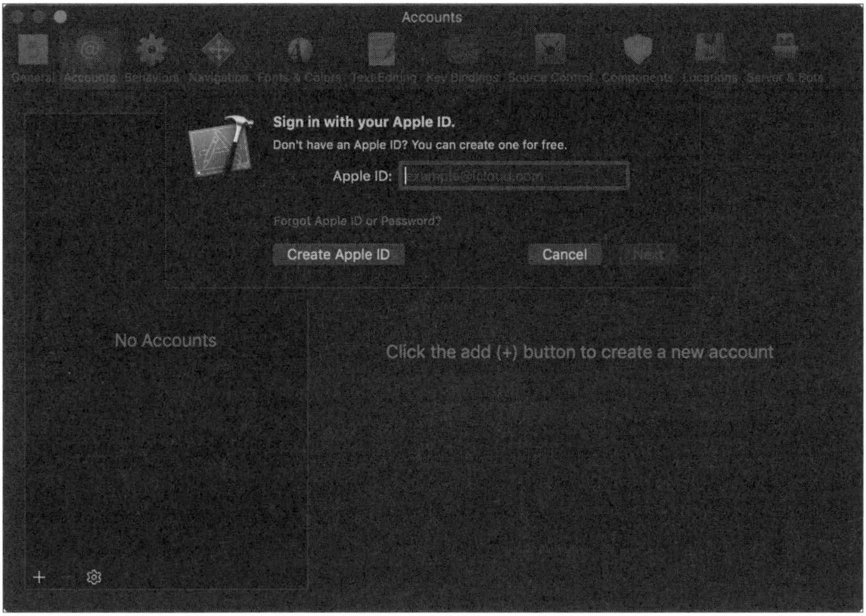

ログインが成功すると、XcodeにApple IDが登録されます。

▼図1-18

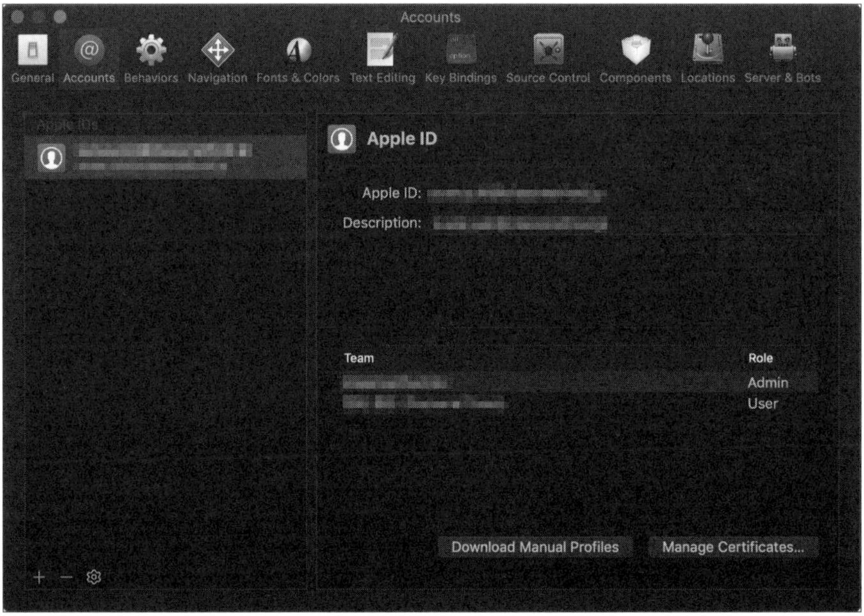

「Team」セクションには、Apple IDアカウントが所属しているTeamアカウントが一覧で表示されます。どのようなApple IDアカウントを登録したとしても、「(Personal Team)」を含むTeamアカウントが必ず表示されます。このTeamは、個人がiOSアプリを開発するためにあらかじめ準備されているTeamアカウントです。また、Apple Developerに契約していると、契約しているTeamアカウントも表示されます。

■ XcodeプロジェクトにTeamアカウントを設定する

次に、Xcodeプロジェクト(開発中のiOSアプリ)にTeamアカウントを設定しましょう。Teamアカウントを設定することで、iOSアプリの開発元をTeamアカウントとした署名ができるようになります。

まず、Project Navigatorの1番上に表示されている「MyFirstApp」を選択します。Xcodeプロジェクトファイルを選択している状態になるので、エディターエリアにはXcodeプロジェクトの設定画面が表示されるようになります。

▼図1-19

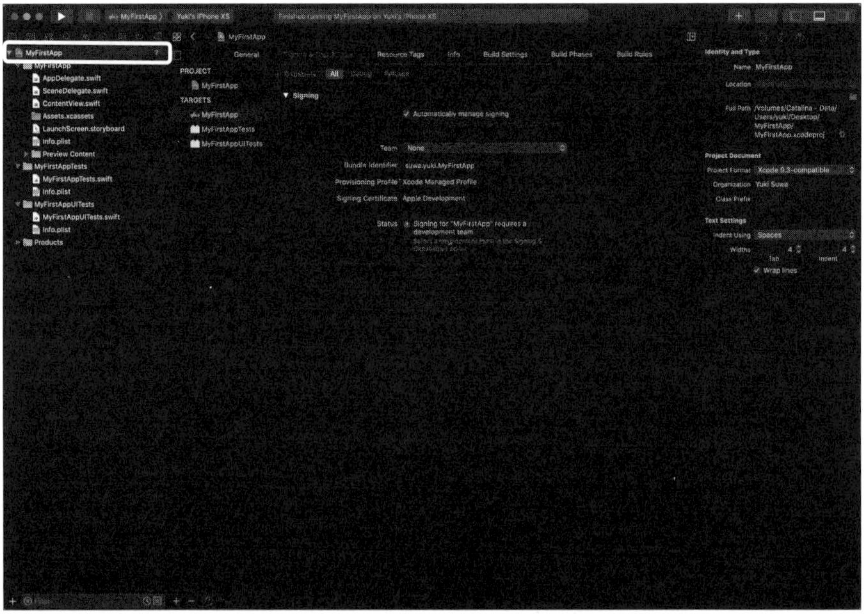

「Signing & Capacilities」タブをクリックします。この画面では、iOSアプリの署名や利用する機能などを設定できます。

▼図1-20

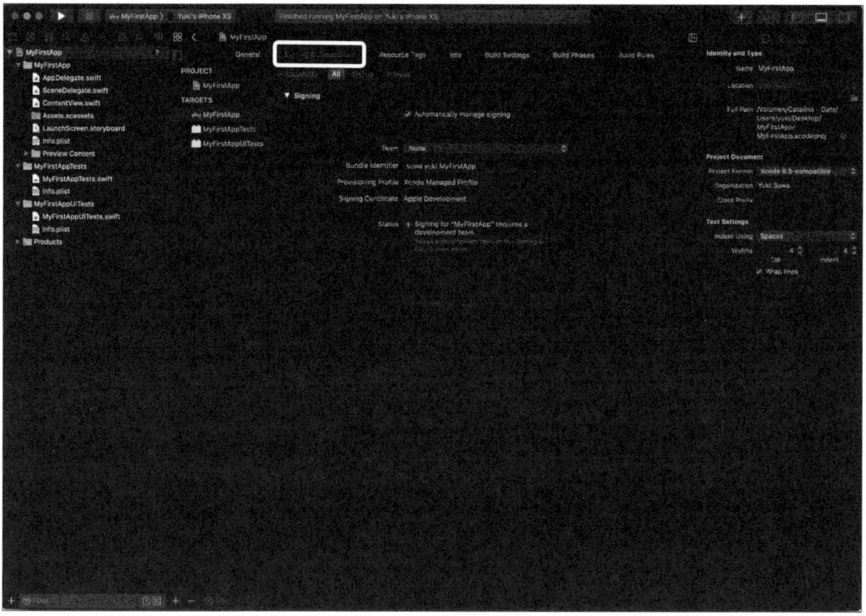

初期設定では、「Team」は「None」に設定されています。「Status」には「Signing for "MyFirstApp" requires a development team.」というエラーが表示されています。署名をするTeamアカウントが設定されていないため、このような表示になっています。

▼図1-21

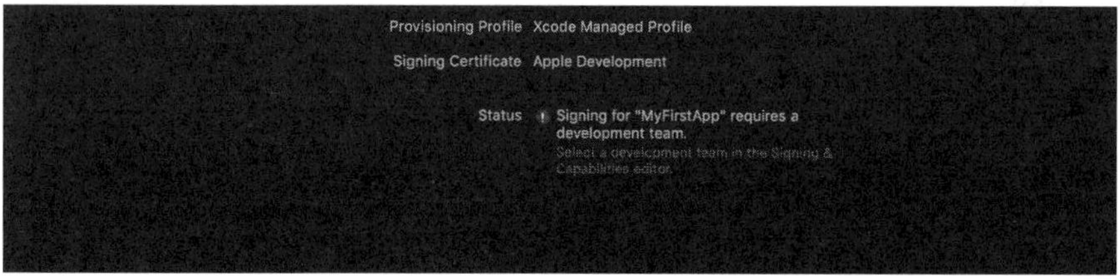
Provisioning Profile Xcode Managed Profile
Signing Certificate Apple Development
Status Signing for "MyFirstApp" requires a development team.
Select a development team in the Signing & Capabilities editor.

自分のTeamアカウントを設定しましょう。「Team」のリストをクリックし、「(Personal Team)」が含まれるTeamアカウントを選択します。

▼図1-22

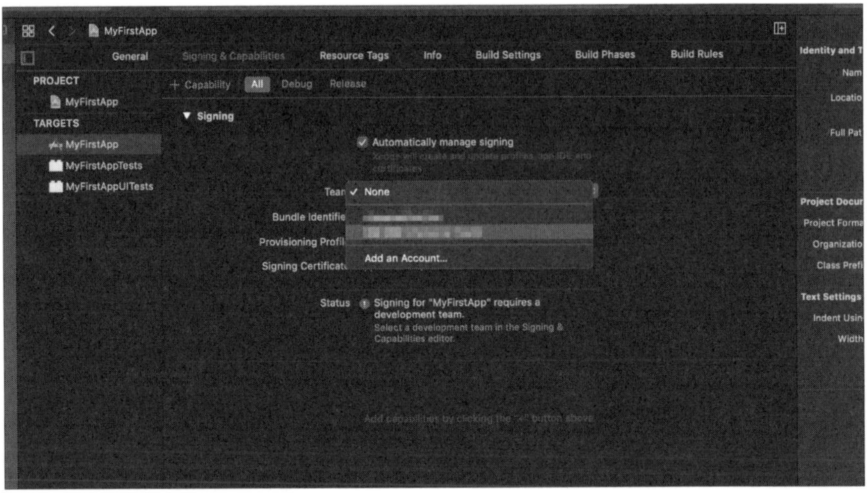

自分のTeamアカウントが設定され、「Status」にはエラーが表示されなくなります。

▼図1-23

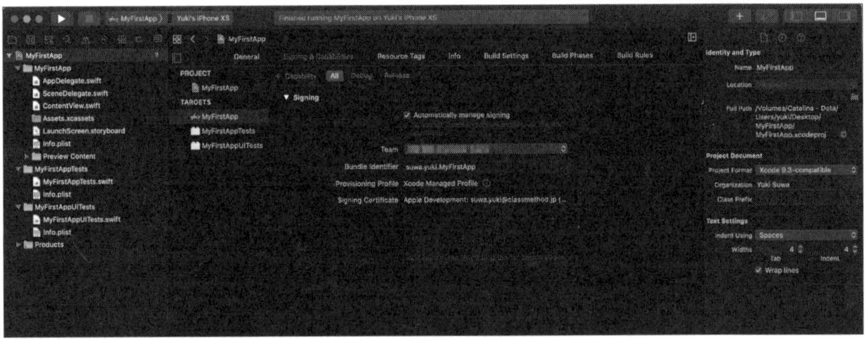

■ iPhoneで実行する

事前準備ができたので、いよいよiPhoneで実行してみましょう。

まず、MacにiPhoneをLightningケーブルで接続します。最新機種のMacBook Proの場合はThunderbolt 3（USB-C）ポートのみ搭載されています。接続するためには変換アダプタなどを用意するようにしましょう。

iPhoneをMacで接続すると、接続されたiPhoneを信頼するか確認するアラートが表示されます。iPhoneにパスコードを設定している場合は、続けてパスコードを入力します。

▼図1-24

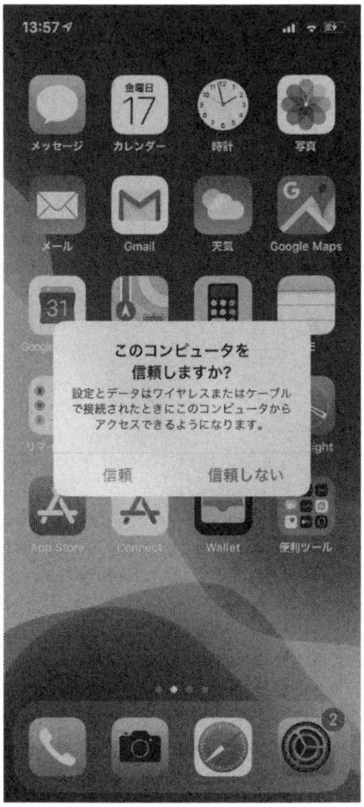

次に、Xcodeのツールバーでデバッグ実行する先を設定するため、図1-25のようにiPhoneのアイコンが表示されている領域をクリックします。

▼図1-25

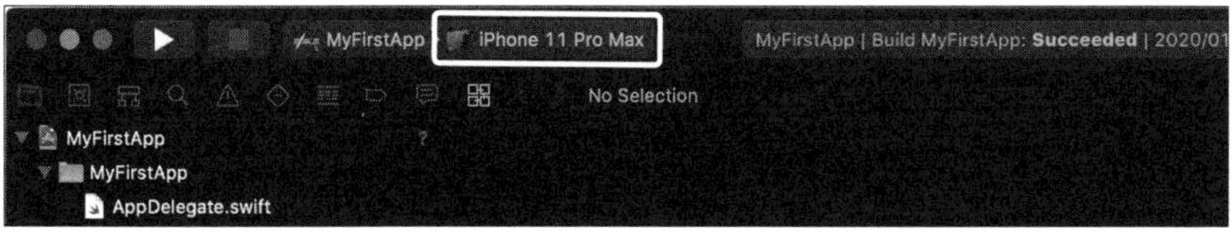

iOSアプリを実行するデバイスまたはシミュレータの一覧が表示されます。「Device」セクションにある、Macに接続しているiPhoneの名称を選択します。

▼図1-26

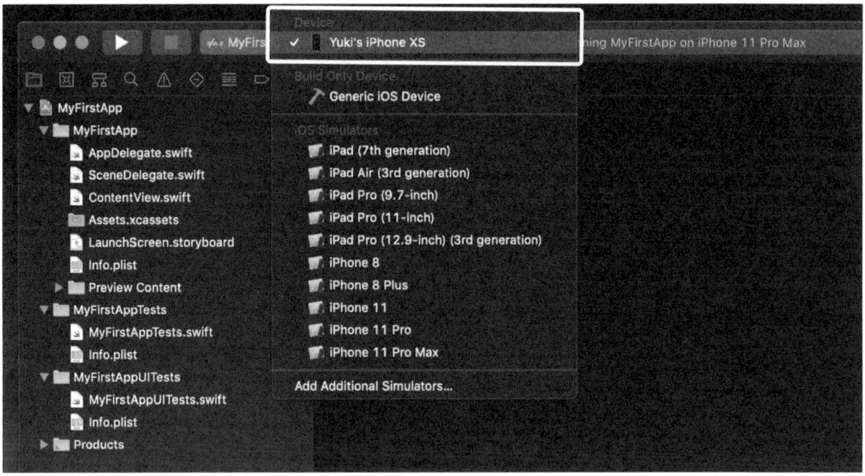

Runボタンをクリックすると、接続しているiPhoneに開発中のiOSアプリがインストールされ、iOSアプリが起動します。

▼図1-27

■ iPhoneをネットワーク経由で実行する

iPhoneとMacが同じネットワークに接続している場合に限り、リモートデバッグ（ワイヤレスでのデバッグ）が可能です。

まずはじめに、ネットワーク経由で実行する設定をおこないます。MacとiPhoneをLightningケーブルで接続します。

Xcodeの「Window」メニューの「Device and Simurator」を選択します。

▼図1-28

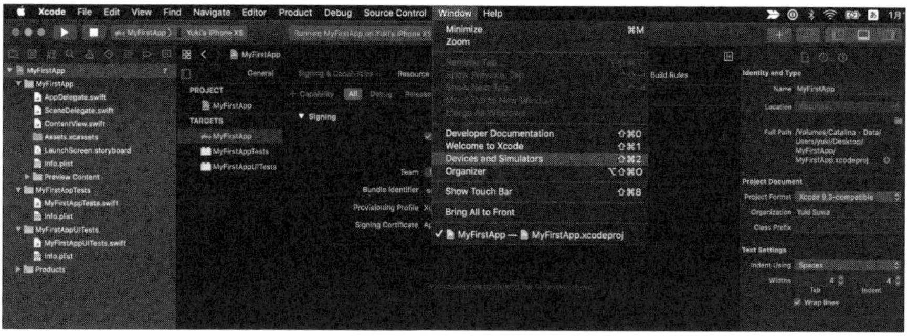

Macに接続しているデバイスの設定画面が表示されます。「Connect via network」のチェックボックスをクリックし、ネットワーク経由での接続を有効化します。

▼図1-29

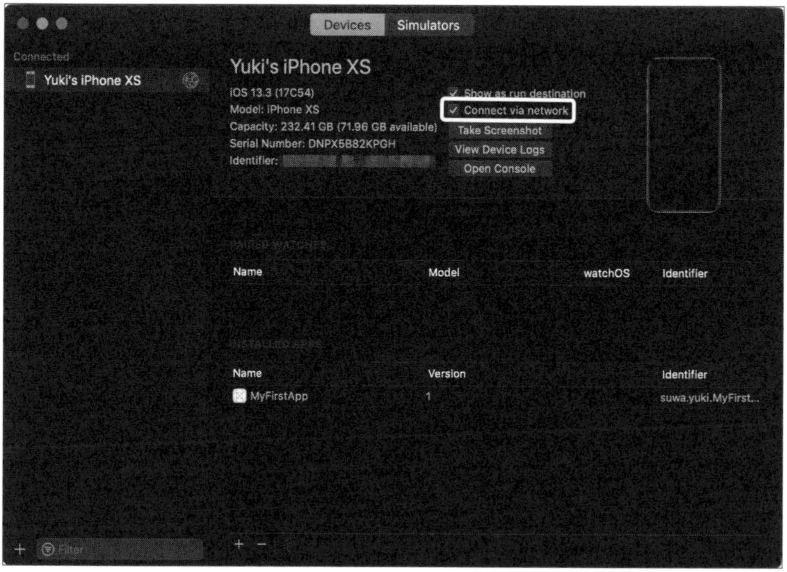

設定が終わったら設定画面を閉じ、Lightningケーブルを外します。ツールバーのSchemeのデバイス設定を開くと、地球儀のマークが表示されるようになります。この状態でRunボタンをクリックすると、iOSアプリがネットワーク経由で実行されます。

▼図1-30

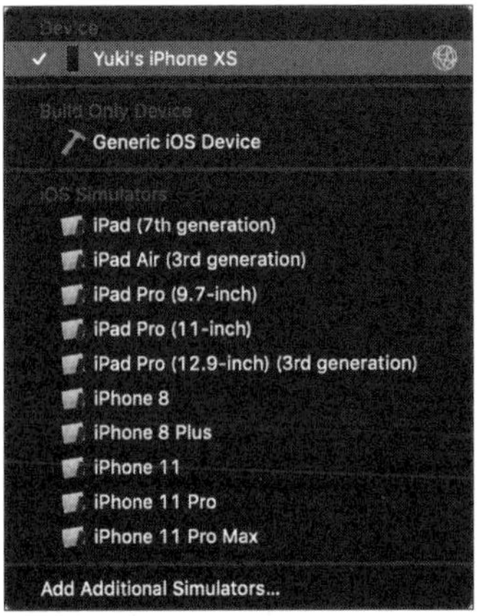

一度設定をおこなってしまえば、以降はLightningケーブルで接続することなくiOSアプリの実行が可能です。

Xcodeには iOSアプリ開発を手助けする数多くの機能がありますが、本章ではXcodeの初歩的な機能の使い方のみの解説としました。次章から実際にプログラミングをおこなっていきながら、Xcodeのさまざまな機能に触れてみましょう。

第2章

Swiftをマスターしよう

2-1 Swiftの実行環境とHello World

Swiftは iOS・Mac OS・watchOS・tvOSアプリのために作られたプログラミング言語です。当初はAppleの公式ドキュメントでこのよう紹介されていましたが、現在ではSwiftを利用できる場は広がり、サーバーサイドの開発にも利用できるようになりました。

優れた言語仕様を持つSwiftは、初学者の方が進めやすいプログラミング言語の1つです。安全で品質の高いプログラムを書きやすいように、かつ楽しくコードを記述できるような表現力を失わないように設計されています。

そして、現在ではSwift.org★1でオープンソースとして開発され、Apple内部だけではなく、たくさんの外部の開発者を巻き込んだ幅広いコミュニティによって日々改善されています。

第2章では、Swiftの基本的な使い方を、単純なコード例を提示しながら紹介します。まず、iOSアプリ開発を進めるにあたって、Swiftの基本的な構文を説明する前の準備に関する話をします。

Swiftの特徴的な言語仕様

プログラミング言語としては比較的新しい部類に入るSwiftは、ほかのさまざまな言語が築いてきた歴史をふまえた設計をされています。わかりやすい構文で表現され、型推論を中心としたしくみを通じて、コードの記述が明快で誤りが発生しにくいようになっています。

Swiftは次の2つの特徴を持っています。

■ 静的型付き言語である

プログラミング言語において、その式などの部分が持つ値をその種類(type)で分類し、プログラミングが正しく振る舞うことを保証するしくみを型システムと呼びます。型のチェックを“実行前に”おこなうのが静的型付き言語です。そして、プログラムを“実行しながら”型のチェックするのが動的型付き言語です。

★1 https://swift.org/

静的型付き言語では、まちがった型の値の代入がおこなわれると、コンパイル時にエラーとして検出されます。コンパイル時のエラーは実行前に判明するため、コンパイル時のエラーが解決されない限りプログラムを実行することはできません。

一方、コンパイル後のプログラム実行時のエラーは、実行中に起きるエラーです。実行時エラーが発生した場合、プログラムは強制終了します。

このことをふまえると、静的型付き言語は、実行前にプログラムの妥当性をより広い範囲で検証するため、安全性が高いと言えます。

■ 型推論がある

静的型付き言語は、安全性の高いプログラムを書く手助けをしてくれます。Swift は安全性を高めながら型推論を中心としたしくみを通じて型を明示する機会を減らし、プログラマの負担を減らしています。

型推論とは、静的型付き言語において、変数や関数の型を明示的に宣言しなくても周辺情報や文脈から暗黙的に型を決定してくれる機構のことです。

変数や関数の宣言時には、明示的に型を宣言しなければいけません。しかし、型推論のような機構が手助けしてくれているおかげで、可能な限り暗黙的に補完してくれます。このしくみのおかげで、実際にプログラムを書くわたしたちは、快適にコードを記述できます。

■ 今後のどのようにSwiftは進化していくのか

これまで説明した特徴的な言語仕様から、Swiftは安全性を強く重視していることがうかがえます。そして、安全性と快適さをトレードオフにするのではなく、型推論や優れたモダンな言語仕様を通じてコーディングの快適さを失わないよう慎重に設計されています。

さらに言うなら、Swiftは限られたハードウェアの性能を活かせるように、初期のコンセプトから高速性を目指して構築されています。

これからも安全性・快適さ・高速性を高めてくれる言語仕様が追加されていくでしょう。そして、追加される多くの言語仕様は具体的な問題を効率よく解決するために提案・実装されます。これから先採用されるであろう言語仕様にキャッチアップしていくためには、今のSwiftが提供している機能をきちんと把握しておく必要があります。

いきなりすべてを理解するのは不可能です。階段を上がるように少しずつ基本的なところから、Swiftを、プログラミングを知っていきましょう。

➡ 動作環境を押さえる

プログラムを記述・実行できるXcode、そしてプログラミング言語自体には、バージョンと呼ばれる概念が存在しています。特定のバージョン以上または以下ではエラーを返す場合もあります。そのため、バージョンを把握することはとても重要です。

今回のサンプルコード実装時の実行環境は以下のとおりです。

- Swift 5.1
- Xcode Version 11.2.1

➡ Playgroudで実行環境を構築する

それでは、さっそく"hello world"を出力するプログラムをSwiftで書いてみましょう。

この章でのコードの実行環境では、Playgroundを使います。Swiftのコードの実行結果が手軽に試せるので、インタラクティブにSwiftを学べます。Playgroundは、Appleが提供しているUIKitといったフレームワークもインポートすることで使用できます。

今回は学習用にこの環境を使用しますが、実際のアプリ開発でも、手元でさっとコードの挙動を確認できるのは非常に便利です。使い方を覚えたら気軽に使ってみてください。

まずは、手元にPlaygroundを使用できる環境を作っていきましょう。Xcodeのメニューバーのファイルから［New］→［Playground］……と選択していくと、テンプレートを選ぶ画面が表示されます。

▼図2-1

通常はBlankで問題ありません。

▼図2-2

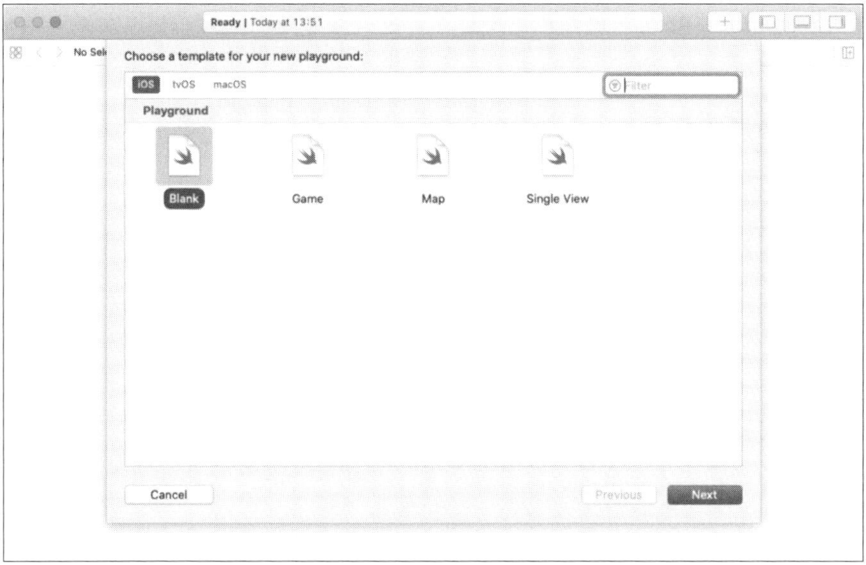

その後、保存場所やファイル名を指定すると、任意の場所に拡張子が`.playground`のファイルが保存されます。

▼図2-3

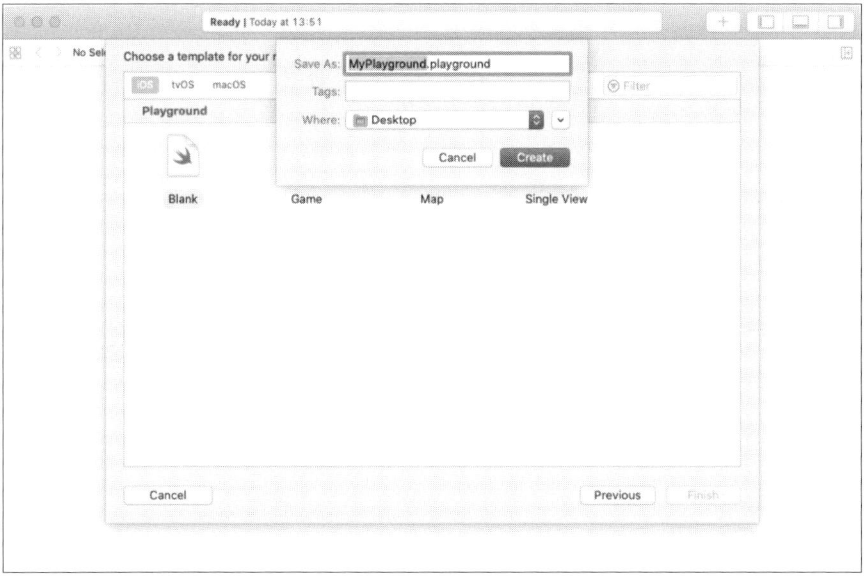

ファイルを展開すると、変数に代入しているだけのコードが記述された Playground によるSwiftコードの実行環境が構築されていることを確認できます。

▼図2-4

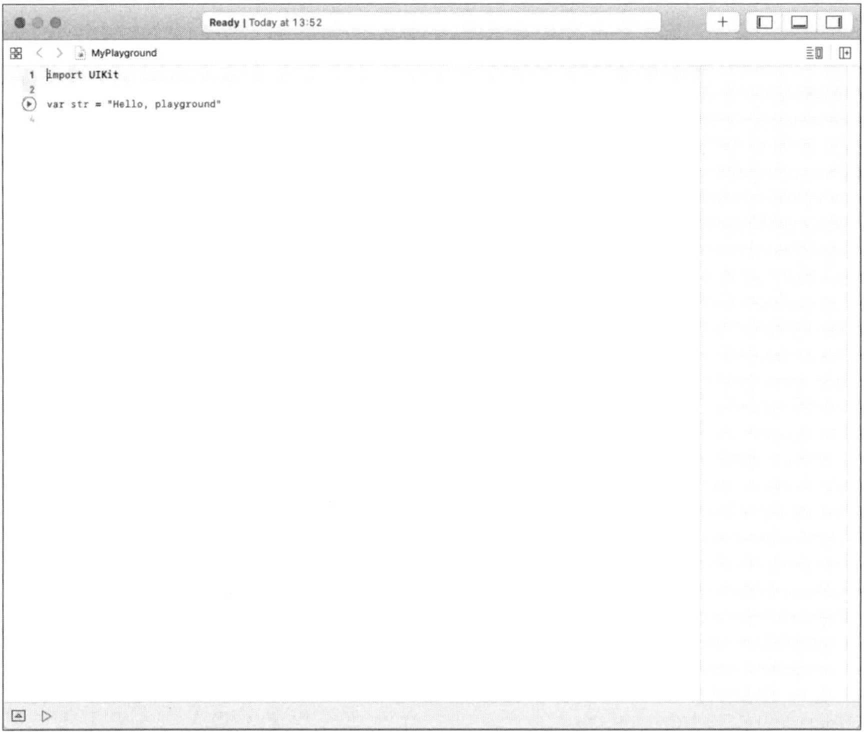
Ready | Today at 13:52
MyPlayground
import UIKit
var str = "Hello, playground"

実行環境に関する説明を終えたので、いよいよ初めてのプログラムの実行です。Debug areaに"hello world"を出力してみます。

▼リスト2-1

```
print("hello world")
```

すると、Debug areaに`hello world`と出力されたのを確認できるはずです。これでhello worldを出力するプログラムの完成です。

2-2 変数と定数を理解する

0
1
2
3
4
5
6

プログラミング言語において、変数は値を変更可能な入れ物で、定数は値を変更不可能な入れ物です。Swiftにおいて変数は、**var**を使って宣言します。hello world を出力したプログラムを少し変更して、"hello world" を変数に格納してみます。

▼リスト2-2

```
var a = "hello world"

print(a)
```

変数は宣言後に変更が可能です。実際に、変数の中身を別のものに変更してみます。一度宣言した変数に値を再代入する時に**var**は不要です。以下のように書きます。

▼リスト2-3

```
var a = "hello world" // var を使って宣言
print(a)
a = "hello swift" // 変数 a に別の値を再代入
print(a)
```

次は定数を宣言してみます。定数は再代入ができないので、再代入をするとコンパイルエラーになり実行できません。定数は**let**を使って宣言します。

▼リスト2-4

```
let a = "hello world" // let を使って宣言
print(a)
a = "hello swift" // 再代入するとコンパイルエラーエラーになる
// Cannot assign to value: 'a' is a 'let' constant
print(a) // 出力されない
```

変数や定数は宣言時に名前を必要とします、それぞれ「変数名」「定数名」と言います。変数名と定数名には日本語や絵文字を使うこともできますが、あまり一般的ではありません。Swiftを学びエンジニアとして働くことを考えるならば、今のうちに英数字で命名をするクセをつけておくと良いでしょう。

また、変数や定数は名前のほかに「型」を持っています。型（String、Intなど）は、定数を宣言する時に指定できます。指定しなかった場合は、代入された値からコンパイラが推論してくれます。これは、本章の冒頭で説明した型推論が実現してくれています。

String型は文字列を表す型ですが、まだくわしく意識する必要はありません。「文字列を表す型としてString型が提供されている」とだけ理解できれば問題ありません。

▼リスト2-5

```
let a: String = "aaaaaa" // 型を明示的に指定できる
let b = "bbbbbb" // 明示的に指定しなくても値からコンパイラが推論してくれる。この場合String型
```

変数を文字列を表す型で宣言して、再代入の時に数字を代入することはできません。

▼リスト2-6

```
var name: String = "Yamada Taro"
name = 0 // Cannot assign value of type 'Int' to type 'String'
```

また、変数は宣言時に値を代入しない選択ができます。

▼リスト2-7

```
var string: String
string = "Hello World"
print(string)
```

使用する時に代入すれば使用できますが、代入する前に使用してしまうとコンパイルエラーになり、実行できません。

▼リスト2-8

```
var string: String
print(string) // 値を代入する前に使用するとコンパイルエラー : Variable 'a' used before being initialized
```

また、変数や定数は,区切りで複数まとめて宣言できます。

▼リスト2-9

```
var a = "a", b = "b", c = "c"
```


実際のプログラムを書く時に、変数や定数を駆使すると簡潔に書けます。Swiftでは、1度代入した値を変更する必要がある場合は変数を使用し、その必要がなければ定数を使用することが推奨されています。変数と定数の両方が使用できる場合は定数を使用し、変更が想定されていない値を更新してしまうミスを防ぎましょう。

2-3 Swiftにおける型を理解する

この節ではSwiftで扱うさまざまな型を紹介します。すべての型のすべての機能を紹介すると、アプリケーションの開発に取り掛かるまで多くのステップが必要になってしまいます。そのため、本書ではすべてを網羅するのではなく、頻出するものを中心に解説していきます。

String型

2-1節で実装して実行したhello worldを出力したプログラムが以下です。

▼リスト2-10

```
print("hello world")
```

この"hello world"のような文字列を表すリテラルを文字列リテラルと言います。リテラルは、ソースコード内に値を直接表記したものを指します。本章の冒頭で「Swiftは静的型付け言語である」と表記しました。この文字列リテラルにも型が存在します。この場合はString型になります。

Swiftでは、文字列リテラルのデフォルトの型はString型です。そのため型宣言をせず変数または定数に文字列を代入すると、コンパイラはString型と推論します。

▼リスト2-11

```
let string = "hello world" // String型と推論
```

コンパイラが型推論の結果どんな型として扱っているか知りたい場合は、変数または定数をoptionを押しながらクリックしてみてください。変数に関する情報が表示されます。

▼図2-5

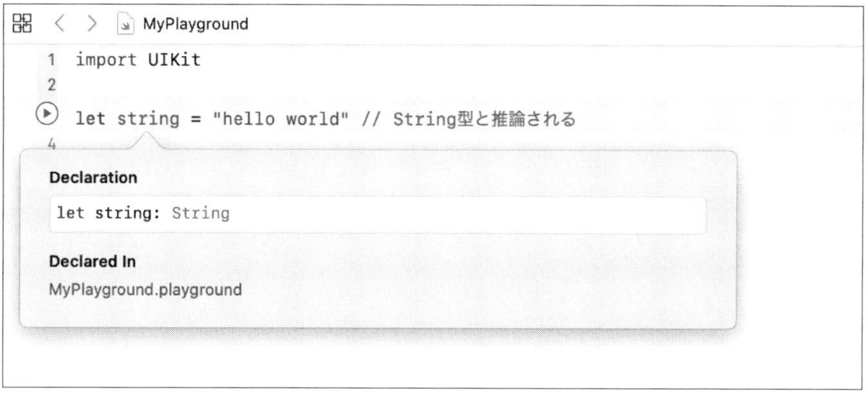
MyPlayground
1 import UIKit
2
let string = "hello world" // String型と推論される
4
Declaration
let string: String
Declared In
MyPlayground.playground

■ 値の展開

Swiftの文字列リテラル内では、値の展開が可能です。\(評価式)で式の評価結果を文字列に挿入することができます。

▼リスト2-12

```
var fruit = "りんご"
var(“\(fruit)を食べました")
```

➡ Int型

Stringの説明で登場したリテラルですが、数値を表すリテラルを数値リテラルと呼びます。Swiftでは、整数を表すリテラルと浮動小数点を表すリテラルを別の型として表現します。

整数リテラルは、Int型やInt64型のような型で表現されます。明示的に型が宣言されていない整数リテラルは、暗黙的にInt型として扱われます。

Playgroundで定数に整数リテラルを代入して型を確認してみてください。Int型と表現されているはずです。

▼リスト2-13

```
let intValue = 123 // Int型と推論される
```

整数リテラルはさまざまな型で表現でき、デフォルトの型はInt型ですが、浮動小数点を表すリテラルもデフォルトの型を持っています。変数や定数で型を明示的に宣言していない場合は、Double型になります。

▼リスト2-14

```
let doubleValue = 1.0 // Double型と推論される
```

■ 計算

Swiftでは、四則演算と剰余演算のような計算用の演算子として以下の5つの中置演算子が用意されています。

▼リスト2-15

```
10 + 10 // 10
10 - 10 // 0
10 * 10 // 100
10 / 10 // 1
10 % 10 //  0
```

Swiftにおいて、型のルールは厳密に守られなければいけないものです。異なる型同士の計算はできません。

整数リテラルのデフォルトの型Int型と浮動小数点リテラルのデフォルトの型Double型を、前述の演算子で計算しようとすると、コンパイルエラーになります。

▼リスト2-16

```
let int: Int = 123
let double: Double = 1.0

int + double // Binary operator '+' cannot be applied to operands of type 'Int'
and 'Double'
```

しかし、実際のアプリケーション開発では、一方はIntでもう一方がDoubleでも計算したい状況は起こり得ます。そのような場合でも計算をしたい場合は、明示的な型変換をおこない型を一致させると良いです。

▼リスト2-17

```
let int: Int = 123
let double: Double = 1.0

int + Int(double) // 124
```

Bool型

プログラミング言語の世界では、真理値という概念が扱われます。Swiftにおいて真理値を表すのはBool型です。Bool型は命題論理で命題の真偽を示す値であり、論理値と同じ意味で使われます。真理値を表すリテラルには、真を表すtrueと、偽を表すfalseがあります。Playgroundで変数にtrueまたはfalseを代入してみると、暗黙の型にBool型が割り当てられていることが確認できます。

▼リスト2-18

```
let a = true // Bool型
```

これらの真理値は、論理演算に使用されます。数値型を扱った節では数値演算を扱いました。演算とは、データに何らかの加工を施してその結果の値を得ることです。

論理演算は、数値演算と並んでプログラミング言語の基本的な演算の1つです。論理演算を理解できると、より複雑なロジックを構築できるようになります。たとえば、処理の場合分け、データのフィルタやマスクといった操作をおこなえるようになります。どれも数値演算だけでは難しい演算です。

■ 演算子で論理演算

論理演算と使用する演算子は以下の表とおりです。

▼表2-1　演算子による論理演算

種類	内容	使用する演算子
否定	真理値の真偽を反対にする	前置演算子!
論理和	複数の真理値のどれかが真なら真	中置演算子||
論理積	複数の真理値のどれもが真なら真	中置演算子&&

Playgroundでこれらの演算子を使ってBool型の値を表現してみます。

▼リスト2-19

```
// 否定
let value1 = true // true
let value2 = !value1 // false
// 論理和
value1 || value2 // value1がtrueなのでtrue
// 論理積
value1 && value2 // value1はtrueだがvalue2はfalseなのでfalse
```

➡ 配列型

配列を扱えるようになると、複数の値を1つの値として扱えるようになります。配列とは、同一の型のデータを1列に並べたデータ構造を持つデータ型で、配列の中の各データをその配列の要素と言います。

配列の各要素には、先頭を0番として、0、1、2、3、4……と順に番号が与えられています。

配列を作成するには、配列リテラルを代入します。配列リテラルは、[]の中に要素を,区切りで並べていくことで記述できます。

▼リスト2-20

```
// Int型の配列
let numbers = [1, 3, 5, 7, 9] // Array<Int>型
// String型の配列
let strings = ["1", "2", "3", "4", "5"]
```

コンパイラは、記述した配列リテラルから要素の型を推論して、どんな型の値を要素として持つのか確定させてくれます。

もちろん、前もって型を宣言することもできます。中身が空の配列を宣言したくなる時が実際のプログラミングの過程でもあるので、宣言の方法は覚えておいたほうが良いでしょう。

配列の型を明示的に宣言する書き方は、以下のように2つあります。

- :の後にArray<Element>のElementの部分で型を宣言する
- 配列リテラルの記述の時のように[Element]のElementに型を明記する

2つの宣言の方法で、配列の型を明示的に宣言して中身は空の配列を宣言してみます。

▼リスト2-21

```
let numbers1: Array<Int> = []
let numbers2: [Int] = []
```

空の配列の時に型を明示しなければいけない理由は、配列の要素からコンパイラが型を推論できないからです。配列の中身がないため、どんな型を要素に持つのかコン

パイラは答えを導き出せません。

配列の要素の参照は、subscriptsを使っておこなうのが一般的です。[]の中にアクセスしたいインデックスを指定します。インデックスは先頭が 0番になっているので、最後の要素はN-1番になっていることに注意しましょう。配列の末尾のインデックスより大きな値を指定してしまった場合は、実行時エラーになります。

コンパイルエラーと異なり、実行時エラーはアプリケーションの実行後にエラーとなるので注意してください。コンパイル時にインデックスがはみ出ていないか、コンパイラは担保してくれません。

▼リスト2-22

```
let numbers = [0, 1, 2, 3, 4, 5]
numbers[0] // 0
numbers[1] // 1
numbers[2] // 2
numbers[3] // 3
numbers[4] // 4
numbers[5] // 5 実行時エラー
```

■ 要素の追加・更新・削除

配列の末尾に要素を追加するには、メソッドを使用します。

Swiftにおいてメソッドとは、特定の型に関連づけられている関数です。メソッドには以下の2種類があります。

- **スタティックメソッド：型自体に関連づけられたメソッド**
- **インスタンスメソッド：型をインスタンス化したものを操作するための特定のタスクや機能をカプセル化したメソッド**

配列の末尾に要素を追加したい場合、ここでは特定の型をインスタンス化させた値に対しての処理（追加や削除）をおこないたいので、インスタンスメソッドを使用します。スタティックメソッドにはまだここでは使用しないので特に覚えておく必要はありません。

配列の末尾に要素を追加したい場合は、append(_:)メソッドを使います。今回は引数名を宣言する必要はなく、()の中に追加したい値を引数として入れれば、意図どおり追加されます。

▼リスト2-23

```
var numbers: Array<Int> = []
numbers.append(1)
print(numbers) // [1]
```

配列に1つずつ値を追加していくのがめんどうな時ももちろんあります。そのような時は、別の配列の要素すべてを要素として追加する方法を使いましょう。Swiftでは以下の2つの方法があります。

- **中置演算子+=を使用する**
- **append(contentsOf:)メソッドを使用する（appendは引数名が必要）**

▼リスト2-24

```
var numbers: Array<Int> = []
numbers += [1, 2]
numbers.append(contentsOf: [3, 3])
print(numbers) // [1, 2, 3, 3] [1, 2]と[3, 3]の中身が追加されている
```

これまで紹介した追加の方法だと、要素の末尾への追加しかできない配列を扱う時に不便です。配列を要素一覧の指定位置に挿入するには、`insert(_:at:)`を使用します。

▼リスト2-25

```
var numbers = [0, 1, 2, 3]
numbers.insert(5, at: 3) // [0, 1, 2, 5, 3]
```

配列の任意の要素を変更するには、subscriptsを使って変更します。

▼リスト2-26

```
var numbers = [0, 1, 2, 3]
numbers[1] = 3 // subscripts []を使って1番目の要素1を3に変更
numbers // [0, 3, 2, 3]
```

任意の要素を削除するには、`remove(_at:)`メソッドを使用します。削除すると、削除された要素分詰めて配列のインデックスが更新されます。

▼リスト2-27

```
var numbers = [0, 1, 2, 3]
numbers.remove(at: 1)
print(numbers) // [0, 2, 3]
```

最初の要素を削除するremoveFirst()、最後の要素を削除するremoveLast()、そして要素すべてを削除するremoveAll()も用意されています。

▼リスト2-28

```
var numbers = [0, 1, 2, 3]
numbers.removeFirst() // [1, 2, 3]
numbers.removeLast() // [0, 1, 2]
numbers.removeAll() // []
print(numbers) // []
```

→ Dictionary型

Dictionary型（辞書型）はハッシュテーブルの1種で、含まれるエントリへの高速なアクセスを提供するデータ型です。ほかの言語では、ハッシュや連想配列として知られています。

順序を持った一連のデータを持つ配列と異なり、キーに対応する1つの値を持つことを保証しています。

Dictionary<Key, Value>で見ると、わかりやすいでしょう。Keyに対応するValueの型の値を0以上持っています。Keyを利用してValueにアクセスするので、配列と異なり順番は保証されていません。

配列と同じように、型を暗黙的に推論させて宣言する方法と、型を明示的に宣言して宣言する方法があります。

▼リスト2-29

```
// 代入したリテラルからコンパイラが型を推論
let dictionary1 = [1: 1, 2: 2, 3: 3, 4: 4]
let dictionary2 = ["1": 1, "2": 2, "3": 3]
```

明示的に宣言する場合は、配列と同じように宣言します。以下の2つの宣言方法があります。

- :の後にDictionary<Key, Value>のKeyとValueの部分で型を宣言する
- [Key: Value]で型を明記する

▼リスト2-30

```
// 事前に明示的に宣言
let dictionary1: Dictionary<Int: Int> = [:]
let dictionary2: [String: Int] = [:]
```

参照も、配列と同じようにsubscriptsを使ってアクセスします。[]に渡すのは、インデックスではなくKeyになっている型の値です。

参照して返ってくる値は、配列と異なる部分があります。dictionaryにsubscriptsで参照すると返ってくる値（返り値）は、オプショナル型です。Dictionary<String, Int>型のインスタンスに、subscriptsを使ってアクセスします。すると、返り値の型はInt?です。

オプショナル型は、変数の型が持つ値に加えて、値がない状態を保持できる変数です。値がないことをnilで表現しています。

つまり、Keyとして指定した値に対応するValueがなければ、nilを返します。

▼リスト2-31

```
let dictionary = ["1": 1, "2": 2, "3": 3]
dictionary["1"] // Optional(1)
dictionary["4"] // nil
```

オプショナル型については、後でくわしく説明するので、ここでは大まかなイメージを理解できれば問題ありません。

■ 要素の追加・更新・削除

Dictionary型の値に要素を追加・修正する場合は、該当のキーを指定して値を代入します。

▼リスト2-32

```
var dictionary = ["1": 1, "2": 2, "3": 3]
dictionary["1"] = 2 // 変更
dictionary["4"] = 4 // 対応するキーがないので追加される
dictionary // ["2": 2, "3": 3, "1": 2, "4": 4]
```

値を更新して更新前の値を取り出すには、update(_:forKey:)メソッドを使用します。

▼リスト2-33

```
var dictionary = ["1": 1, "2": 2, "3": 3]
let oldValue = dictionary.updateValue(4, forKey: "2")
oldValue // Optional(2)
```

Dictionary型の値の要素を削除するには、該当のキーを指定して値としてnilを代入します。

▼リスト2-34

```
var dictionary = ["1": 1, "2": 2, "3": 3]
dictionary["2"] = nil
dictionary // ["3": 3, "1": 1]
```

列挙型

列挙型は、関連する値のグループの共通タイプを定義して、型安全な方法でそれらの値を操作できるようにできるしくみです。

具体的な例を見ながら説明します。曜日を扱う列挙型WeekOfDayを宣言してみます。

▼リスト2-35

```
enum WeekOfDay {
    case monday
    case tuesday
    case wednesday
    case thursday
    case friday
    case saturday
    case sunday
}
```

列挙型の値を宣言する場合は、「型名.メンバ名」で宣言できます。型名は省略可能です。

列挙型は型安全なので、Xcodeを使いながらこの型の値を宣言しようとすると、IDEの補完を受けながら快適に記述できます。

▼図2-6

MyPlayground
import Foundation
enum WeekOfDay {
case monday
case tuesday
case wednesday
case thursday
case friday
case saturday
case sunday
}
let monday = WeekOfDay.monday
let tuesday: WeekOfDay = .
WeekOfDay friday
WeekOfDay monday
WeekOfDay saturday
WeekOfDay sunday
WeekOfDay thursday
WeekOfDay tuesday
WeekOfDay wednesday

▼リスト2-36

```
let monday = WeekOfDay.monday
let tuesday: WeekOfDay = .tuesday
```

列挙型は、内部表現の型を指定することもできます。定義したWeekOfDayの曜日に対応した日本語表記の曜日名を持つように宣言してみます。内部表現には`rawValue`プロパティでアクセスできます。

▼リスト2-37

```
enum WeekOfDay: String {
    case monday = "月曜日"
    case tuesday = "火曜日"
    case wednesday = "水曜日"
    case thursday = "木曜日"
    case friday = "金曜日"
    case saturday = "土曜日"
    case sunday = "日曜日"
}

let monday = WeekOfDay.monday
let tuesday: WeekOfDay = .tuesday
print(monday.rawValue) // 月曜日
print(tuesday.rawValue) // 火曜日
```

■ associated value

列挙型は、ケースごとに関連する情報を持つことができるassociated valueを指定できます。列挙型は、各ケースでそれぞれ別の型の値を関連情報として保持できると便利な場合があります。

たとえば、外部のAPIを利用してサービスを作り上げる時に、HTTPリクエストメソッドを型安全に管理したい場合を想定します。HTTPリクエストメソッドは、GET・POST・PUT・DELETEとさまざまなものがありますが、リクエストの際必要になる値は、それぞれ異なる場合が多いです。そのような場合に、列挙型のassociated valueを使用すると扱いやすいでしょう。

▼リスト2-38

```
enum APIRequest {
    case get
    case post(Data)
}

let dic = ["key": "value"]
let jsonData = try! JSONSerialization.data(withJSONObject: dic)
let request: APIRequest = .post(jsonData)

switch request { // Switch文は4節で解説します。
case .post(let data):
    jsonData == data // true
default:
    // それ以外
}
```

前述のraw valueを使用した場合、同じ型である必要があるのでこのようなことはできません。列挙型のケースごとに違う型の値を持たせたい場合に、assocated valueの使用を検討してみてください。

➡ Optional型

ここでは、Dictionary型で少し触れたOptional型（実際の型名はOptional<Wrapped>型）を扱います。

Optional型は、値がある状態とない状態を区別して表現できる型です。Swiftにおいて、変数や定数は基本的にnilを許容しません。例外的にこのOptional<Wrapped>型はnilを許容します。

■ Null安全

プログラミング言語において、Nullは何のデータも含まれない状態を表します。Swiftにおいては、Nullをシンボルnilで表しています。

なぜ、Optional型が重要なのでしょうか。それは、値がない状態を表現できる型が明確に存在することが重要なためです。

SwiftはNull安全な言語です。Null安全とは、Null（Swiftではnil）が原因で実行時エラーにならないしくみです。Null安全なSwiftでは、Nullが原因で実行時エラーにならずコンパイルエラー（実行前エラー）を発生させます。

コンパイルエラーがあると、プログラムが実行できません。つまり、Nullが原因で実行時エラーになることはありません。実行するには、コンパイルエラーが起きないようなコードに修正をする必要があります。

■ シンタックスシュガー

Optional型には、シンタックスシュガーとして**Wrapped?**が用意されています。シンタックスシュガーとは、プログラミング言語で読み書きのしやすさを実現するために導入されるもので、複雑でわかりにくい書き方と同じ意味になるものを別の簡易な書き方でできるよう実装され定義されたものです。

先ほどの**Dictionary<Int, Value>**のValueにアクセス使用した時の返り値の型**Int?**も、このシンタックスシュガーを利用しています。つまり、**Int?**は、**Optional<Int>**であるとも言えます。

Optional<Wrapped>は、列挙型で定義されています。

▼リスト2-39

```
enum Optional<Wrapped> {
    case none
    case some(Wrapped)
}
```

ケース**.none**は、**Optional<Wrapped>.none**で生成しますが、シンタックスシュガーとして**nil**と表記できます。

そしてケース**.some(Wrapped)**は、**Optional<Wrapped>.some(Value)**、**Optional(Value)**で表記できます。

これで、Dictionary型の項で紹介したサンプルコードでコメントアウトしている部分の意味が理解できるはずです。

▼リスト2-40

```
let dictionary = ["1": 1, "2": 2, "3": 3]
dictionary["1"] // Optional(1): Optional<Int>.some(1)のシンタックスシュガー
dictionary["4"] // nil: Optional<Int>.noneのシンタックスシュガー )
```

値型と参照型

プログラミングでは、データを型で表現します。これまでさまざまなオブジェクトを説明してきましたが、今回は型を値の受け渡し方法で、値型と参照型に区別して見ていくことで、それぞれの型をどのように扱えば良いのかを説明していきます。

値型は、実態（インスタンス）が値そのものを表します。対して参照型は、インスタンスが値への参照を表す型です。

ここで、これまで何度か登場してきたインスタンスについて大まかに理解しましょう。これまでに登場したStringやIntといった型は、実際には構造体で定義されています。それを元に作成したオブジェクトの実態をインスタンスと言います。

▼リスト2-41

```
let string = "文字列" // 文字列リテラル元にインスタンス化
// 定数stringはString型のインスタンス
```

値型は、インスタンスをコピーしてもそれぞれがデータの一意なコピーとして値を保持します。対して参照型は、インスタンスをコピーすると、データの参照をコピーします。

Swiftでは構造体・列挙型・タプルが代表的な値型です。そして参照型は、たいていクラスとして定義されています。

この項では構造体とクラスを例に出しながら書いていくので、まずは値型と参照型の2つのオブジェクトを扱います。

構造体とクラスは、両方ともプログラムの構成要素となる汎用的なデータ構造として同じ役割を持ちます。プロパティとメソッドを定義して、定数、変数、および関数の定義に使用するのと同じ構文を使用して、構造体とクラスに機能を追加できます。共通しているいくつかの値や処理を1つのデータ構造としてカプセル化したい時に使います。

定義方法も似ています。まずは、構造体でUser型を定義してみます。structキーワードで始めて必要なプロパティを宣言します。インスタンス化するために必要なイニシャライザは自動で生成されます。

▼リスト2-42

```
struct User {
    var id: Int
    var name: String
}

let user = User(id: 1, name: "Taro")
```

クラスの定義では、イニシャライザは自分で定義する必要があります。

▼リスト2-43

```
class User {
    var id: Int
    var name: String

    init(id: Int, name: String) {
        self.id = id
        self.name = name
    }
}

let user = User(id: 1, name: "Taro")
```

これまでメソッドが何度か登場しています。自分で定義したクラスや構造体にも、メソッドが定義できます。型定義の中でfuncキーワードを使って定義します。

▼リスト2-44

```
class User {
    var id: Int
    var name: String

    .... // イニシャライザは省略

    func introduce() {
        print("私の名前は¥(name)です")
    }

}

struct User {
    var id: Int
```

```
    var name: String

    func introduce() {
        print("私の名前は¥(name)です")
    }
}
```

クラスは、構造体にはない継承ができます。継承は、親クラスの属性を引き継いで新しいクラスを定義することです。継承されるクラスをスーパークラスや親クラスと呼び、継承するクラスをサブクラスや子クラスと呼びます。

別のクラスを継承したサブクラスを作る例として、Animalクラスを継承したDogクラスを定義してみます。継承するには、サブクラスのclassキーワード 型名の右に:をつけて、継承したいスーパークラスの型名を記述します。

継承をすると親クラスのプロパティやメソッドを使用できますが、イニシャライザには少し気を使わないといけません。サブクラスのイニシャライザでスーパークラスのイニシャライザを呼んでいます。

初期値がないプロパティには、初期化が必要です。これは、継承したサブクラスでも、継承されたスーパークラスでも同じことです。そのため、サブクラスのイニシャライザで親クラスのイニシャライザを呼んで、ageプロパティを初期化しています。

スーパークラスのプロパティやメソッドにアクセスするには、superを使います。

▼リスト2-45

```
class Animal {
    var age: Int

    func introduce() -> String {
        String(age)
    }

    init(age: Int) {
        self.age = age
    }
}

class Dog: Animal {
    var name: String

    init(name: String, age: Int) {
        self.name = name
```

```
        super.init(age: age)
    }

    override func introduce() -> String {
        "¥(super.introduce())歳の犬で名前は¥(name)です"
    }
```

スーパークラスのメソッドをそのまま使い回すだけでなく、実装を使い回しつつ、サブクラスで多少カスタマイズしたい場合があります。そんな時は、overrideキーワードを使います。サンプルコードでは、メソッドintroduce()を使っています。

メソッドの書き方は、ここまでに説明した方法とは異なります。-> Stringは、返り値がString型であると宣言しています。

introduce()メソッドの中身を見ると、String型の値を返しています。
メソッドは、返り値だけでなく引数も指定できます。Dog型に任意の文字列を叫ばせるメソッドbow(text:)を定義してみます。

▼リスト2-46

```
class Dog: Animal {
    ... // これまでの実装は省略
    func bow(text: String) -> String {
        "¥(text)!!!!!"
    }
}

let dog = Dog(name: "pochi", age: 3)
dog.bow(text: "ワン") // "ワン!!!!!"
```

ワンと吠えさせることができました。引数は、内部引数名と外部引数名を指定できます。

▼リスト2-47

```
func bow(text s: String) -> String {
        "¥(s)!!!!!"  // 定義内では内部引数名を使う
}

dog.bow(text: "ワン") // 呼び出す時は外部引数名を使う
```

外部引数名を省略することもできます。

▼リスト2-48

```
func bow(_ s: String) -> String {
        "¥(s)!!!!!"  // 定義内では内部引数名を使う
}

dog.bow("ワン") // 呼び出す時は外部引数名を使うが、アンダースコアなので省略可能
```

構造体とクラスをインスタンス化したうえでの扱い方にも違いがあります。先ほどのサンプルコードから、Userを参考にしつつ型名を変更します。

▼リスト2-49

```
class ClassUser {
    var id: Int
    var name: String

    init(id: Int, name: String) {
        self.id = id
        self.name = name
    }

    func introduce() {
        print("私の名前は¥(name)です")
    }
}

struct StructUser {
    var id: Int
    var name: String

    func introduce() {
        print("私の名前は¥(name)です")
    }
}
```

idとnameは変数で定義しているので、変数にインスタンス化したものを代入すれば、宣言後も変更できます。

▼リスト2-50

```
var structUser = StructUser(id: 1, name: "Taro")
var classUser = ClassUser(id: 1, name: "Taro")
```

```
classUser.id = 3
print(classUser.id) // 3

structUser.id = 3
print(structUser) // 3
```

変数の中身を別の変数に代入すると、構造体とクラスで異なる挙動を見せます。それを確認するために、インスタンス化した後コピーを作り、片方のプロパティを変更してみます。構造体は、インスタンス化した後コピーを作って片方を変更しても、もう片方のプロパティは変わりません。

▼リスト2-51

```
var structUser1 = StructUser(id: 1, name: "Taro")
var structUser2 = structUser1

structUser1.id = 3
print(structUser1.id) // 3
print(structUser2.id) // 1
```

一方クラスは、同じようにコピーを作って片方のプロパティを変更すると、変更がもう一方の変数にも影響してしまいます。

▼リスト2-52

```
var classUser1 = ClassUser(id: 1, name: "Taro")
var classUser2 = classUser1

classUser1.id = 3
print(classUser1.id) // 3
print(classUser1.id) // 3
```

クラスは参照型です。コピーをすると、インスタンスが同じ値への参照をコピーするので、一方の変更はもう一方に影響します。

対して構造体は値型です。値そのものをコピーするので、別の値を参照しています。そのため、一方の変更はもう一方に影響しません。

値型は、1度代入された値が明示的に再代入しない限り、不変であることが保証されます。対して参照型は、変数や定数に代入された場合、メソッドや関数に引数として渡した時に、変更されないことを保証するのが難しいです。

実際にプログラムを書く際は、基本的に値型を使用するようにして、参照型の性質を利用して状態管理をおこないたい場合は、参照型を利用するようにすると良いでしょう。

これまで説明してきたString型やInt型、列挙型といったオブジェクトは、値型で実装されています。そのおかげで、それを利用するわたしたちデベロッパーは、無用な状態管理に悩まされることがありません。

関数

プログラミングでは、同じような処理を1か所でなくほかの場所でも再度利用しなければいけないケースが多々存在します。関数は、ひとまとまりの処理を切り出して再度利用できるようにするためのものです。

Swiftのドキュメントでは、明確にメソッドと関数を区別しています。メソッドは、特定の型に関連づけられた関数です。

▼リスト2-53

```
func メソッド名(引数名: 引数の型, ....) -> 必要なら戻り値の型 {
    // 処理の中身。戻り値を宣言した場合は戻り値を返却する必要がある。
}
```

引数は、()内を「引数名: 型名」で定義していきます。,区切りで複数定義できます。

戻り値が必要なら->の後に戻り値の型名を宣言します。

{}内では、実際の処理内容を記述します。戻り値を定義した場合は、returnで戻り値を返す必要があります。Swift5.1からは、{}内が1行ならreturnを省略できます。

関数を実行する際は、()をつける必要があります。宣言時に引数を指定している関数は、()の中で引数に指定した型と同じ型の値を渡す必要があります。

コンパイラが型チェックをしてくれるので、型が整合しなければコンパイルエラーになります。

▼リスト2-54

```
// 引数なし戻り値なしの関数
func printHelloWorld() {
    print("Hello World")
}
printHelloWorld() // Hello World

// 引数あり戻り値なしの関数
```

```
func printText(text: String) {
    print(text)
}
printText(text: "Hello World") // Hello World

// 引数あり戻り値ありの関数
func double(_ int: Int) -> Int {
    int * 2
}
double(3) // 6

// 引数なし戻り値ありの関数
func myName() -> String {
    "Taro"
}
myName() // Taro
```

関数を考える際に、引数で知っておくべきことがあります。仮引数と実引数、そして外部引数名と内部引数名です。外部引数名と内部引数名はメソッドに関する説明した際に合わせて解説しました。

関数の引数は、関数の定義時に宣言するものと呼び出し時に指定するものを区別します。関数の定義時に宣言するのが仮引数、呼び出し時に指定するのが実引数と呼びます。

■ デフォルト値を持つ引数

Swiftでは、関数の宣言時、引数にデフォルト値を与えることができます。デフォルト引数と呼ばれることが多いです。

▼リスト2-55

```
// 値を2乗して返す
func square(_ x: Int = 1) -> Int {
    x * x
}

square() // 1
square(3) // 9
```

■ インアウト引数

関数内での引数への再代入を関数外へ代入させる時に使用します。引数の型名の前に、inoutキーワードを記述します。そして、関数を使用する際は、変数名の前にプレフィックスとして&を与える必要があります。&をつけることで、インアウト引数を使用するメソッドであることが、関数の使用者側からも明示的になります。

▼リスト2-56

```
func updateAnonymous(name: inout String) {
    name = "Anonymous"
}

var name = "Taro"
updateAnonymous(name: &name)
print(name) // Anonymous
```

➡ クロージャ

再利用可能な人まとまりの処理を記述する場合、クロージャを使うと便利です。クロージャは、関数の一種にあたるので、関数との違いを意識すると理解しやすいはずです。

クロージャの定義は、以下のようにおこないます。

▼リスト2-57

```
let square = { (x: Int) -> Int in
    x * x
}

square(3)
```

(Int) -> Int型のクロージャを定数に代入したsquareを元に、クロージャの定義方法を見ていきます。

引数と戻り値の型の記述は、関数と同じようにおこなう必要があります。しかし、戻り値の型と文の間がinキーワードで区切られています。

引数が指定してあれば、値を返す必要があります。前もって型を定義するのではなく、サンプルコードのように、クロージャ式の内容から型を推論してくれる点は、関数と比べて扱いやすい特徴です。

戻り値のない関数のように、戻り値のないクロージャを宣言したい場合は、戻り値の型をVoidにします。

▼リスト2-58

```
let square = { (x: Int) -> Void in
    print(x * x)
}

square(3)
```

関数宣言で戻り値のない型を定義した場合の戻り値も、実際にはVoid型です。関数の場合は、これが省略可能だけです。

そして、実行方法は関数と同じです。特徴として、外部引数名とデフォルト引数名が使えません。

クロージャ定数squareも、使用時に外部引数名を使っていません。使用するとコンパイルエラーになります。

▼リスト2-59

```
square(x: 3) // Extraneous argument label 'x:' in call
```

プロトコル

Swiftでは、型がある機能や性質を持つために必要なインターフェースを定義するために、protocolが用意されています。あるプロトコルPが要求するインターフェースをある型Aが満たしている状態を、「AがPに準拠（conform）している」というように表現します。

プロトコルを利用することで、関係のない複数の型で、共通となる性質を持たせることができます。クラスでは、継承を使って抽象化をおこなっていました。継承が存在しない構造体では、プロトコルを利用して共通の性質を抽象化することが多いです。

プロトコルAnimalに準拠する型は、鳴き声を表す文字列を返すメソッド**bark()**宣言することを要求してみます。

▼リスト2-60

```
protocol Animal {
    func bark() -> String
    var species { get }
}
```

このAnimalに準拠したい場合は、メソッド**bark()**実装を要求されます。2つの構造体CatとDogを定義してみます。

▼リスト2-61

```
... // Animalの定義

struct Cat: Animal {
    func bark() -> String {
        "にゃー"
    }
}

struct Dog: Animal {
    func bark() -> String {
        "わん"
    }
}

Cat().bark() // にゃー
Dog().bark() // わん
```

このように、プロトコルを使用すると、関係のない2つの構造体が共通の性質（鳴く）を持っていることが表現できます。

また、プロトコルは、関数だけでなくプロパティの宣言も要求できます。種名を表す列挙型を定義して、プロパティとしてAnimalプロトコルの準拠時に実装を要求してみます。

▼リスト2-62

```
protocol Animal {
    func bark() -> String
    var species: Species { get }
}

enum Species: String {
    case dog = "イヌ"
    case cat = "ネコ"
}

struct Cat: Animal {
    func bark() -> String {
        "にゃー"
    }
```

```
    var species: Species {
        return .cat
    }

}

struct Dog: Animal {
    func bark() -> String {
        "わん"
    }

    var species: Species {
        return .dog
    }
}

Cat().species.rawValue // ネコ
Dog().species.rawValue // イヌ
```

型は複数のプロトコルに準拠できます。複数のプロトコルに準拠するには、,区切りで追加していきます。今回は、Animalプロトコルに加えて、人に飼われていることを表すプロトコルPetProtocolを定義してみます。

▼リスト2-63

```
protocol Animal {
    func bark() -> String
}

protocol PetProtocol {
    var name:String { get set }
}

struct Cat: Animal {
    func bark() -> String {
        "にゃー"
    }
}

struct DomesticatedCat: Animal, PetProtocol {
    func bark() -> String {
        "にゃー"
```

```
    }
    var name: String
}

let cat = Cat()
let domesticatedCat = DomesticatedCat(name: "たま")

print(cat.bark()) // にゃー
print(domesticatedCat.bark()) // にゃー

print(domesticatedCat.name) // たま
print(cat.name) // コンパイルエラー
```


■ extensionでのprotocolへの準拠

プロトコルへの準拠は、extensionでおこなうこともできます。上記のサンプルコードを、extensionを使って準拠する書き方に変えてみます。

▼リスト2-64

```
struct Cat {}

struct Dog {}


extension Cat: Animal {
    func bark() -> String {
        "にゃー"
    }
}

extension Dog: Animal {
    func bark() -> String {
        "わん"
    }
}
```

この書き方は、型の定義と特定の性質を表すプロトコルへの準拠を区別できるようになります。複数のプロトコルに準拠する場合、可読性を高めるために使われたりします。

2-4 制御構文

この節では、プログラムの実行フローを制御するために用意されている構文を説明します。

実際のアプリケーション開発では、条件に応じて処理をおこなったり、くり返しの処理が必要になる場合が頻繁にあります。このような制御を記述するために、Swiftではさまざまな制御構文が用意されています。その中で代表的なものを見ていきましょう。

if文

条件式の真偽に応じて実行する処理を切り替えるための制御構文として、ifが用意されています。ifの条件式は、trueかfalseを返すBool型である必要があります。Bool型以外の型を条件式に指定するとコンパイルエラーになります。

▼リスト2-65

```
if 条件1 {
    // 条件1がtrueの場合に実行する処理
} else if 条件2 {
    // 条件2がtrueの場合に実行する処理
} else {
    // これまでの条件式すべてがfalseだった場合に実行する処理
}
```

条件式は、else ifで続けることができます。すべての条件式がfalseの場合の処理として、elseの後の{}の中で記述できます。

▼リスト2-66

```
let i = 100

if i == 1 {
    print("iは1")
} else if i == 50 {
    print("iは50")
} else {
```

```
    print("iは1でも50でもなかった")
}
```

if-let文

if-let文は、オプショナルバインディングするための条件分岐であり、制御構文です。

Swiftでnullを許容する方法としてオプショナル型が存在することは、前述のとおりです。Optional<String>は、Stringとは別の型として扱うため、Stringに処理をおこないたい時にそのまま利用できません。

その時にOptional<String>をStringに変換することを、アンラップと呼びます。そして、オプショナル型を安全にアンラップする方法として、オプショナルバインディングが用意されています。

▼リスト2-67

```
let optionalString: String? = "String型の値"

if let string = optionalString {
    // nilではなく値が格納されていた場合の処理
    print(string)
} else {
    // 値がnilだった場合の処理
    // 定数stringは使用できない
    print(string) // コンパイルエラー : Use of unresolved identifier 'string'
}
```

この構文1つで、値が存在する時と存在しない場合の条件分岐と、Optional<String>からStringへのキャストを同時におこなえます。

また、if-let文では複数のOptional<Wrapped>型の値を同時に取り出すことが可能です。

▼リスト2-68

```
let optionalString1: String? = "String型の値1"
let optionalString2: String? = "String型の値2"


if let string1 = optionalString1, let string2 = optionalString2 {
    // nilではなく値が格納されていた場合の処理
    print(string1)
```

```
    print(string2)
} else {
    // optionalString1とoptionalString2のどちらか一方でもnilだった場合の処理
    print("両方のString型へのオプショナルバインディングに失敗した")
}
```

guard文

guard文は、1つ以上の条件が不成立の時、早期にスコープを抜ける（スコープ外に処理を転送する）ために使用される条件分岐文です。

▼リスト2-69

```
guard 条件式 else {
    // guard文が記述されているスコープの外に抜け出すキーワードが必要:
    // return, break, continue, throw
}
```

guard文のelse句は必須です。

▼リスト2-70

```
let isSuccess = true

let succeededHandler: (Bool) -> Void = { result in
    guard result else { return } // 失敗なら処理を抜ける
    print("成功")
}

succeededHandler(isSuccess) // 成功
```

条件式がfalseを返した場合に、{}内の処理を実行します。上記のサンプルコードだと、returnを宣言しているので処理を抜けます。

■ guard-let文

ifにおけるif-let文と同じように、guardもguard-let文でオプショナルバインディングがおこなえます。guard-letを使用して宣言された変数や定数は、guard文が含まれるスコープかつguard-let文以降の処理で使用できます。

▼リスト2-71

```
let closure: () -> Void = {
    let optionalString: String? = "String型の値"
    guard let string = optionalString else { return }
    print(string)
}

closure() // コンソールにString型の値と表示される
```

if文と同じように、複数のOptional<Wrapped>をまとめてアンラップできます。

▼リスト2-72

```
let closure: () -> Void = {
    let optionalString1: String? = "String型の値1"
    let optionalString2: String? = "String型の値2"
    guard let string1 = optionalString1, let string2 = optionalString2 else { return }
    print(string1)
    print(string2)
}

closure()
// コンソールに以下のように出力される
// String型の値1
// String型の値2
```

同じようなことができる制御構文であるifとguardですが、意味なく複数作られているわけではなく、ユースケースに合わせて作られています。guard文は、条件に応じて早期にスコープを抜けたい時の条件判定に使うと良いでしょう。

switch文

switch文は、値に応じた処理を書くことができます。値のパターンがtrueとfalseで網羅できない時に使用すると、見通しの良いコードを書くことができます。

▼リスト2-73

```
switch 対象の式 {
case 値1:
    対象の値が値1だった時の処理
case 値2, 値3:
    対象の値が値2または値3だった時の処理
```

```
default:
    対象の値がこれまでのcase以外だった場合の処理
}
```

基本的な構造は、このようになっています。caseを使って各パターンを記述して、どのパターンにもマッチしなかった場合の処理をdefaultキーワードを使ってデフォルトケースとして宣言します。switch文は、式がパターンとマッチするか上から順に評価していきます。

最初にマッチするとそのケースの処理を実行し、以降のパターンはスキップされます。つまり、重複したパターンを記述したとしても、重複したパターンのうち先頭のパターン以外は実行されません。

▼リスト2-74

```
let i = 1

switch i {
case 1:
    print("1だった")
case 2:
    print("2だった")
case 3:
    print("3だった")
case 1:
    print("1だった(2回め)") // 実行されない
default:
    print("それ以外だった")
}

// コンソールの出力
// 1だった
```

switch文を使ったパターンマッチの特に便利なところは、コンパイラがケースの網羅性を静的にチェックすることです。パターンをすべて網羅していないとアプリケーションをコンパイルできないため、考慮漏れが起こりません。

パターンマッチの評価式によく使われるのが列挙型です。

▼リスト2-75

```
enum AnswerChoice {
```

```
    case a
    case b
    case c
    case d
}

let userAnser: AnswerChoice = .b

switch userAnser {
case .a:
    print("不正解")
case .b:
    print("正解")
case .c:
    print("不正解")
case .d:
    print("不正解")
}

// コンソールの出力
// 正解
```

たとえば、このサンプルコードのうち値がaのケースを削除すると、switch文が網羅性を持たなくなりコンパイルエラーになります。

▼リスト2-76

```
switch userAnser { // Switch must be exhaustive
case .b:
    print("正解")
case .c:
    print("不正解")
case .d:
    print("不正解")
}
```

しかし、すべてのケースを記述するのが現実的でない場合もあります。たとえば、Int型の値を評価する時に、すべての数字のケースを作成するのは現実的ではありません。その時に使用するのが、switch文のdefaultキーワードです。

defaultキーワードを使うと、ほかのどのケースにもマッチしない場合のケースを記述できます。

サンプルコードの定数userAnswerを評価する上記のサンプルコードは、不正解の選択肢の時の処理が同じです。これをdefaultキーワードを使って書き換えてみます。

▼リスト2-77

```
let userAnser: AnswerChoice = .b

switch userAnser {
case .b:
    print("正解")
default:
    print("不正解")
}

// コンソールの出力
// 正解
```

defaultキーワードは便利ですが、列挙型の制御式にデフォルトケースを用意することはあまりなく、個々のケースを列挙することが多いです。

➡ for文

プログラミング言語では、条件に特定の文の実行をくり返す構文が用意されていることが一般的です。Swiftでくり返しの処理を記述するための制御構文は、大きく分けるとfor文とwhile文です。

for-in文は、配列やDictionaryといったSequence protocolに準拠している型の要素にアクセスできます。

▼リスト2-78

```
let array = ["1周目", "2周目", "3周目", "4周目", "5周目"]

for element in array {
    print("¥(element)のループ")
}

// 出力
//1周目のループ
//2周目のループ
//3周目のループ
//4周目のループ
//5周目のループ
```

for-inの後にwhereを使用することで、アクセスする要素にフィルタをかけられます。

▼リスト2-79

```
let array = ["1周目", "2周目", "3周目", "4周目", "5周目"]

for element in array where element == "3周目" {
    print("¥(element)のループ")
}

// 出力
//3周目のループ
```

while文

while文を使うと、条件式が成り立つ間くり返しを続けられます。。実行文が実行される前に、条件式が評価されます。

▼リスト2-80

```
var count = 0

while count < 40 {
    count += 1
    print("¥(count)周目")
}

print("合計¥(count)周しました")

// 出力

// 1周目
.
.
.
// 40周目
// 合計40周しました
```

repeat-while文

while文を使うと条件式が成り立つ間実行文に記述した処理を実行できますが、実行される前に条件式を評価するため、条件式の評価結果、1度も処理を実行しない可能性があります。

repeat-whileを使用すると、条件結果に関わらず最低1回は実行文を実行できます。

▼リスト2-81

```
var count = 0

repeat {
    count += 1
    print("¥(count)周目")
} while count < 0
print("count: ¥(count)")

// 出力
// 1周目
// count: 1
```

Swiftをさらに学ぶには、Appleが公開しているドキュメントを読んでみてください。すると、ここまで説明したことが、Swiftのほんの一部に過ぎないことがわかります。

しかし、それらのすべてを理解する必要はありません。ここで説明したような最低限の言語仕様をなんとなく理解できたなら、まずはアプリケーションの開発に取り掛かりましょう。使っていきながら、都度浮かんだ疑問を解決して前に進んでいくのが、プログラミング上達の1番の近道です。

同時に、プログラミング言語の機能を深く理解することは、偉大な開発者達の足跡をたどるための道標にもなります。優れた設計で作り上げられたプログラミング言語の機能を深く理解することで、より読みやすい、効果的なコードを書けることにもつながります。

2-5 アプリケーション開発をする際に知っておくべきこと

この節ではアプリケーションの開発で必須になるトピックをいくつか取り上げます。扱う内容は以下のとおりです。

- **引数でクロージャを扱う場合に最低限知っておきたい、トレイリングクロージャと属性**
- **Delegate パターン**
- **GCD を使った非同期処理**

トレイリングクロージャ

クロージャを関数やメソッド、別のクロージャの引数として利用する時に、トレイリングクロージャの機能をよく使います。これを使用すると、クロージャを引数に取る関数の可読性を向上させられます。

トレイリングクロージャは、関数の最後の引数がクロージャの時に、引数を表す()の外に書くことができる言語機能です。

▼リスト2-82

```
func double(_ x: Int, closure: (Int) -> Void) {
    closure(x * 2)
}

// トレイリングクロージャを使わない記述方法
double(3,  closure: { result in
    print("3に2を掛けた数は¥(result)になる")
})

// トレイリングクロージャを使う記述方法
double(4) { result in
    print("4に2を掛けた数は¥(result)になる")
}

// 出力
// 3に2を掛けた数は6になる
// 4に2を掛けた数は8になる
```

トレイリングクロージャを使用すると、引数の()がクロージャ定義の前に閉じるので、コードが少し読みやすくなります。引数がクロージャのみの場合は、引数を記述する()も必要なくなります。

どのような時にトレイリングクロージャを使用するかの判断は、開発者やチームに委ねられます。Webで公開されているコードでは、この言語機能を使用しているコードがよくあるので、初めて見た時に混乱しないように、ここで押さえておきましょう。

➔ 属性（attribute）

クロージャの型定義の前に@で始まる属性名を追加することで、クロージャに追加情報があることを示せます。クロージャで使用される属性には、escapingとautoclosureがあります。

■ 非同期処理

@escapingを説明する前に、非同期処理とは何か押さえておきましょう。

非同期処理は、あるタスクを実行している間に別のタスクが別の処理を実行できる方式です。対して同期処理は、あるタスクを実行している間、ほかのタスクの処理が中断される処理方式です。

実際のアプリケーションのプログラムは、たいていの場合は処理が一瞬で終わってしまいますが、アニメーションや通信、重たい処理実行する時は、処理に待ちが発生してしまいます。このような場合は、ある処理が終わってから別の処理をおこないたいケースに対応することが必要になります。

■ 非同期的な処理のパターンとしてのクロージャ（@escaping属性）

クロージャ自身が定義されたスコープの変数や定数への参照を保持する機能を、キャプチャと言います。このキャプチャにより、クロージャが実行されるスコープを、変数や定数が定義されたローカルスコープ以外でもクロージャの実行時に利用できます。

▼リスト2-83

```
func makeIncrementer(forIncrement amount: Int) -> () -> Int {
    var runningTotal = 0
    func incrementer() -> Int {
        runningTotal += amount
        return runningTotal
    }
    return incrementer
```

```
}

let incrementByThree = makeIncrementer(forIncrement: 3)
incrementByThree() // 3
incrementByThree() // 6
incrementByThree() // 9
```

incrementer()関数にはパラメーターがありませんが、runningTotalとその関数本体内の金額を参照しています。これは、runningTotalとamountへの参照をキャプチャし、関数本体内でそれらを使用することでおこないます。このキャプチャのおかげで、makeIncrementerの呼び出しが終了しても、runningTotalとamountが保持されます。そして、incrementer関数が次に呼び出された際に、キャプチャしたrunningTotalが使用されます。

@escaping属性が必要かどうかは、クロージャが実行されるまで関数のスコープの変数を保持する必要があるかで判断します。

▼リスト2-84

```
import Foundation

func asyncMethod(closure: @escaping () -> Void) {
    DispatchQueue.main.asyncAfter(deadline: .now() + 5) {
        closure() // 5秒後にメインスレッドで実行される
    }
}

asyncMethod {
    print("hoge")
}
```

上記のサンプルコードの引数の@escapingを外すと、Escaping closure captures non-escaping parameter 'closure'という警告が表示されます。@escapingがないと関数のスコープ外（メインスレッド）で保持できないのでエラーになります。

Delegateパターン

iOSアプリケーションで頻出するリスト表示のためのClass、UITableViewやUICollectionViewを扱う時に、Delegateパターンが登場します。

デリゲートは委譲を表し、あるオブジェクトの処理を別のオブジェクトにさせるデザインパターンと呼ばれるものの1つです。デリゲート元は任意のタイミングでデリゲート先のオブジェクトに通知して、デリゲート先で自身や自身が持つ値の状態を変更したり値を返したりします。

このパターンを使えるようになると、デリゲート先の処理を考慮せずに、デリゲート元の振る舞いを決められます。

もちろん、メリットだけではありません。デメリットとしては、実際のコーディングの際に、記述が増えてしまいがちという点があります。

▼リスト2-85

```
import Foundation

class View {
    func viewDidLoad() {}
}

class MainView: View {}
class SubView: View {}
```

できるだけ実際のアプリケーション開発に近い形で見るほうが理解しやすいので、サンプルコードでは、UIKitで登場するUIViewに命名が近いクラスを定義します。このサンプルコードに必要な実装をおこない、デリゲートパターンがどのようなものか説明します。

Viewクラスを継承したMainViewとSubViewは、**viewDidLoad()**メソッドを override しています。

MainViewは、subViewプロパティにサブビューとしてSubViewを保持します。subViewプロパティは、Implicity unwrapped OptionalなSubView型です。

MainViewは、初期化時に**viewDidLoad()**メソッドを呼び出します。その中で、サブビューであるsubViewプロパティに、初期化したSubView型の値を代入します。

MainViewと同じように、SubViewも初期化時に**viewDidLoad()**メソッドを呼び出します。SubViewはSubViewDelegate protocolを型に持つdelegateプロパティを宣言しています。

加えて、SubViewは**tapped()**メソッドを宣言していて、この実行文の中でdelegateプロパティの**tapped()**メソッドを呼び出しています。この部分が、処理の委譲をおこなっている部分です。

SubViewは、delegateの**tapped()**メソッドの実態を知る必要はありません。呼び出すだけで良いのです。メソッドの実体は、Delegate先のMainViewが知っています。SubViewDelegate protocolに準拠しているMainViewは、文字列を出力させます。

ここまでの説明を実際のコードに表したのが以下になります。

▼リスト2-86

```
import Foundation

class View {
    func viewDidLoad() {
        print("親クラスのviewDidLoad()メソッドが実行された")
    }
}

class MainView: View {
    var subView: SubView!
    override init() {
        super.init()
        viewDidLoad()
    }

    override func viewDidLoad() {
        super.viewDidLoad()
        print("サブクラスMainViewのviewDidLoad()メソッドが実行された")
        subView = SubView()
        subView.delegate = self

    }
}

extension MainView: SubViewDelegate {
    func tapped() {
        print("SubViewから処理を委譲されたMainViewのtapped()メソッドが呼び出された")
    }
}

class SubView: View {
    weak var delegate: SubViewDelegate?
    override init() {
        super.init()
        viewDidLoad()
    }

    override func viewDidLoad() {
        super.viewDidLoad()
```

```
        print("サブクラスSubViewのviewDidLoad()メソッドが実行された")
    }

    func tapped() {
        delegate?.tapped()
    }
}

protocol SubViewDelegate: AnyObject {
    func tapped()
}


let mainView = MainView()
let subView = mainView.subView

// subViewがタップされた
subView!.tapped()

// 出力
// 親クラスのviewDidLoad()メソッドが実行された
// サブクラスMainViewのviewDidLoad()メソッドが実行された
// 親クラスのviewDidLoad()メソッドが実行された
// サブクラスSubViewのviewDidLoad()メソッドが実行された
// SubViewから処理を委譲されたtapped()メソッドを実行
```

Delegateパターンで、SubViewの`tapped()`メソッドの処理をMainViewに委譲できているのがわかります。

アプリ開発で頻出するUITableViewやUICollectionViewも、`UITableViewDelegate`、`UICollectionViewDelegate`が使われています。

➡ GCDを使った非同期処理

Swiftでは、非同期な処理を記述する時に、クロージャによるコールバックのほかに、Grand Central Dispatch（GCD）がよく使われます。GCDを使用するためには、いくつかの項目を押さえておく必要があります。

GCDでは、処理の入れ物（キュー）に処理を登録すると、適切なスレッド上で処理がおこなわれます。

開発者は、キューを通じて処理をおこないます。複雑なスレッド管理、処理の並列数、スケジューリングを考慮する必要はありません。開発者が気にしなければいけないことは、適切なキューへ追加することだけです。

キューに追加されたタスクは、システムが適切なスレッドで実行してくれます。これらのスレッドはあらかじめ用意されていて、システムはそのスレッドを使い回してタスクを管理します。このようなスレッド管理の方法を、スレッドプールと呼びます。

キューに登録する際、実行方式を同期実行と非同期実行のどちらかを選択できます。アプリケーションにおいて同期実行の使い方をまちがえると、スレッドのデッドロックを引き起こしてしまう可能性があります。特別な理由がない場合は、非同期実行を使うことをおすすめします。

同期実行はsyncメソッド、非同期実行はasyncメソッドを使用します。

■ キューのタスク処理方法

キューのタスク処理方法は、以下の2種類があります。

- **Serial（直列）：前のタスクが完了すると次のタスクが実行される**
- **Concurrent（並列）：前のタスクの処理状況に関わらず次のタスクが実行される**

■ キューの種類

キューは3種類に分けられます。

- Main Queue
- Global Queue
- Private Queue

Main QueueとGlobal Queueは、システムで作成されています。Main Queue は、Serialにタスク処理をおこないます。Global Queueは、Concurrentにタスク処理をおこないます。

Private Queueは、開発者が自由に設定して作成できるQueueです。自由に設定できるので、タスク処理方法も任意です。

システムが自動的に作成するMain Queueは特に重要です。実際のアプリケーションで以下のようなコードが頻繁に使用されます。

▼リスト2-87

```
DispatchQueue.main.async {
```

```
    // 何らかの処理
}
```

これは、GCDのMainQueueでasync（非同期に）処理することを意味しています。UIの更新はこのスレッドでおこなう決まりになっていて、メインスレッド以外で更新しようとすると、Xcodeが実行後に警告を表示します。

■ 基本的な使い方

▼リスト2-88

```
import Dispatch

let queue = DispatchQueue.global(qos: .default)
for i in 0..<50 {
    queue.async {
        sleep(1)
        print("¥(queue.label):¥(i)")
    }
}

// asyncなので並列実行
// そのため実行順序は保証されない
// com.apple.root.default-qos:35
// com.apple.root.default-qos:36
// com.apple.root.default-qos:30
// com.apple.root.default-qos:18
// com.apple.root.default-qos:16
//com.apple.root.default-qos:5
.
.
.
// com.apple.root.default-qos:47
```

GCDは、`DispatchQueue`を使います。サンプルコードでは、Global Queue を使用して並列実行をおこなっているコードです。

外部引数名のqosは、Global Queueの優先度を表しています。

- userInteractive
- userInitiated

- default
- utility
- background
- unspecified

上に位置するものほど優先度が高いです。今回は、defaultを指定しました。

次は、Private Queue を使ってみます。Global Queueでは並列に実行したので今回は直列に実行してみます。

▼リスト2-89

```
import Dispatch

let queue = DispatchQueue(label: "com.gihyo.queue", qos: .default)
for i in 0..<50 {
    queue.sync {
        sleep(1)
        print("¥(queue.label):¥(i)")
    }
}

// com.gihyo.queue:0
// com.gihyo.queue:1
// com.gihyo.queue:2
// com.gihyo.queue:3
// com.gihyo.queue:4
// com.gihyo.queue:5
.
.
.
// com.gihyo.queue:46
// com.gihyo.queue:47
// com.gihyo.queue:48
// com.gihyo.queue:49
```

直列実行なので、0から処理が終わってから次の処理がおこなわれます。そのため、出力は0から始まって、for-inにしている範囲どおり49まで順番どおり表示されます。

■ 並列に処理をおこない完了を待つ

GCDでよく使用される処理が、並行処理の完了を待つパターンです。複数のタスクを集約的に扱えるDispatchGroupを使用します。

▼リスト2-90

```
import Dispatch

let group = DispatchGroup()
let queue = DispatchQueue(
    label: "com.gihyo.queue",
    qos: .default,
    attributes: .concurrent
)
for i in 0..<50 {
    group.enter()
    queue.async(group: group) {
        sleep(1)
        print("¥(queue.label):¥(i)")
        group.leave()
    }
}

group.notify(queue: .main) {
    print("全タスク完了")
}

// com.gihyo.queue:0
// com.gihyo.queue:14
// com.gihyo.queue:20
// com.gihyo.queue:7
.
.
.
// com.gihyo.queue:49
// com.gihyo.queue:48
// com.gihyo.queue:47
// 全タスク完了
```

DispatchGroupを作成して、非同期処理の実行前にenter()メソッド、終了後にleave()メソッドを呼び出すことで、複数の同期処理の開始と完了を管理しています。

すべての処理で、完了時のleave()メソッドが呼ばれた後に、notify()メソッドで指定したクロージャが実行されます。

2-6 エラー処理

プログラムで発生するエラーはさまざまです。代替策を用意して「問題はなかった」として先の処理に進めるものもあります。ほかにも、プログラム自身がエラーの内容から適切な処理を選択できるもの、ユーザー（人間）の操作を介在しないと次の処理に進めないもの、ここまで列挙したもの以外にもエラーは多岐に渡ります。

エラーを適切に対処することをエラーハンドリングと言います。アプリケーションの開発において、エラーハンドリングは特に重要なものの1つです。エラーの処理が不適切だと、意図しない振る舞いをしてしまいます。それは、将来のバグの原因になる可能性があります。今回は、Swiftでのエラー処理を扱います。

Optionalでエラーハンドリング

Optional型（正確にはOptional<Wrapped>型）を使用すると、値がある場合を正常として扱います。値の代わりにnilが入っている場合を異常とみなして、エラーハンドリングに利用できます。

▼リスト2-91

```
func toInt(_ string: String) {
    Int(string) ?? 0 // Int型に変換できた場合は正常、変換に失敗するとnilになるので
エラーとして0を返す関数
}
```

サンプルコードでは??を使用しましたが、guard-letやif-letを使った実装も考えられます。

■ Failable Initializer

失敗可能イニシャライザとも呼ばれます。初期化を失敗するとnilを返すイニシャライザです。Swiftの標準ライブラリだと、URLもFailable Initializerを持っています。よく使われる例としては、URLを表す文字列を引数に渡して初期化する方法です。この初期化方法はFailable Initializerなので、返り値がOptional<URL>型になります。

このFailable Initializerを使って、エラーをハンドリングできます。

▼リスト2-92

```
extension Int {
    init?(fromString string: String) {
        if let i = Int(string) {
            self = i
        } else {
            return nil // 変換に失敗したのでnil
        }
    }
}

let optionalIntValue: Int? = Int(fromString: "100")
let intValue: Int = Int(fromString: "aaaaaa") ?? 0
```

サンプルコードでは、数値型のイニシャライザをextensionで追加して、Failable initializerを定義しています。引数にとった文字列型のInt型への変換に失敗するとnilを返すようになっています。

Error protocol

Swiftでは、エラーハンドリングに使用できる型としてプロトコルErrorを定義しています。このprotocolに準拠させることで、独自のエラーを表す型を定義できます。

enumは、raw valueやassociated valueで値を柔軟に値を持たせることができ、なおかつ型安全に各ケースを扱えます。enumのこの性質はエラーをモデル化するのにとても便利なので、実際の業務でもErrorに準拠させたenumをエラーを表す型として宣言することが多いです。

▼リスト2-93

```
enum ValidationError: Error {
    case empty
    case tooShort
    case numericOnly
    case illegalCharacters(String)
}
```

➡ do-catch文

do-catch文を使用すると、doクロージャを実行してエラーを処理します。doブロックのコード内でエラーがthrowされると、catchクロージャで補足できます。

▼リスト2-94

```
enum ValidationError: Error {
    case empty
    case tooShort
    case numericOnly
    case illegalCharacters(String)
}

let validationError: ValidationError = .numericOnly
do {
    throw validationError
} catch ValidationError.empty {
    print("case: empty")
} catch ValidationError.tooShort {
    print("case: tooShort")
} catch ValidationError.numericOnly {
    print("case: numericOnly")
} catch ValidationError.illegalCharacters(let string) {
    print("case: illegalCharacters, associated value: ¥(string)")
}

// 出力
// case: numericOnly
```

エラーを個別に捕捉せずに、Error型として受け取ることもできます。

▼リスト2-95

```
let validationError: ValidationError = .numericOnly
do {
    throw validationError
} catch(let someError) {
    if let validatedError = someError as? ValidationError {
        switch validatedError {
        case .numericOnly:
            print("case: numericOnly")
        default:
            print("それ以外")
        }
```

```
    } else {
        print("ValidationErrorではない")
    }
}

// 出力
// case: numericOnly
```

throwsキーワード

関数・メソッド・イニシャライザがErrorをthrowする可能性があることを示すキーワードとして、throwsを使用できます。

▼リスト2-96

```
enum ValidationError: Error {
    case empty
    case tooShort
    case numericOnly
    case illegalCharacters(String)
}

let validationError: ValidationError = .numericOnly
func throwErrorIfNumericOnly(_ validationError: ValidationError) throws {
    if case .numericOnly = validationError {
        throw validationError
    }
}
```

throwsキーワードは、return arrowの前に記述します。引数が省略されている場合は、-> Voidが省略されていることを意識すると覚えやすいです。戻り値の型を明示的に指定しない関数の戻り値の型は、Voidで空のタプル()を表します。

▼リスト2-97

```
func throwErrorIfNumericOnly(_ validationError: ValidationError) throws -> Void {
// 返り値を示す->の前にthrows キーワードを記述する
    if case .numericOnly = validationError {
        throw validationError
    }
}
```

→ tryキーワード

throwsを使っている関数をハンドリングする時に、tryキーワードを使う場合があります。tryに!や?をつけない場合には、do-catch文と合わせて使用する必要があります。

▼リスト2-98

```
let validationError: ValidationError = .numericOnly
func throwErrorIfNumericOnly(_ validationError: ValidationError) throws {
    if case .numericOnly = validationError {
        throw validationError
    }
}

do {
    try throwErrorIfNumericOnly(validationError)
} catch ValidationError.numericOnly {
    print("error: numericOnly")
} catch {
    print(error.localizedDescription)
}
```

■ try!とtry?

throwsが使用されているメソッドを呼び出す時、エラーを考慮する必要がない場合やエラーが起きてもエラーの詳細を知る必要がない場合が考えられます。そのような場合は、try!やtry?を利用すると便利です。

- try!：エラーを無視できるが、エラーが起きてしまった場合に実行時エラーとなる
- try?：エラーの詳細を返さずにOptional型で返す

try!やtry?を使用すると、do-catch文を必要としません。

▼リスト2-99

```
let validationError1: ValidationError = .empty
let validationError2: ValidationError = .numericOnly


func throwErrorIfNumericOnly(_ validationError: ValidationError) throws {
    if case .numericOnly = validationError {
        print("error is ")
        throw validationError
```

```
    } else {
        print("引数は.numericOnlyではなかった")
    }
}

try! throwErrorIfNumericOnly(validationError1)
try! throwErrorIfNumericOnly(validationError2) // try!を使用していて、if caseのパターンマッチに照合しているのでValidationErrorがthrowされて実行時エラー

// コンソールへの出力
// 引数は.numericOnlyではなかった
```

➡ Result<Success, Failure>型

Swift5で導入された型で、成功と失敗それぞれのケースを表す型です。FailureはError protocolに準拠している必要があります。

Optionalは、実際の値を成功時の値、失敗時はnilでエラーを表現していました。一方、`Result<Success, Failure>`型は、成功時の型、失敗を表すError protocolに準拠する型をそれぞれ指定子でエラーの詳細を表すことができます。

`Result<Success, Failure>`型の値は、パターンマッチを表現するswitch文やif caseを使用して分岐処理を書くことが多いです。

▼リスト2-100

```
enum SomeError: Error {
    case causedBySomething
}

func getMessage(_ error: SomeError?) -> Result<String, SomeError> {
    guard let error = error else { return .success("成功") }
    return .failure(error)
}


switch getMessage(nil) {
case .success(let message):
    print(message)
case .failure(let error):
    print(error.localizedDescription)
}

// コンソールの出力
```

```
// 成功

switch getMessage(SomeError.causedBySomething) {
    case .success(let message):
        print(message)
    case .failure(let error):
        print(error.localizedDescription)
}

// コンソールの出力
// The operation couldn't be completed. (__lldb_expr_5.SomeError error 0.)
```

➡ do-catchとResultの使い分け

Optional<Wrapped>とは異なり、do-catchとResultは具体的なエラーの型を表現できます。そのため、この2つの構文は、成功か失敗のどちらか一方であることを保証したい時に使用できます。

do-catchは、Resultと異なり、Error protocolに準拠さえしていれば扱えるので、Resultより柔軟と言えます。Resultは、型引数の2つ目と一致するエラー型しか使えません。

また、do-catch文でおこなうエラーハンドリングは、catch節の実装を強制できるところもメリットでしょう。

第3章

iOS開発の新しいパラダイム

3-1 SwiftUIとは

SwiftUIは、AppleのDeveloper ConferenceであるWWDC 2019で発表された、UI構築のためのフレームワークです。macOSのアプリはAppKitで、iOSのアプリはUIKitで開発されることが多いですが、SwiftUIは、将来的にこれらを置き換えるものになると言われています。この節ではSwiftUIの基本を押さえていきましょう。

宣言型のシンタックス

SwiftUIは、宣言型のシンタックスを採用しています。

▼リスト3-1

```
import SwiftUI
Text("Hello World")
    .foregroundColor(.black)
    .font(.headline)
    .fontWeight(.bold)
```

Textを宣言し、色やフォントを記述するといったぐあいに書けています。コードがシンプルで読みやすいので、保守作業の負担が下がります。

UIKitで同じようなテキストを表示して色を変更しようとすると、以下のようになります。既存のフレームワークと構文が大きく異なります。

▼リスト3-2

```
import UIKit

let label = UILabel()
label.text = "Hello World"
label.textColor = .black
```

プレビュー

Xcode 11、Mac OS Catalina以降では、SwiftUIのプレビュー機能が使用できます。

これにより、コードを入力した時にプレビューですぐに確認できます。そして、プレビューにGUIで変更を加えると、それがコードに反映されるようになりました。変更内容は、Xcodeで再コンパイルされるので、確認と編集が気軽にできます。

既存のUIKitでは、GUIとコードのレイアウトはIBOutletで紐づいている程度なので、コードの変更がGUIのStoryboardに反映されるといったことはありません。

▼図3-1

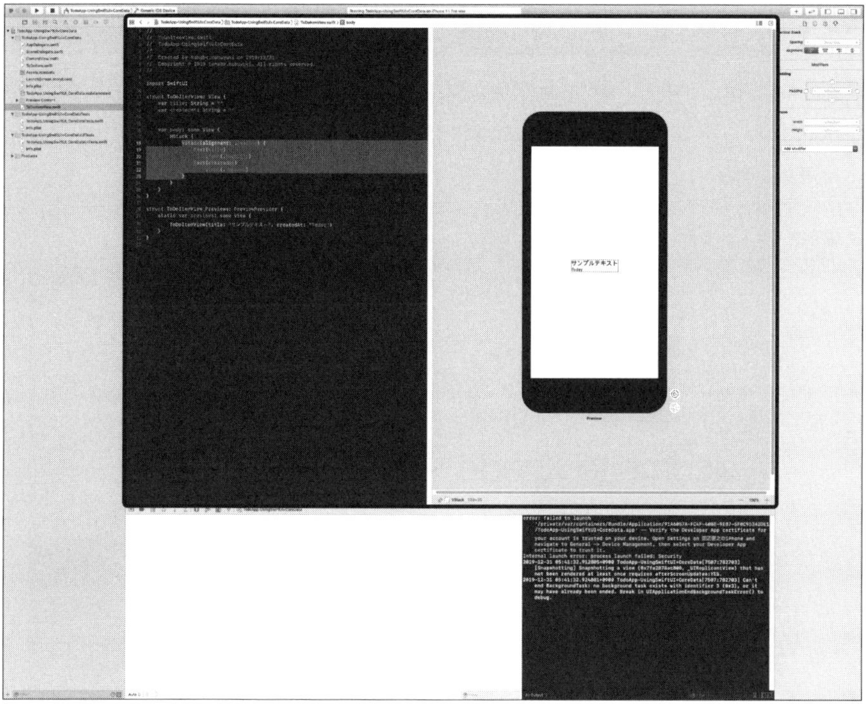

Column 本書の動作環境

SwiftUIは、Publicになっているもののまだ実務で扱えるほど品質が高くありません。そのため定期的に破壊的な変更が入ることもあり、SwiftやXcodeのバージョンが更新されて動作しないことも考えられます。そこで、この本書の執筆時の動作環境を改めて記載しておきます。

- Swift 5.1

- Xcode Version 11.2.1

この章のプログラムは上記の環境でないと正常に動作しない可能性があるので、もしプログラムを実行して問題があった場合、実行環境が相違ないことを確認してください。

➡ SwiftUIでHello World

Xcodeで新しくプロジェクトを作りつつ、SwiftUIを体験してみましょう。Welcome to Xcodeパネルの「Create a new Xcode project」を選択して、SingleViewテンプレートを選択します。

▼図3-2

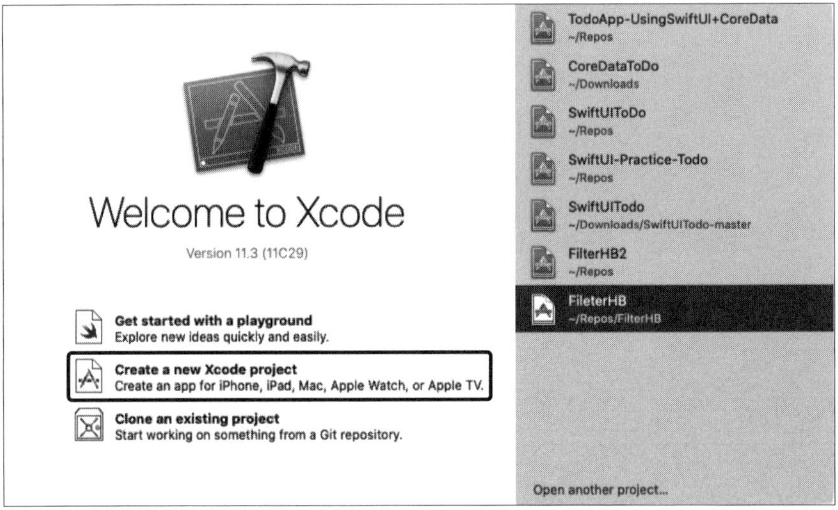

▼図3-3

プロジェクトに関する設定するウィンドウが表示されるので、「User Interface」でSwiftUIを選択するようにしてください。

▼図3-4

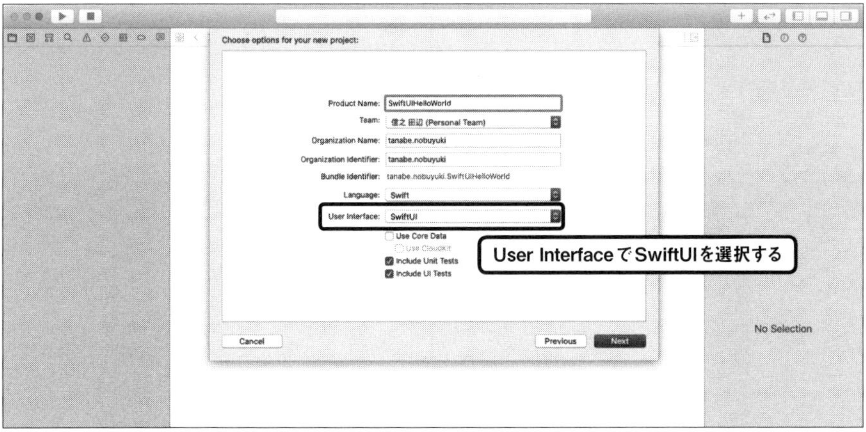

プロジェクトを任意のディレクトリに作成すると、ワークスペースが表示されます。

▼図3-5

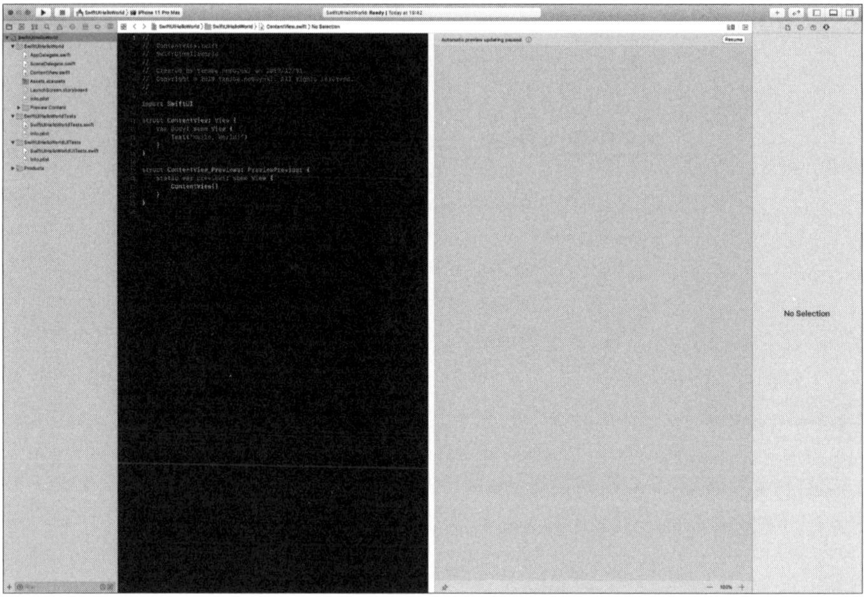

ワークスペースのエディタには、構造体ContentViewの定義を記述したエディタとそれに対応するキャンバスが表示されています。

▼図3-6

しかし、プロジェクトを作成した直後は、キャンバスには何も表示されていません。キャンバスの右上のResumeボタンをクリックします。すると、**Hello, World!**と書かれたテキストが中央に表示されたiPhoneのプレビューが、キャンバスに表示されます。

このコードに注目してみましょう。

▼リスト3-3

```
import SwiftUI

struct ContentView: View {
    var body: some View {
        Text("Hello, World!")
    }
}

struct ContentView_Previews: PreviewProvider {
    static var previews: some View {
        ContentView()
    }
}
```

`import SwiftUI`は、SwiftUIを使用できるようにimportしています。SwiftUIは標準ライブラリではないので、明示的にimportする必要があります。SwiftUIのビューはView protocolに準拠している必要があります。準拠の条件がbodyプロパティの実装です。

return しているのは`Text("Hello, World")`です。TextもView protocolに準拠しています。

その下のContentView_Previewsが、ContentViewに対応するプレビュー表示のために実装している構造体です。ここではpreviewsプロパティでContentViewのインスタンスを返しています。

Textのイニシャライザに渡している文字列**Hello, World!**を変更してみましょう。まずは、コードを**Hello, SwiftUI!**に変更してみます。

▼図3-7

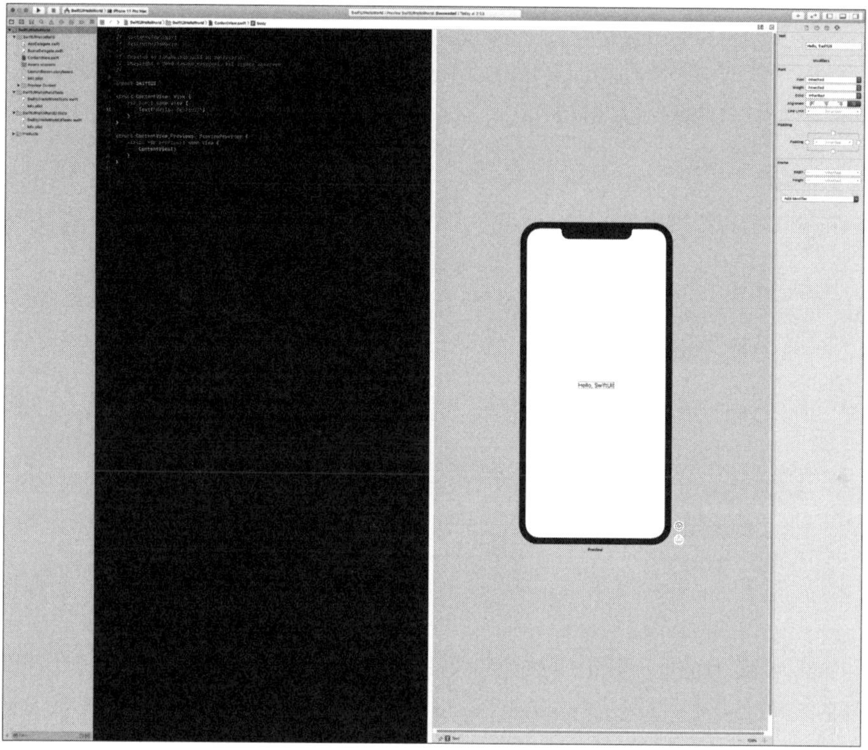

Textのイニシャライザに渡す文字列を`Hello, SwiftUI!`に変更すると、右側のPreviewにも変更が反映されています。プレビューのテキストを直接変更すると、それがコードにも反映されるので試してみてください。

ここまで問題なければ、最後にシミュレータで表示を確認してみましょう。ワークスペース左上のRunボタンかCmd + RでRunがおこなえます。ケーブルで実機接続していなければ、最初からデフォルトのiPhoneシミュレータが選択されているはずです。

▼図3-8

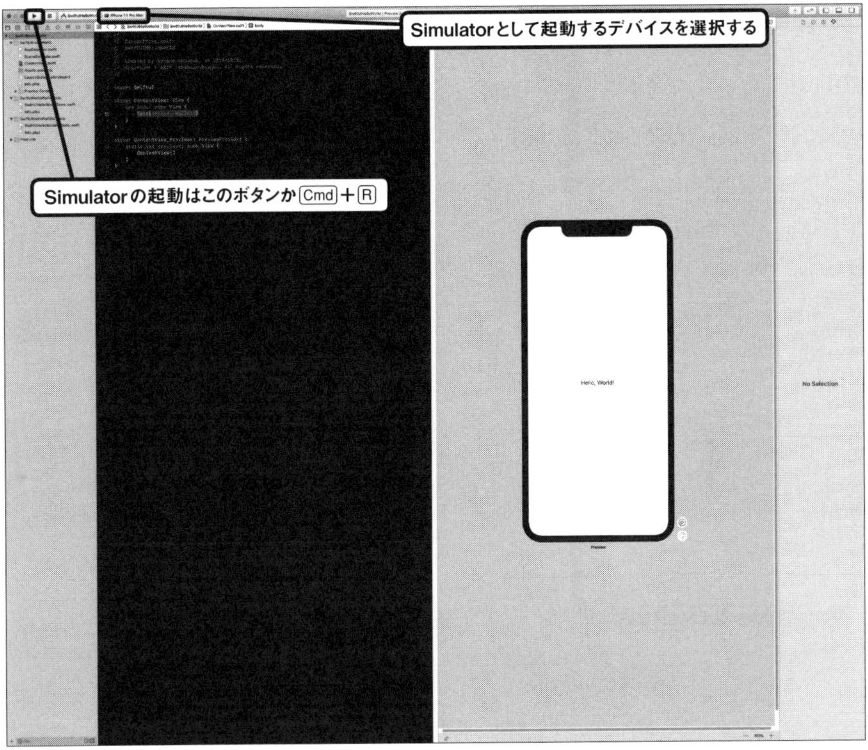
Simulatorとして起動するデバイスを選択する
Simulatorの起動はこのボタンか Cmd ＋ R
Hello, World!
No Selection

起動に成功した場合は、iPhoneシミュレータにコードで記述されているテキストが表示されます。

▼図3-9

シミュレータは、実機のiPhoneと同じように操作できます。Xcodeを通してインストールしたアプリは、アイコンのクリックで再起動できます。

➡ フレームワークの部品を追加する

Hello Worldの下にもう1つラベルを追加してみましょう。コードから追加しても良いのですが、今回はXcodeのパネルから追加してみます。

Resumeボタンをクリックした後、ツールバーの+ボタンをクリックしてパネルを表示し、ライブラリからTextをプレビュー画面にドラッグします。ドラッグすると、プレビュー画面に「Placeholder」が表示されます。

すると、コードにはTextが追加されています。GUIでの操作がソースコードにも同じように反映されるのは、これまでのiOSアプリケーション開発に用いられてきたフレームワークには無かった大きな特徴です。

▼図3-10

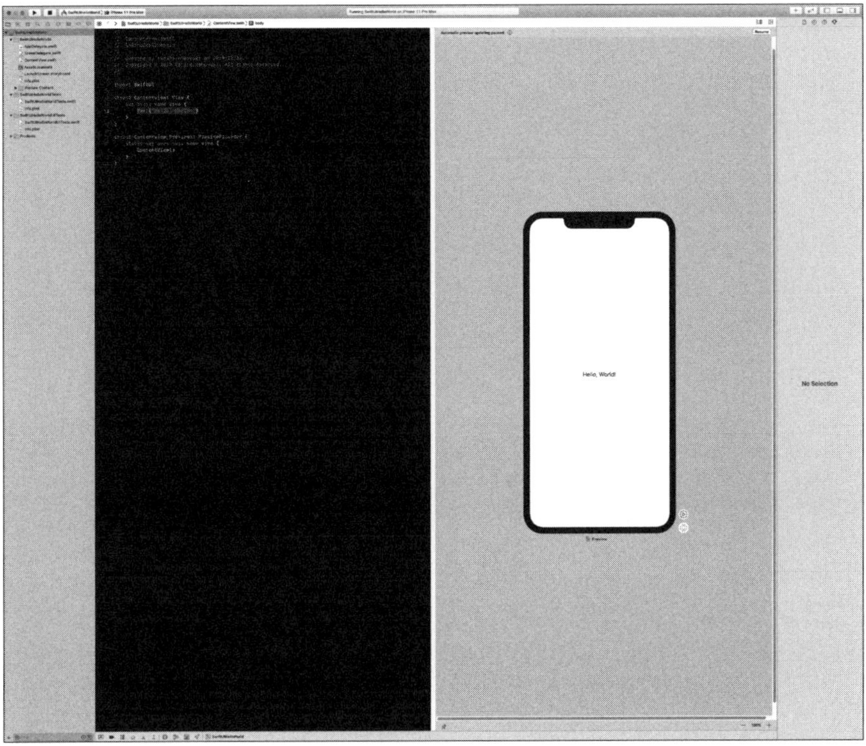
Hello, World!
No Selection

▼図3-11

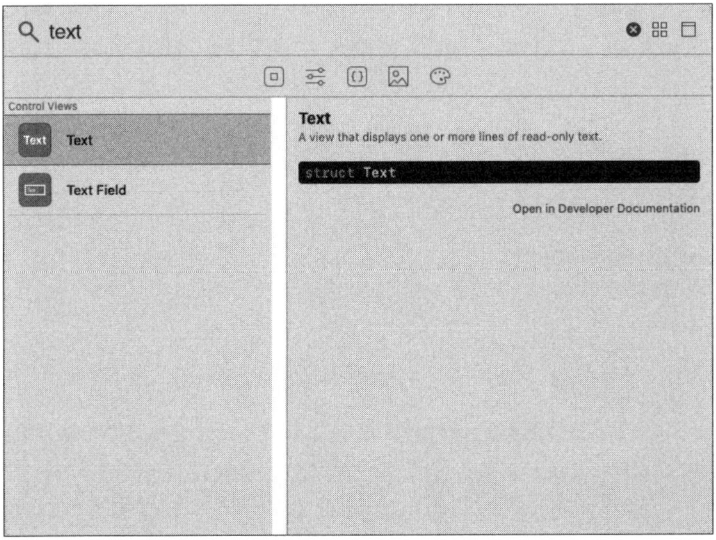
text
Control Views
Text
Text
Text Field
Text
A view that displays one or more lines of read-only text.
struct Text
Open in Developer Documentation

▼図3-12

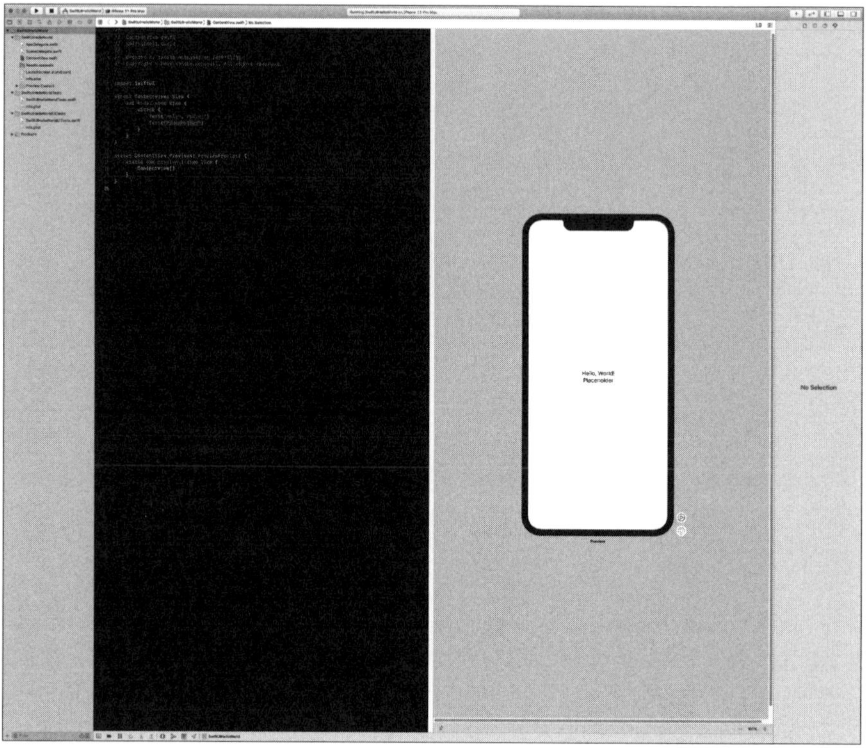

部品を追加した後のbodyプロパティのコードを、もう一度よく見てみてください。Textが追加されていますが、VStackの中にTextが2つ入っている構造になっているはずです。

▼リスト3-4

```
var body: some View {
        VStack {
            Text("Hello, World!")
            Text("Hello, SwiftUI!")
        }
}
```

先ほどのドラッグドロップによる部品追加は、単純にTextを2つ並べるのではなく、VStack、Vertical Stackを意味する部品のブロック内に含まれていることがわかります。VStack内の部品は並列で並べられるので、いくつも追加できます。Textをいくつか追加してみましょう。

▼リスト3-5

```
var body: some View {
    VStack {
        Text("Sample1")
        Text("Sample2")
        Text("Sample3")
        Text("Sample4")
        Text("Sample5")
        Text("Sample6")
    }
}
```

追加したテキストがVerticalに配置されます。

▼図3-13

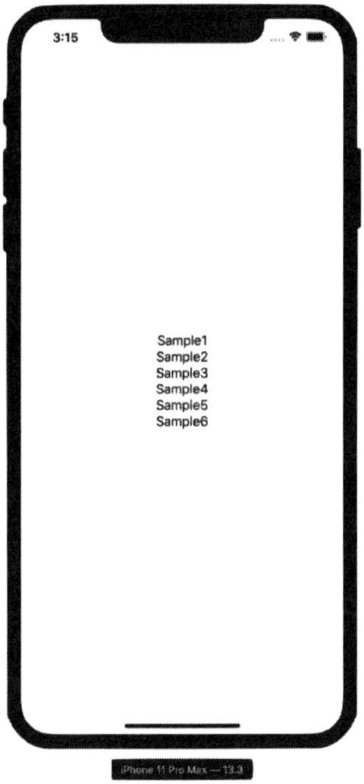

bodyプロパティの返り値の型は**View**になっています。その型に合わせるため、VStackでラップしてくれています。また、VStackは部品を縦に並べるための部品でしたが、横に並べるためには**HStack**を使います。Horizontal Stackを意味していると考

えるのが覚えやすいでしょう。

VStack内にTextをいくつも追加した先ほどのコードのVStackを、HStackに書き換えてみましょう。

▼リスト3-6

```
var body: some View {
    HStack {
        Text("Sample1")
        Text("Sample2")
        Text("Sample3")
        Text("Sample4")
        Text("Sample5")
        Text("Sample6")
    }
}
```

実行すると、横並びに列挙されているのが確認できます。

▼図3-14

■ アクションメニュー

コード内のキーワードにCommandボタンを押下しながらクリックすると、アクションメニューが表示されます。これを利用すると、記述が効率よく入力できる場合もあります。

Textのアクションメニューには、Embed in HStackやEmbed in VStackといったボタンがあります。これにより、先ほど説明したVStackのGUIでの追加を、アクションメニューからおこなえます。

▼図3-15

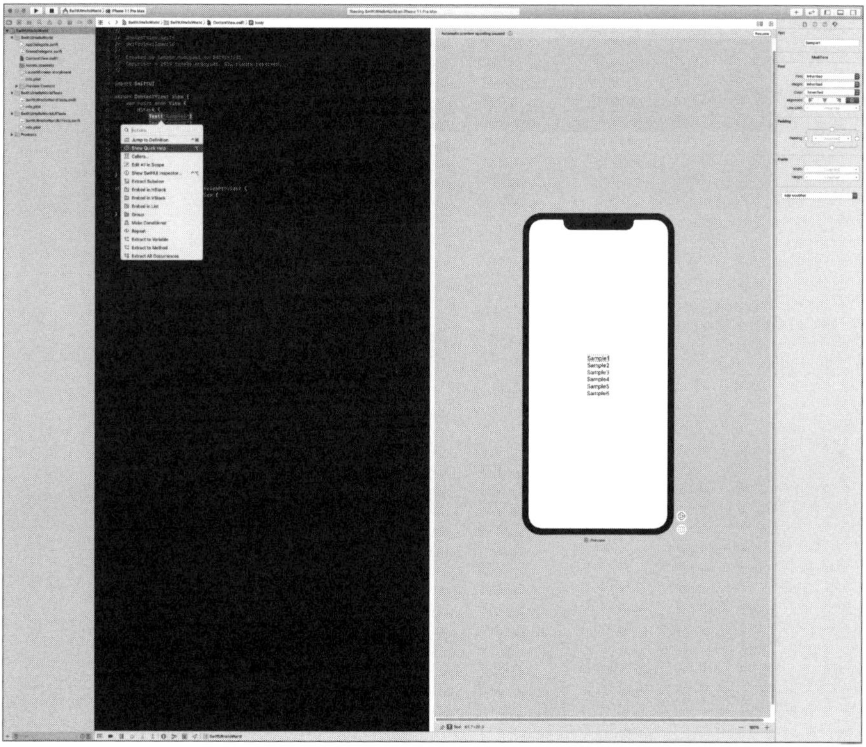

■ GUIからのコード入力による部品追加

フレームワークの部品は、GUIからコードにドラッグすることで入力できます。また、カーソルを挿入した場所の部品をダブルクリックすることで入力できます。

▼図3-16

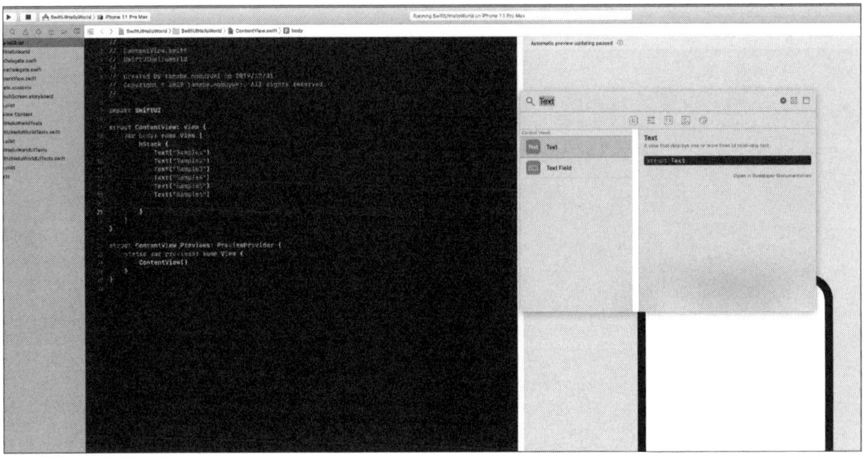

3-2 SwiftUIによる デザイン・レイアウト調整

この節では、フォントのサイズや種類といったプロパティを設定する方法を見ていきます。ドットシンタックスでのレイアウト調整とAttribute Inspecterによる調整方法があるので、それぞれのやり方を説明します。その後は、エディタのコードを変更しながらレイアウトを調整していきます。

この節では以下のサンプルコードを編集していくので、3-1節で説明したように、SwiftUIでプロジェクトを作り、同じコードにしておいてください。内容は、プロジェクトを作成してVStack内に2つのTextを並べています。

▼リスト3-7

```
import SwiftUI

struct ContentView: View {
    var body: some View {
        VStack {
            Text("テキスト1")
            Text("テキスト2")
        }
    }
}

struct ContentView_Previews: PreviewProvider {
    static var previews: some View {
        ContentView()
    }
}
```

デザイン調整のやり方

デザインを調整するには、エディタ部分のカーソルを文字列「テキスト 1」を保持しているTextに挿入するか、Canvasに表示されているPreviewの該当のテキストを選択してください。もし、Canvasにプレビューが表示されていなければ、右上のResumeボタンをクリックして表示されるようにしてください。

▼図3-17

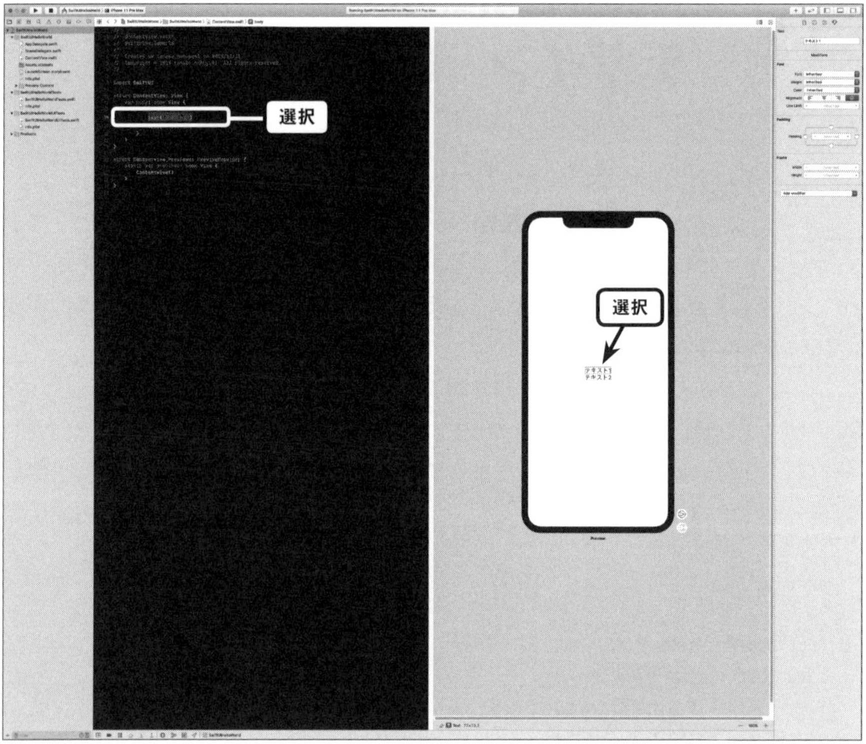

いずれかの方法で選択に成功した場合、右側のAttribute Inspectorが表示されています。ここでは、現在選択しているTextのプロパティをGUIから変更できます。また、Commandクリックによるアクションメニューから「Show SwiftUI Inspector...」を選択することでも表示させることができます。

▼図3-18

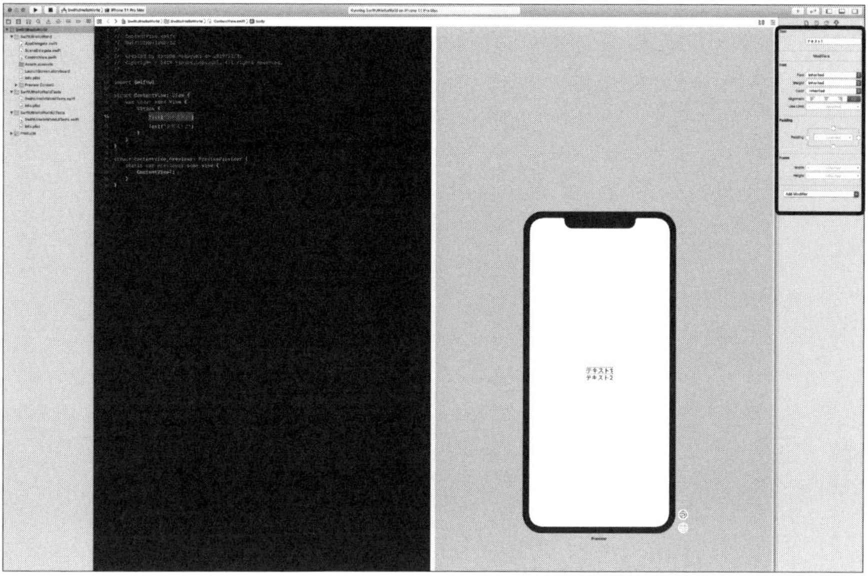

Attribute InspectorのFontの項目FontをTitleに変更してみましょう。すると、プレビューの文字サイズが大きくなっているはずです。

▼図3-19

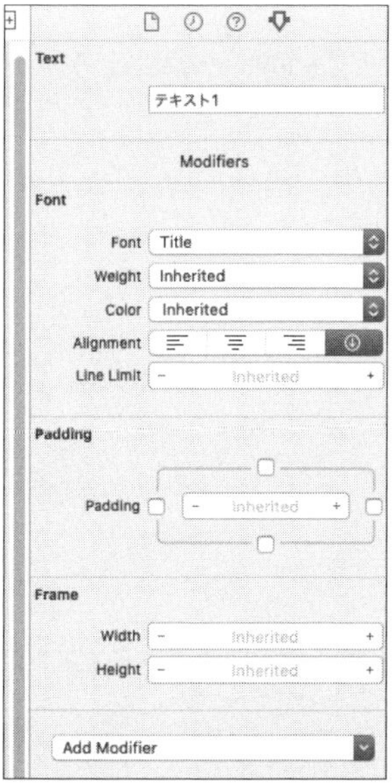

▼図3-20

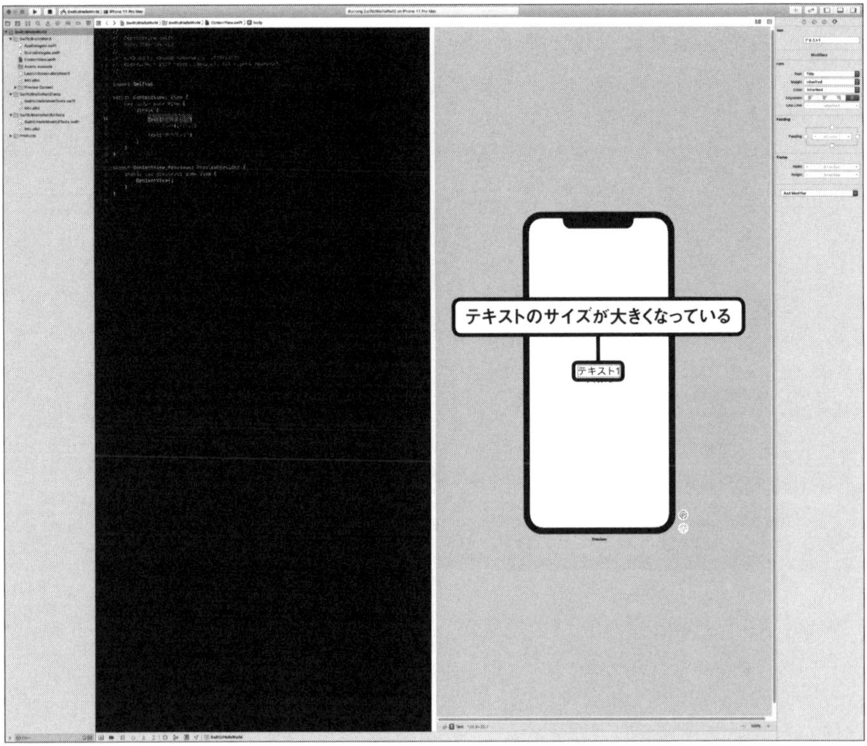
テキストのサイズが大きくなっている
テキスト1

プレビューの変更を確認した後は、エディタ内のコードにも目を向けてみましょう。

▼リスト3-8

```
struct ContentView: View {
    var body: some View {
        VStack {
            Text("テキスト1")
                .font(.title) // 追加された行
            Text("テキスト2")
        }
    }
}
```

Attribute Inspectorで設定した項目が、コード上でも再現されています。フォントサイズに加えて、文字の太さと文字の色も変更してみました。

▼リスト3-9

```
struct ContentView: View {
    var body: some View {
        VStack {
            Text("テキスト1")
                .font(.title)
                .fontWeight(.bold)
                .foregroundColor(Color.green)
            Text("テキスト2")
        }
    }
}
```

上記のコードのプレビュー上の表示は以下のとおりです。

▼図3-21

Textを装飾している`font`や`fontWeight`は、SwiftUIではmodifierと呼ばれています。これらのmodifierをドットシンタックスを使ってチェインさせることで、部品のデザインをカスタマイズしていきます。デザインの変更が直感的に理解できるでしょう。これが、SwiftUIの特徴の宣言的な構文による記述の大きなメリットです。

➜ VStackやHStackを使って部品を整列させる

画面レイアウトを設定するための基本として、位置そろえや余白の調整方法を学びながら、おおまかなレイアウトの調整をおこなえるようになりましょう。

VStackを使用すると、垂直方向に部品を整列させることができます。

▼リスト3-10

```
struct ContentView: View {
    var body: some View {
        VStack() {
            Text("ああああああああ")
            Text("ああああああ")
            Text("あああああ")
            Text("ああああああああああああああああああああ")
        }
    }
}
```

▼図3-22

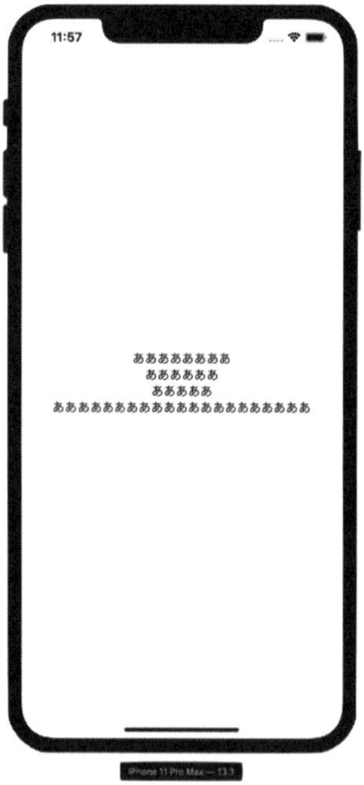

HStackを使用すると、水平方向に並列で部品を整列させることができます。

▼リスト3-11

```
struct ContentView: View {
    var body: some View {
        HStack() {
            Text("ああああああああ")
            Text("ああああああ")
            Text("あああああ")
            Text("あああああああああああああああああああああ")
        }
    }
}
```

▼図3-23

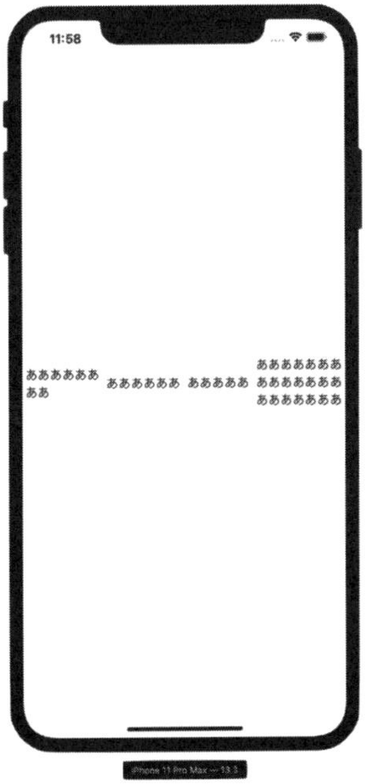

➡ alignmentでStack内の部品の表示位置をそろえる

VStackのイニシャライザを見てみると、引数alignment、spacingを受け取ることが確認できます。さらに、デフォルト引数として、引数alignmentには`.center`が、引数spacingには`nil`が与えられています。

▼リスト3-12

```
@inlinable public init(alignment: HorizontalAlignment = .center, spacing: CGFloat?
= nil, @ViewBuilder content: () -> Content)
```

この引数alignmentにHorizontalAlignment型の値を渡すことで、Stack内の部品の表示位置を調整できます。

HorizontalAlignment型の値にはどのようなものがあるのかについては、IDEの機能を利用して定義元に飛んでいき把握するのも良いでしょう。どのようなものがあるか知りたいだけなら、.と入力してみて、どのようなものが候補として表示されるか確認する方法がおすすめです。HorizontalAlignment型の値の概要は下部に記載されているので、通常は、定義元に飛ぶより.を入力してみて任意の値を選択するのが手軽です。

▼図3-24

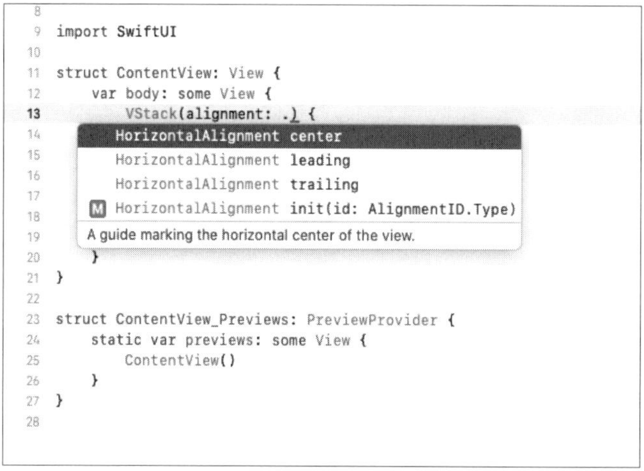
import SwiftUI
struct ContentView: View {
var body: some View {
VStack(alignment: .) {
HorizontalAlignment center
HorizontalAlignment leading
HorizontalAlignment trailing
M HorizontalAlignment init(id: AlignmentID.Type)
A guide marking the horizontal center of the view.
}
}
struct ContentView_Previews: PreviewProvider {
static var previews: some View {
ContentView()
}
}

Stack内の部品Viewの位置を指定する引数alignmentの型HorizontalAlignmentのデフォルトの値はcenterです。この値を指定すると中央揃えになります。今回はleadingを指定して左揃えにレイアウトしてみます。

▼リスト3-13

```
struct ContentView: View {
    var body: some View {
        VStack(alignment: .leading) {
            Text("あああああああ")
            Text("ああああああ")
```

```
            Text("あああああ")
            Text("あああああああああああああああああああああ")
        }

    }
}
```

▼図3-25

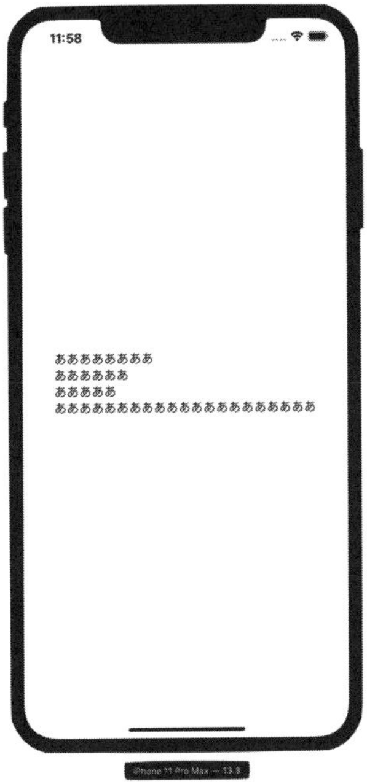

テキストが左揃えで列挙されていることが確認できます。

➡ padding modifierを使ったレイアウト調整

padding modifierを使用すると、上下左右の感覚を調整できます。マイナスを指定することもできるので、余白を狭める方向での調整も可能です。modifierの効果をわかりやすく示すため、デフォルトのコードを用意しました。

▼リスト3-14

```
struct ContentView: View {
    var body: some View {
        VStack(alignment: .leading) {
```

```
            VStack(alignment: .leading) {
                Text("山田 太郎")
                    .background(Color.blue)
                Text("年齢: 18歳")
                    .background(Color.yellow)
            }.font(.headline)
            VStack(alignment: .leading) {
                Text("趣味: サッカー ")
                    .background(Color.green)
                Text("住所: 東京都")
                    .background(Color.purple)
                Text("電話番号: xxx-xxxx-xxxx")
                    .background(Color.pink)
            }.font(.caption)
        }.background(Color.gray)
    }
}
```

▼図3-26

それぞれのTextに、background modifierを使って背景色を指定しています。

padding modifierを使って上下左右に余白を設けてみます。

▼リスト3-15

```
struct ContentView: View {
    var body: some View {
        VStack(alignment: .leading) {
            VStack(alignment: .leading) {
                Text("山田 太郎")
                    .background(Color.blue)
                    .padding(.all, 10) // 上下左右に余白を10取る
                Text("年齢: 18歳")
                    .background(Color.yellow)
                    .padding(.leading, 10) // 右に余白を10取る
            }.font(.headline)
            VStack(alignment: .leading) {
                Text("趣味: サッカー")
                    .background(Color.green)
                    .padding(.bottom, 30) // 下に余白を30取る
                Text("住所: 東京都")
                    .background(Color.purple)
                    .padding(.leading, -30) // 左側に余白を-30取る
                Text("電話番号: xxx-xxxx-xxxx")
                    .background(Color.pink)
                    .padding(.trailing, 30) // 右側に余白を30取る
            }.font(.caption)
        }.background(Color.gray)
    }
}
```

▼図3-27

今回は扱いませんが、paddingや要素の表示位置を調整できるoffset modifierを使用すると、微妙な位置調整ができるようになります。

➡ Spacerを使ったレイアウト調整

スペースを空けたいviewの間にSpacerを差し込むと、スペースを作ることができます。Spacerは、内容によりサイズが定義されるのではなく、親ビューのすべてのスペースを使用してそのビューを含むように拡張されます。

さっそく、VStackの要素の最上部にSpacerを差し込んでみましょう。どのようなレイアウトになるでしょうか。

▼リスト3-16

```
struct ContentView: View {
    var body: some View {
        VStack(alignment: .leading) {
            VStack(alignment: .leading) {
                Text("山田 太郎")
                Text("年齢: 18歳")
            }.font(.headline)
```

```
            VStack(alignment: .leading) {
                Text("趣味: サッカー ")
                Text("住所: 東京都")
                Text("電話番号: xxx-xxxx-xxxx")
            }.font(.caption)
        }
    }
}
```

▼図3-28

Spacerなしだと中央揃えになっています。親のVStackの要素の最上部にSpacerを挿入すると、余白がスペーサーで埋まり、部品が画面の下にレイアウトされます。

▼リスト3-17

```
struct ContentView: View {
    var body: some View {
        VStack(alignment: .leading) {
            Spacer() // Spacerを挿入する
            VStack(alignment: .leading) {
                Text("山田 太郎")
                Text("年齢: 18歳")
```

```
        }.font(.headline)
        VStack(alignment: .leading) {
            Text("趣味: サッカー ")
            Text("住所: 東京都")
            Text("電話番号: xxx-xxxx-xxxx")
        }.font(.caption)
      }
    }
}
```

▼図3-29

Spacerを下に挿入すると、余白がスペーサーで埋まって部品が画面の上にレイアウトされます。

▼リスト3-18

```
struct ContentView: View {
    var body: some View {
        VStack(alignment: .leading) {
            VStack(alignment: .leading) {
                Text("山田 太郎")
                Text("年齢: 18歳")
```

```
        }.font(.headline)
        VStack(alignment: .leading) {
            Text("趣味: サッカー ")
            Text("住所: 東京都")
            Text("電話番号: xxx-xxxx-xxxx")
        }.font(.caption)
        Spacer() // Spacerを挿入する
    }
  }
}
```


▼図3-30

Spacerを2つのVStackの間に挿入すると、中央にスペースが入り上下の要素がそれぞれ分かれてレイアウトされます。

▼リスト3-19

```
struct ContentView: View {
    var body: some View {
        VStack(alignment: .leading) {
            VStack(alignment: .leading) {
                Text("山田 太郎")
```

```
            Text("年齢: 18歳")
        }.font(.headline)
        Spacer() // Spacerを挿入する
        VStack(alignment: .leading) {
            Text("趣味: サッカー")
            Text("住所: 東京都")
            Text("電話番号: xxx-xxxx-xxxx")
        }.font(.caption)
      }
    }
}
```

▼図3-31

3-3 SwiftUIでリスト表示と画面遷移

この節では、SwiftUIを使ってiOSアプリケーションで頻出するリスト表示の実装方法を説明します。また、NavigationView、NavigationLinkを使った画面遷移も扱います。

リスト表示とナビゲーション

単一の列に配置されたデータの行を表示するコンテナを用意する部品として、Listが提供されています。また、ここではSwiftUIチュートリアルでもListと合わせて紹介されていたナビゲーションによる画面遷移も理解しましょう。

▼リスト3-20

```
List {
    Text("text1")
    Text("text2")
}
```

Listの中で部品を列挙することで、静的に行を記述できます。また、動的にListの要素を生成することも可能です。方法としては、生成元のデータコレクションと、コレクション内の各要素のビューを提供するContentクロージャを渡すことで、コレクションの要素を表示するリストを作成できます。

その際に、生成元のデータは、識別や区別が可能である必要があります。SwiftUIチュートリアルでは、identifiableと表現されていました。識別子と値のペアをコレクションで返せるようにプロトコルIdentifiableに準拠させるのが、最も手軽にidentifiableにする方法でしょう。

Listを使って静的な行を作成する

先述したとおり、Contentクロージャ内でリスト表示したい部品を列挙することで、行を表現できます。

▼リスト3-21

```
struct ContentView: View {
    var body: some View {
        List {
            Text("Text1")
            Text("Text2")
            Text("Text3")
            Text("Text4")
            Text("Text5")
        }
    }
}
```

▼図3-32

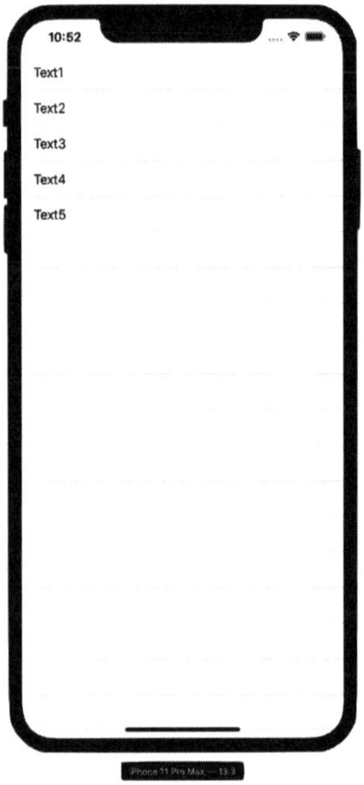

また、Listに列挙する部品は同じ部品の列挙である必要はありません。

▼リスト3-22

```
struct ContentView: View {
    var body: some View {
        List {
            VStack {
```

```
                Text("Text1").font(.largeTitle)
                Text("Text2")
            }
            Text("Text3")
            Text("Text4")
            Text("Text5")
        }
    }
}
```

▼図3-33

別の部品を記述しても内容に合わせて行の高さが変更されているのが、確認できます。

➡ Listを使って配列からリスト表示

Listを使うと、配列の要素を順に取り出してリスト表示できます。くり返し回数を`0..< strings.count`で表現しています。

▼リスト3-23

```
struct ContentView: View {
    let strings = [
        "Text1",
        "Text2",
        "Text3",
        "Text4",
        "Text5"
    ]
    var body: some View {
        List(0 ..< strings.count) { i in
            Text(self.strings[i])
        }
    }
}
```

▼図3-34

■ Identifiableなコレクションからリスト表示

　ListやForEachでは、コレクションからリストを表示できますが、Identifiableなコレクションを渡すことで、配列の要素を直接取り出せます。添字による配列の要素へのアクセスが不要になるので、より簡潔にリスト表示を記述できます。

サンプルとして、小学校の学年をリスト表示で表現するためのIdentifiableなリストを作成し、リスト表示をしてみましょう。

▼リスト3-24

```
protocol School{
    var name: String { get }
    var grades: [Grade] { get }
}

enum Grade: String, Identifiable {
    var id: Int {
        switch self {
        case .first: return 0
        case .second: return 1
        case .third: return 2
        case .forth: return 3
        case .fifth: return 4
        case .sixth: return 5
        }
    }

    case first = "1年生"
    case second = "2年生"
    case third = "3年生"
    case forth = "4年生"
    case fifth = "5年生"
    case sixth = "6年生"
}

struct PrimarySchool: School {
    var name: String { "小学校" }
    var grades: [Grade] = [.first, .second, .third, .forth, .fifth, .sixth]
}
```

学年を列挙型Gradeで表現して、protocol Schoolに準拠するPrimarySchoolを宣言します。protocolのrequirementsどおり、必要なnameプロパティ、gradesプロパティを実装します。小学校は1年生から6年生まであるので、Gradeの配列でそのように表現します。

GradeはIdentifiableに準拠するため、idプロパティを実装しています。学年ごとに一意なInt型の値を返すようになっています。

ここまでで、Identifiableな配列を用意するための準備は終わりです。これを使ってリストを表現してみましょう。

▼リスト3-25

```
struct ContentView: View {
    private var primarySchool = PrimarySchool()

    var body: some View {
        List {
            ForEach(primarySchool.grades) { grade in
                Text(grade.rawValue)
            }
        }
    }
}
```

`primarySchool.grades`は`[Grade]`型です。GradeはIdentifiableに準拠しているので、配列の要素を取り出せます。要素は`Grade`型なので、rawValueプロパティでString型の値を取り出し、Textのイニシャライザに引数として渡せます。結果としてリスト表示になります。

▼図3-35

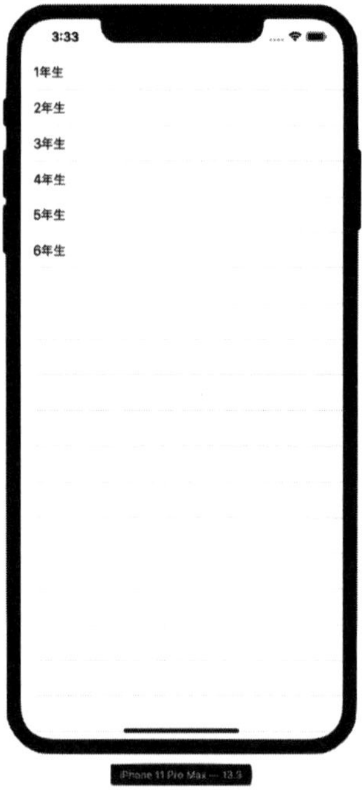

➡ セクションやヘッダー／フッターでスタイルをカスタマイズ

Sectionを使って、その中でForEachを使うことでセクションを表現します。小学校の学年を列挙するリストをここまで作っていたので、中学校と高校を増やしてみます。

PrimarySchool型を定義したのと同じ要領で、中学校・高等学校を表す型を定義してみます。

▼リスト3-26

```
// (略)
struct PrimarySchool: School {
    var name: String { "小学校" }
    var grades: [Grade] = [.first, .second, .third, .forth, .fifth, .sixth]
}

struct JuniorHighSchool: School {
    var name: String { "中学校" }
    var grades: [Grade] = [.first, .second, .third]
}

struct HighSchool: School {
    var name: String { "高等学校" }
    var grades: [Grade] = [.first, .second, .third]
}
```

型を宣言した後は、ContentViewの実装を書き換えます。Sectionを使ってセクションごとのリストを表現します。Sectionはイニシャライザであり、headerとfooterを引数に持つので、必要に応じてセクションにヘッダーとフッターを与えられます。また、リストに大見出しを表現したかったので、NavigationViewでwrapして、ListのnavigationBarTitle modifierで大見出しを設定しています。

▼リスト3-27

```
struct ContentView: View {
    private var primarySchool = PrimarySchool()
    private var juniorHighSchool = JuniorHighSchool()
    private var highSchool = HighSchool()

    var body: some View {
        NavigationView {
            List {
                Section(header: Text(primarySchool.name)) {
```

```
                    ForEach(primarySchool.grades) { grade in
                        Text(grade.rawValue)
                    }
                }
                Section(header: Text(juniorHighSchool.name)) {
                    ForEach(juniorHighSchool.grades) { grade in
                        Text(grade.rawValue)
                    }
                }

                Section(header: Text(highSchool.name)) {
                    ForEach(highSchool.grades) { grade in
                        Text(grade.rawValue)
                    }
                }
            }
            .navigationBarTitle(Text("学校"))
        }
    }
}
```

実行結果は以下のようになります。

▼図3-36

Sectionを使うことでリストをセクションで分けるようになるうえ、ヘッダーとフッターを表現できるので見た目もきれいに整えることができます。

➡ NavigationLinkを使って画面遷移を実装する

SwiftUIでリストの行をタップしたら詳細画面に遷移できるように実装してみます。詳細ページからは、左スワイプで元のリスト表示をしているページに戻れます。

まずは、詳細画面用のビューを定義してみます。ファイルの新規作成から SwiftUI Viewを選択して`DetailView.swift`を作成します。

▼図3-37

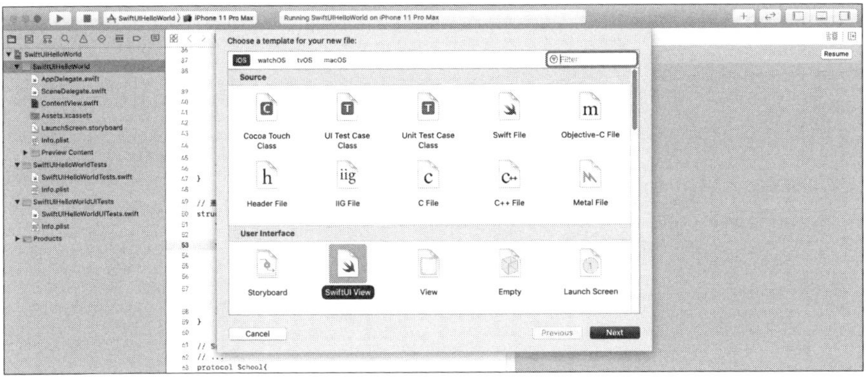

▼図3-38

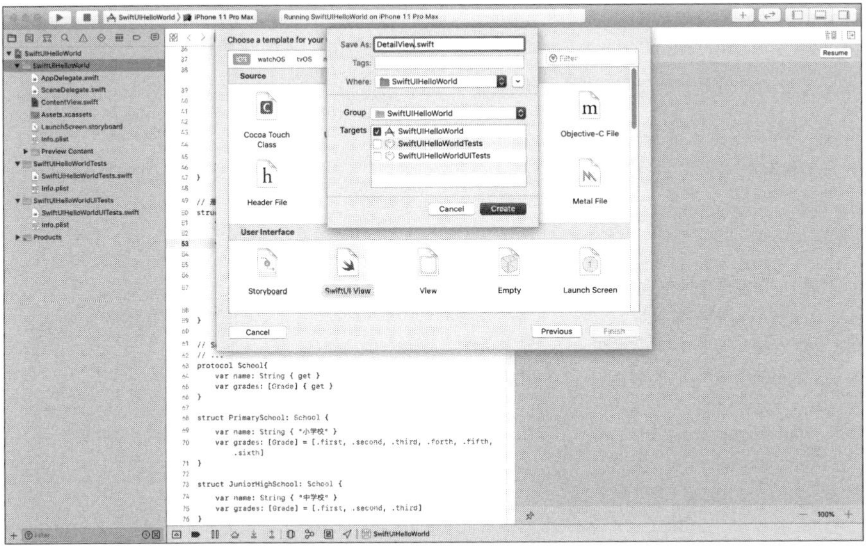

遷移の実装方法を紹介するのみなので、詳細画面のレイアウトは極めて単純なものになっています。Textをいくつかのmodifierでカスタマイズしただけのビューです。初期化時にプロパティの値を代入することが必要なので、イニシャライザに引数が必要です。**navigationBarTitle()**はリストに戻るためのボタンを表示します。

▼リスト3-28

```
// 遷移先のビューを定義
struct DetailView: View {
    var title: String

    var body: some View {
        Text(title)
            .font(.largeTitle)
            .foregroundColor(.blue)
            .navigationBarTitle(Text("詳細画面"), displayMode: .automatic)
    }
}
struct DetailView_Previews: PreviewProvider {
    static var previews: some View {
        DetailView(title: "タイトル")
    }
}
```

遷移先の画面の実装が済んだので、遷移元ContentViewの実装を進めます。実装は、非常にかんたんでタップ時に遷移させたいリストの行を表すView、今回だと**Text(grade.rawValue)**を NavigationLink でwrapしているのみです。

NavigationLinkには、引数に遷移先を表すdestinationを必要とします。そのため、そこで遷移先として先ほど実装したDetailViewのインスタンスを渡します。この状態でビルドと実行をしてみます。

▼リスト3-29

```
struct ContentView: View {
    private var primarySchool = PrimarySchool()
    private var juniorHighSchool = JuniorHighSchool()
    private var highSchool = HighSchool()

    var body: some View {
        NavigationView {
            List {
                Section(header: Text(primarySchool.name)) {
```

```
                    ForEach(primarySchool.grades) { grade in
                        NavigationLink(destination: DetailView(title: grade.
rawValue)) {
                            Text(grade.rawValue)
                        }
                    }
                }
                Section(header: Text(juniorHighSchool.name)) {
                    ForEach(juniorHighSchool.grades) { grade in
                        NavigationLink(destination: DetailView(title: grade.
rawValue)) {
                            Text(grade.rawValue)
                        }
                    }
                }

                Section(header: Text(highSchool.name)) {
                    ForEach(highSchool.grades) { grade in
                        NavigationLink(destination: DetailView(title: grade.
rawValue)) {
                            Text(grade.rawValue)
                        }
                    }
                }
            }
        .navigationBarTitle(Text("学校"))
        }
    }
}
```

起動して任意の行をタップすると、遷移できるようになります。

▼図3-39

遷移先は、定義どおり中央にラベルが表示されているのみです。左スワイプまたは左上のボタンをタップすることで、リスト表示に遷移できます。

▼図3-40

3-4 SwiftUIでユーザーの入力を受け付ける部品

SwiftUIのDocumentationを見ると、階層の1つにViews and Controlsがあります。そこには、Viewやこれまで紹介したTextに関するドキュメントもあるのですが、この節で紹介するのは`Controls`にあたる部品群です。プラットフォームとコンテキストに適応する一貫したAPIを使用したユーザーインタラクションを可能にする部品がControlです。

Buttonでユーザーのインタラクションを受け付ける

ユーザーのインタラクション（今回はタップ）に応答して処理するためのパーツの1つに、Buttonがあります。Buttonは最も頻繁に使う操作で、iOSアプリを作る時にも欠かせません。

Buttonの基本的な実装を確認するためButtonをタップすると、`Hello World`とデバッグエリアに出力するコードを実装してみます。

▼リスト3-30

```
struct ContentView: View {
    var body: some View {
        Button(action: {
            // インタラクションに応答して引数actionに渡したクロージャが実行される
            print("Hello World")
        }) {
            Text("処理を実行")
                .foregroundColor(.white)
                .font(.largeTitle)
                .frame(width: 300, height: 80, alignment: .center)
                .background(Color.blue)
                .cornerRadius(15, antialiased: true)
        }
    }
}
```

引数actionに渡しているクロージャがインタラクションに応答して実行されます。クロージャの中は、文字列をprintしているだけのコードです。Buttonの最後の引数はTrailing closureになっています。2-5節で扱いました。このクロージャでButtonの見た目を制御しています。

実行するとButtonが中央に表示されたViewが表示されます。

▼図3-41

また、Buttonをタップするとデバッグエリアに文字列`Hello World`が表示されます。1度だけでなく、複数回押しても登録した処理が実行されます。

▼図3-42

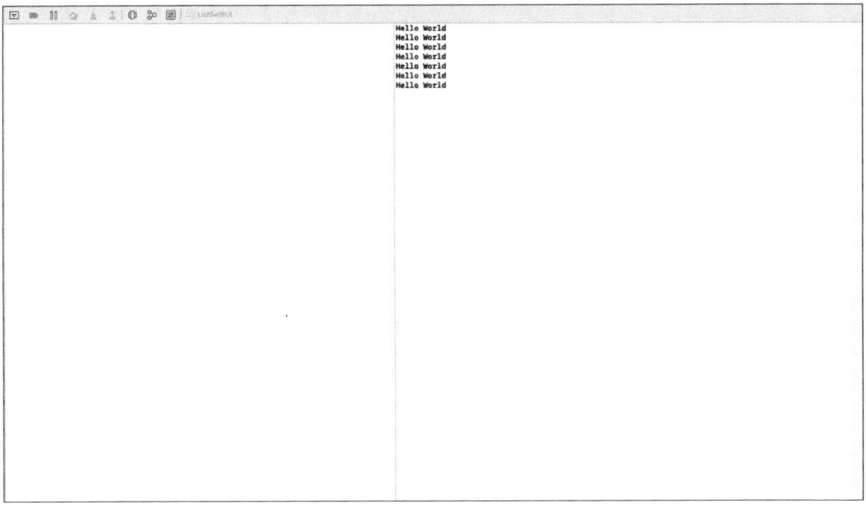

■ @Stateを使って状態の変更をViewに反映させる

@Stateは、Viewが読み取り監視する値につける属性です。SwiftUIは、Stateとして宣言するプロパティのストレージを管理していて、値が変更されるとビューはその外観を無効にし、bodyプロパティを再計算します。変数の監視をおこなって変更があれば、Viewを描画し直すわけです。今回は、この@Stateを使ってボタンのタップごとに数字をカウントアップするViewを作ってみます。

▼リスト3-31

```
struct ContentView: View {
    @State private var count = 0

    var body: some View {
        VStack {
            Button(action: {
                self.count += 1
            }) {
                Text("処理を実行")
                    .foregroundColor(.white)
                    .font(.largeTitle)
                    .frame(width: 300, height: 80, alignment: .center)
                    .background(Color.blue)
                    .cornerRadius(15, antialiased: true)
            }
```

```
            Text("¥(count)")
                .font(.largeTitle)
                .bold()
                .padding(.top, 20.0)
        }
    }
}
```

@Stateを与えて定義したInt型の値をTextで表示させています。そして、Buttonのタップ時に値をカウントアップさせています。先述のとおり、@Stateを与えて定義したプロパティの値が変更されるViewが再描画されます。

実行してボタンをタップすると、Textに表示している数字がカウントアップされるのを確認できます。

▼図3-43

➡ Sliderを使ってある範囲内の値を選ぶ

Sliderを使ってドラッグ操作を受け付けて処理を実行する部品を提供できます。

▼リスト3-32

```
struct ContentView: View {
    @State private var num = 0.0

    var body: some View {
        VStack {
            Text("スライダーを操作することで値が変更される")
            Slider(value: $num)
            Text("¥(Int(100 * num))")
                .padding(.top, 20.0)
        }
    }
}
```

Sliderで、@Stateを与えた変数numの値を変更しています。

変数numはTextで表示させているので、変更のたびにbodyプロパティが更新され、変更後の最新の値が表示されます。

$numの部分のドル記号は、通常の値ではなく値をバインディングしているしていることを示しています。SwiftUIが@Stateでマークされたプロパティを見ると、その背後にある永続的な状態を自動的に作成および管理してから、このプロパティを通じてその状態の値を公開します。

$は読み取り専用の値を渡すのではなく、StateでnewItemプロパティへのバインディングを渡す必要があることを示します。バインディングは、あるビューが別のビューの状態を編集できるようにすることです。ここでは、スライダーの操作でnumプロパティの状態を変更しています。

Toggleで２つの状態を切り替える

Toggleは、設定のオン／オフを切り替えるUIを作る時に利用されるボタンです。Appleの設定アプリにも頻繁に登場するので、目にしたことがある人も多いでしょう。

▼リスト3-33

```
struct ContentView: View {
    @State var isRounded = true
    @State var isBlueColor = true

    var body: some View {
        VStack {
            Toggle(isOn: $isRounded) {
```

```
                Text("角丸")
            }
            Toggle(isOn: $isBlueColor) {
                Text("デフォルトカラーの青色")
            }.padding(.bottom, 20.0)

            if isRounded && isBlueColor {
                Rectangle()
                    .frame(width: 200, height: 200, alignment: .center)
                    .foregroundColor(.blue)
                    .cornerRadius(20, antialiased: true)
            } else if !isRounded && isBlueColor {
                Rectangle()
                .frame(width: 200, height: 200, alignment: .center)
                .foregroundColor(.blue)
             } else if isRounded && !isBlueColor {
                Rectangle()
                .frame(width: 200, height: 200, alignment: .center)
                .foregroundColor(.red)
                .cornerRadius(20, antialiased: true)
            } else {
                Rectangle()
                .frame(width: 200, height: 200, alignment: .center)
                .foregroundColor(.red)
            }
        }
    }
}
```

Toggleのイニシャライザの引数isOnに、Toggleのインタラクションで状態を変更したいプロパティをプレフィックス$をつけて渡します。

ここでは、正方形のビューの角丸かどうかを管理するBool型の値と色が、デフォルトカラーかどうかを管理するプロパティをそれぞれToggleに渡しています。

これで、Toggleへのインタラクションに応答してプロパティの値が切り替えられます。デフォルトはtrueを代入しています。

最後に、プロパティのBool型の値の組み合わせで、View（ここでは正方形を表現する部品であるRectangle）のレイアウトを切り替えています。実行してトグルをスイッチすると、Viewがインタラクティブに切り替わるのがわかります。

▼図3-44

▼図3-45

▼図3-46

▼図3-47

3-5 SwiftUIでToDoアプリを作ってみよう

この節では、これまで説明してきた内容を元に、非常に単純ではありますがToDoアプリケーションを作ってみます。扱う内容は以下のとおりです。

- プロジェクトの作成
- タスクを表すモデルを作成する
- タスクを表すビューを実装する
- タスク一覧の実装
- タスクの新規作成のための UI 実装
- タスクの追加と削除

新規プロジェクトは作成せずに、第1章で作ったXcodeプロジェクトを使用します。アプリケーションをビルドして実行し、Simulatorまたは実機で動作を確認してください。もしうまくいかなければ、1-5節を読みながら動作確認できる状態まで進めてください。

タスクを表すモデルを作成する

タスクの情報を表現するモデルを作成するために、新規ファイルを作成します。

▼図3-48

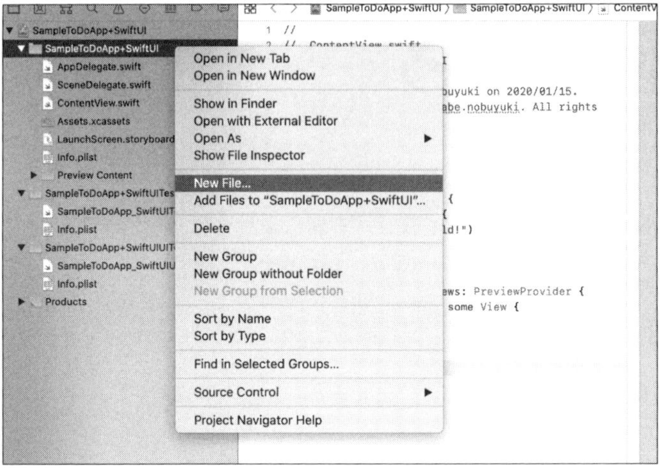

SwiftUIは利用しないファイルなので、Swift Fileを選択します。ファイル名はToDoItem.swiftとしてください。

▼図3-49

▼リスト3-34

```
struct ToDoItem: Identifiable {
    var id: String
```

```
    var title: String
    var createdAt: Date

    var dateString: String {
        let dateFormatter = DateFormatter()
        dateFormatter.dateStyle = .medium
        dateFormatter.timeStyle = .none
        return dateFormatter.string(from: createdAt)
    }
}
```

実装は構造体ToDoItemの定義です。それぞれ、titleはタスク名、createdAtは作成時間用のプロパティになっています。computed propertyのdateStringでcreatedAtをString型に変換して返します。ForEachのイニシャライザへ渡すため、Identifiableに準拠させます。

➡ タスクを表すビューを実装する

これから作るアプリの構造は単純で、ToDo一覧画面のみとなります。タスク一覧画面で各タスクを表すViewの定義をします。

再度ファイルの新規作成から、今度はSwiftUI Viewを選択して`TaskView.swift`と命名してください。

▼図3-50

▼図3-51

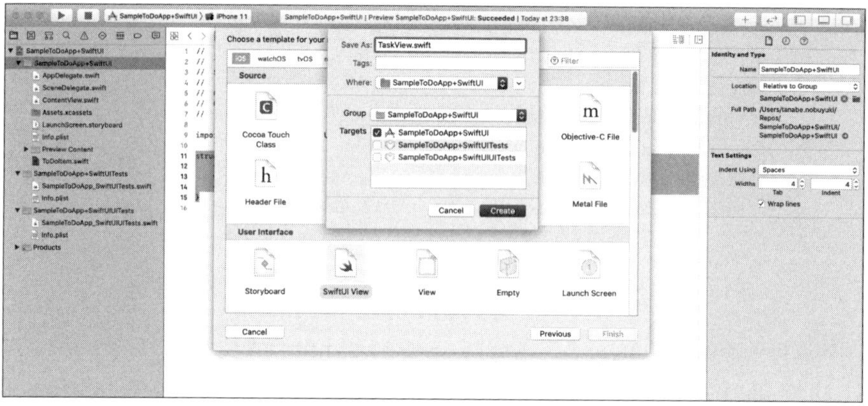

作成後、TaskViewの実装を以下のように書き換えます。

▼リスト3-35

```
import SwiftUI

struct TaskView: View {
    var title: String
    var dateString: String
    var body: some View {
        VStack(alignment: .leading) {
            Text(title)
                .font(.body)
                .bold()
            Text(dateString)
                .font(.caption)
                .foregroundColor(.gray)
        }
    }
}

struct TaskView_Previews: PreviewProvider {
    static var previews: some View {
        TaskView(title: "タスク名", dateString: "タスク作成時間")
    }
}
```

タイトルと作成時間は必ず表示させたいので、プロパティとして定義してイニシャライズする時に、必ず値を受け取るように変更しました。また、bodyプロパティの中身は、

VStackの中に2つのTextを入れています。Previewを見ると、実装の結果をかんたんに確認できます。

▼図3-52

➡ タスク一覧の実装

まずは、ContentViewに`@State`をつけたプロパティmodelsを定義します。

次は、bodyプロパティを編集してタスク一覧を表示できるようにします。ナビゲーション階層の表示パスを表すビューのスタックを表示するためのビューであるNavigationViewを使用します。NavigationViewを使ったViewの階層管理は、現在では必要ありませんが、画面上部にタイトルを表示させたいため使用します。その中で、新規作成用のフォームとタスク一覧をそれぞれリストで表示したいので、Listのクロージャの中でSectionに区切ります。タスク一覧は、ForEachでタスク一覧を表示します。

各タスクは先ほど作成したTaskViewで表現します。実装は、以下のようになります。

▼リスト3-36

```
var body: some View {
    NavigationView {
        List {
            Section(header: Text("タスク一覧")) {
                ForEach(self.models) { todoItem in
                    return TaskView(title: todoItem.title, dateString: todoItem.
dateString)
                }
            }
```

```
        }.navigationBarTitle(Text("ToDoList"))
    }
}
```

現状だと、タスク一覧画面がきちんと実装できているか確認できません。そこで、modelsプロパティに擬似的にToDoItemを複数作成します。ここまでのContentViewの実装をすべて以下に掲載します。

▼リスト3-37

```
struct ContentView: View {
    @State var models: [ToDoItem] = [
        ToDoItem(
            id: "0",
            title: "タスク1",
            createdAt: Date(),
        ),
        ToDoItem(
            id: "1",
            title: "タスク2",
            createdAt: Calendar.current.date(byAdding: .day, value: -1, to: 
Calendar.current.startOfDay(for: Date())) ?? Date())
    ]

    var body: some View {
        NavigationView {
            List {
                Section(header: Text("タスク一覧")) {
                    ForEach(self.models) { todoItem in
                        return TaskView(title: todoItem.title, dateString: 
todoItem.dateString)
                    }
                }
            }.navigationBarTitle(Text("ToDoList"))
        }
    }
}
```

アプリを実行すると、タスク一覧が表示できることを確認できます。

▼図3-53

➡ タスクの新規作成のためのUI実装

現在は、擬似的にmodelsプロパティにインスタンスを追加していますが、起動時は空でToDoをフォームから追加すると最描画されるようにします。

新規登録をするため、フォームに入力されている文字列を管理するための変数として、`@State`をつけたプロパティnewItemTitleを宣言します。

▼リスト3-38

```
@State var newItemTitle = ""
```

次はbodyプロパティの変更です。Listに新たなSectionを追加します。Sectionのクロージャでは、HStackの中にフォーム入力させるための TextField、およびタスク作成のためのButtonを宣言しています。

▼リスト3-39

```
var body: some View {
```

```
    NavigationView {
        List {
            Section(header: Text("タスク作成")) {
                HStack {
                    TextField("タスク名", text: self.$newItemTitle)
                    Button(action:
                    // TODO: ToDoItemの追加
                    }) {
                        Image(systemName: "plus.circle.fill")
                            .foregroundColor(.green)
                            .imageScale(.large)
                    }
                }
            }

            Section(header: Text("タスク一覧")) {
                ForEach(self.models) { todoItem in
                    return TaskView(title: todoItem.title, dateString: todoItem.
dateString)
                }
            }
        }.navigationBarTitle(Text("ToDoList"))
    }
}
```

Buttonがタップされた時、引数actionに渡しているクロージャ内の処理を実行します。今はコメントのみなので、実行されても何も起きません。

Imageは画像を表現するための部品で、引数systemNameに適切な文字列を渡すことで、System Imageが使えるようになりました。利用できるのは Apple が提供しているシンボルセットであるSF Symbolが使えます。アイコン一覧を確認するため、以下のページからダウンロードします。

- SF Symbols - Human Interface Guidelines - Apple Developer：
  https://developer.apple.com/design/human-interface-guidelines/sf-symbols/overview/

dmgファイルをダウンロード後ダブルクリックすると、セットアップウィンドウが表示されるので、SF Symbols.pkgをダブルクリックします。

▼図3-54

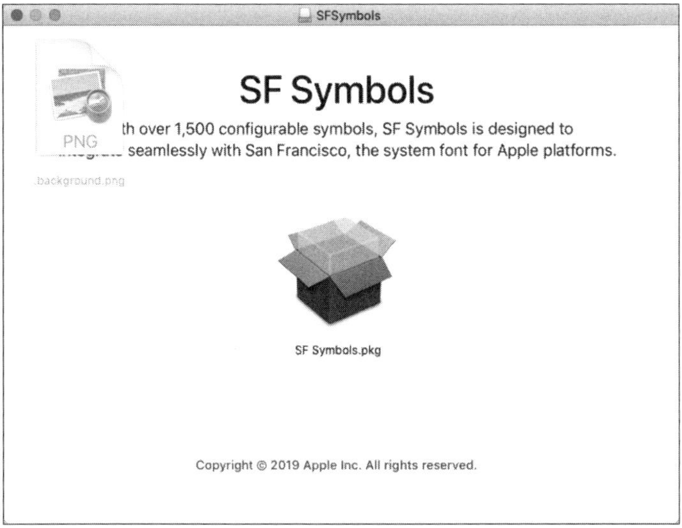

インストールを進めインストールを完了させた後、SF Symbols.Appを起動すると、シンボルセットの一覧が確認できます。

▼図3-55

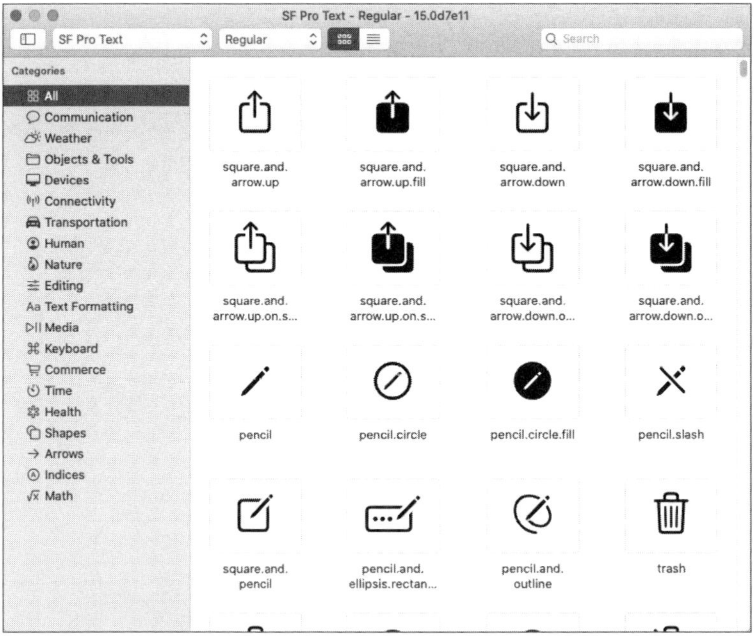

今回使用するのは、その内のアイコンplus.circle.fillです。

▼図3-56

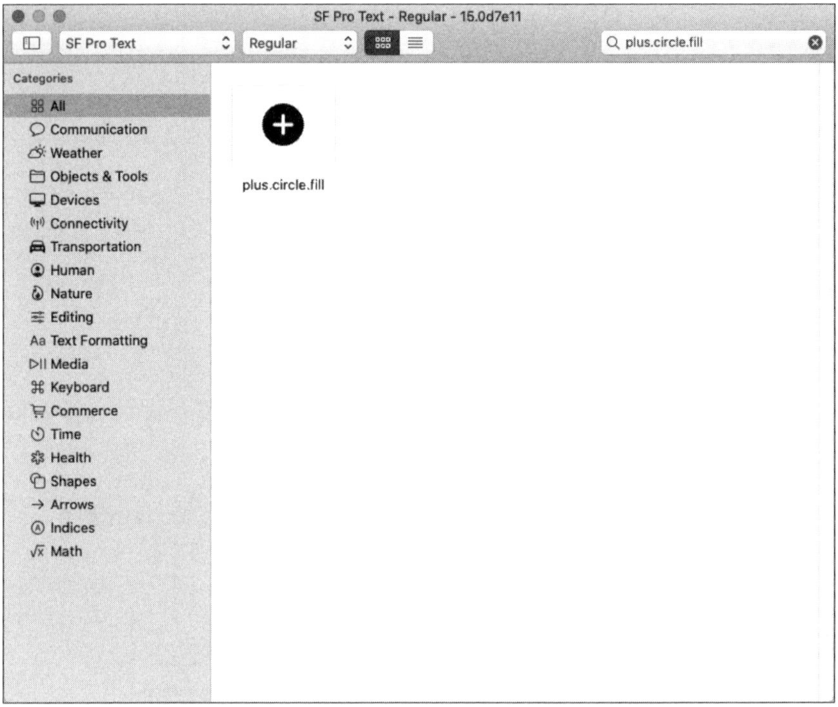

ここまでで、いったんビルドして実行してみると、以下のような表示になります。タスクの登録の部分の実装が終わっていないので、タスクは登録できません。

▼図3-57

現状のContentViewの実装すべてを記載します。

▼リスト3-40

```
struct ContentView: View {
    @State var models: [ToDoItem] = [] // 新規作成するので擬似的に宣言していたToDoItemを削除し空の配列に
    @State var newItemTitle = ""

    var body: some View {
        NavigationView {
            List {
                Section(header: Text("タスク作成")) {
                    HStack {
                        TextField("タスク名", text: self.$newItemTitle)
                        Button(action: {
                            // TODO: ToDoItemの追加
                        }) {
                            Image(systemName: "plus.circle.fill")
                                .foregroundColor(.green)
                                .imageScale(.large)
```

```
                }
            }
        }

        Section(header: Text("タスク一覧")) {
            ForEach(self.models) { todoItem in
                return TaskView(title: todoItem.title, dateString:
todoItem.dateString)
            }
        }
    }.navigationBarTitle(Text("ToDoList"))
  }
 }
}
```

→ タスクの追加と削除

コメントにTODOと記載していたToDoItem、タスクの追加を実装していきましょう。直接書いても良いのですが、見やすくするため追加と削除のメソッドは切り出しておきます。

まずは追加の実装です。

▼リスト3-41

```
func addItem() {
    let newItem = ToDoItem(title: self.newItemTitle, createdAt: Date())
    self.models.append(newItem)
    self.newItemTitle = ""
}
```

入力されている値からToDoItemのインスタンスを作成し、modelsプロパティにappendメソッドで追加します。appendメソッドは、配列の末尾へ引数に渡した要素を追加します。追加後はフォームを空文字にしたいので、newItemTitleに空文字を再代入しています。

このメソッドをButtonのイニシャライザの引数actionのクロージャに挿入して、アプリを実行してみましょう。

▼リスト3-42

```
var body: some View {
```

```
    }
        NavigationView {
            List {
                Section(header: Text("タスク作成")) {
                    HStack {
                        TextField("タスク名", text: self.$newItemTitle)
                        Button(action: {
                            self.addItem() // 追加した行
                        }) {
                            Image(systemName: "plus.circle.fill")
                                .foregroundColor(.green)
                                .imageScale(.large)
                        }
                    }
                }

                Section(header: Text("タスク一覧")) {
                    ForEach(self.models) { todoItem in
                        return TaskView(title: todoItem.title, dateString:
todoItem.dateString)
                    }
                }
            }.navigationBarTitle(Text("ToDoList"))
        }
    }
```

フォームに入力してプラスボタンを押すと、タスクが追加されることを確認できます。

▼図3-58

▼図3-59

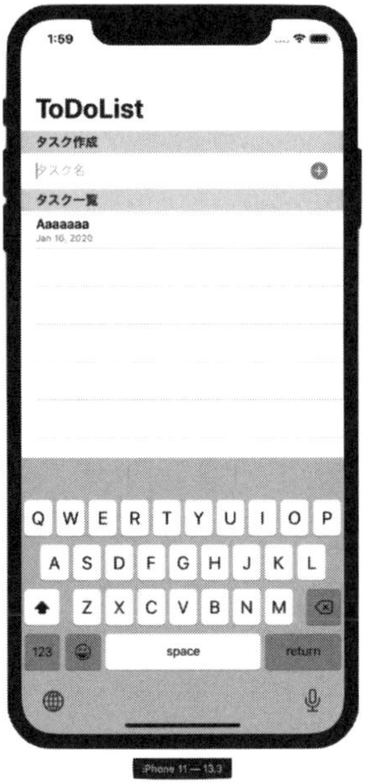

▼図3-60

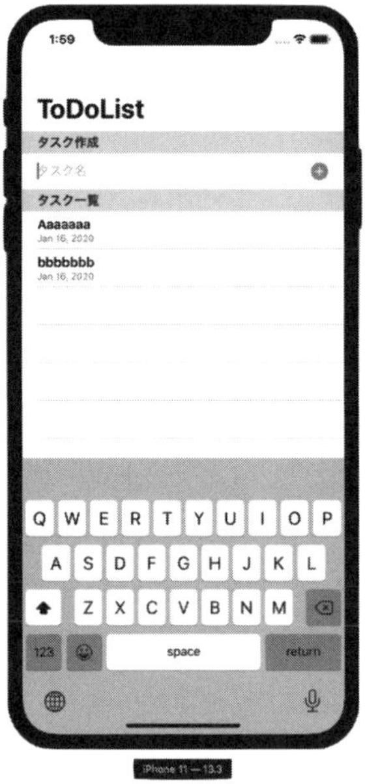

タスクの新規作成がおこなえることを確認できたので、今度はタスクの削除を実装してみましょう。

タスク一覧のセクションのみを変更します。ForEachの**onDelete(perform:)**を呼び出し、引数のクロージャで削除の処理を実装します。**remove(at:)**メソッドで引数として渡された位置にある要素を削除します。

▼リスト3-43

```
Section(header: Text("タスク一覧")) {
    ForEach(self.models) { todoItem in
        return TaskView(title: todoItem.title, dateString: todoItem.dateString)
    }.onDelete { indexSet in
        let index = indexSet.first!
        self.models.remove(at: index)
    }
}
```

これも、タスクの追加と同じようにメソッドに切り出します。

▼リスト3-44

```
func removeItem(_ indexSet: IndexSet) {
    let index = indexSet.first!
    self.models.remove(at: index)
}
```

ContentViewのbodyプロパティの実装は、以下のようになります。

▼リスト3-45

```
var body: some View {
    NavigationView {
        List {
            Section(header: Text("タスク作成")) {
                HStack {
                    TextField("タスク名", text: self.$newItemTitle)
                    Button(action: {
                        self.addItem()
                    }) {
                        Image(systemName: "plus.circle.fill")
                            .foregroundColor(.green)
                            .imageScale(.large)
                    }
                }
            }

            Section(header: Text("タスク一覧")) {
                ForEach(self.models) { todoItem in
                    return TaskView(title: todoItem.title, dateString: todoItem.
dateString)
                }.onDelete { indexSet in
                    self.removeItem(indexSet)
                }
            }
        }.navigationBarTitle(Text("ToDoList"))
    }
}
```

ここまで実装したことを確認した後、ビルドして実行すると、追加したタスクが左スワイプで削除できることが確認できます。

▼図3-61

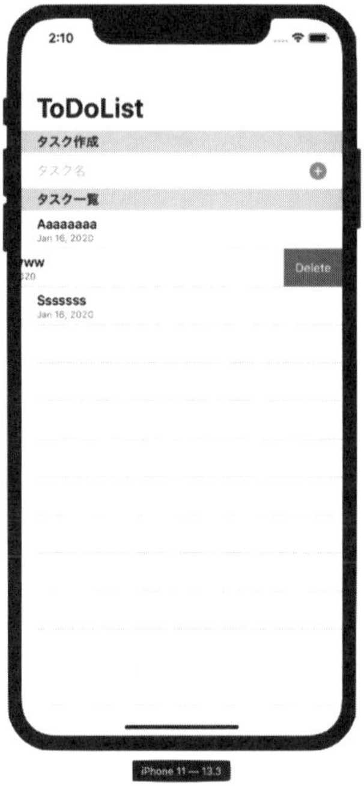

▼図3-62

SwiftUIの注意点と今後の展望

ここまで、かんたんなToDoリストを実装しました。SwiftUIはすばらしいフレームワークですが、まだまだ発展途上のフレームワークです。今回くらい単純なアプリならSwiftUIで実装しても苦労はありません。しかし、少し複雑なUIを作ろうとすると、UIKitの資産を流用したり、未完成ゆえのワークアラウンドで実装しないといけないのが現実です。

SwiftUIはiOS13以降のみに対応しているので、数年後にiOS13以前が切り捨てられるまでは、UIKitの習熟に努めるのをすすめます。

しかし、SwiftUIはすばらしいフレームワークであるのには変わりないので、これからアップデートを重ねられる内に品質が上がっていることは確実でしょう。そのため、SwiftUIにもある程度慣れておきましょう。

第4章

エンジニアでも押さえておきたいiOSアプリデザイン

4-1 アプリ開発の流れとUI/UXデザイン

UI/UXデザインの説明にくわしく入る前に、まずアプリ開発の全体の流れを追ってみましょう。

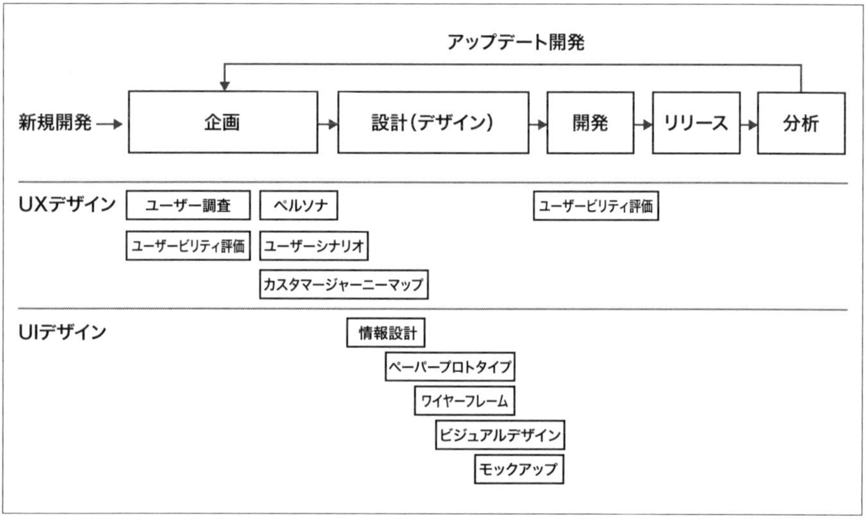

▼図4-1　アプリ開発の流れ

企画

まずはじめに、どんなアプリを作るかを考えます。その時のメンバーは、マーケター、営業、プロダクトオーナー、デザイナーが関わることが多いです。企画時には、以下のような項目を検討します。

- 何をするアプリなのか?
- ユーザーにとっての価値とは何か?
- どんな人が利用するのか?
- 想定するターゲット層はどのくらい存在するか?

- おおまかな仕様
- マネタイズ
- 競合分析
- 開発費用
- 開発スケジュール
- ユーザー獲得の方法

➡ 設計（デザイン）

どんなアプリを作るかが決まったら、よりくわしい仕様や具体的なビジュアルデザインを固めます。プログラムの仕様（基本設計）も決める必要があります。また、アプリの利用状況を分析するためのログデータをどうやって取得するかも検討しましょう。

デザインに関しての設計は、以下のような項目になります。

- 情報設計
- 画面設計
- 具体的なビジュアルイメージ
- インタラクション設計

➡ 開発

設計にもとづき、実際に動くアプリを開発します。エンジニアの腕の見せ所です。

- 詳細設計
- プログラム実装
- テスト

➡ リリース

アプリ開発がひととおり終わった後、アプリリリースとなります。App Storeに出すアプリであれば、申請作業が発生します。企業内向けエンタープライズアプリであれば、クローズドに公開する作業があります。App Store向けアプリであれば、リリースに前後して広告を出すこともあるかもしれません。リリース後は、新規開発フェーズから、運用と保守フェーズに変わります。

➡分析

アプリが利用されれば、アプリに関してのさまざまなログデータが記録されていきます。そのデータを使って、ユーザーの行動を分析します。また、サポートにユーザーから要望やクレームなどのフィードバックも入ってきます。これらの情報をもとに、アプリの新機能の案や現状の改善といった企画を立てます。ここからまた、企画→設計→開発→リリースのアップデート開発のサイクルに入ります。

➡UI/UXデザインとは

アプリ開発の流れの中では、UI/UXデザインがおこなわれます。一般にデザインと言うと、文字の大きさや色、写真の配置を効果的に使いイメージの伝わり方を考えるビジュアルデザインを連想されるかもしれません。しかし、アプリ開発においては、ビジュアルを決めるまでにさまざまな設計（デザイン）をおこないます。

UX（User eXperience＝ユーザー体験）とは、ユーザーの気持ちに関連したものを指します。アプリを利用している間のユーザーの気持ちについてはもちろん取り扱いますが、それだけではありません。アプリを利用する前から、アプリを利用した後までの広い時間の範囲を取り扱います。2010年に、UX白書の中で定義されました。

また、UXの中では時間だけでなく空間も考慮すると良いでしょう。たとえば、電車内で使うアプリと自宅で使うアプリでは使い方が変わります。

ユーザーの気持ちの例としては、アプリ利用前には、アプリに対する期待感が、アプリ利用後には、アプリに対する満足感などがあります。ユーザー自身はUXデザインをあまり意識しませんが、無意識のうちにアプリの印象を少しずつ重ねてためていっていることになります。

UI（User Interface＝ユーザーインターフェース）とは、具体的なアプリ内の画面設計やビジュアルを指します。アプリを利用するユーザーが、直接見て操作し、アプリの印象を決める部分です。UIでは、ユーザーとのコミュニケーションを成立させることが鍵になります。そのため、いかに直感的に使えるか、どれだけシンプルにできるかが重要です。

UXの項目には、ユーザービリティがあります。ユーザービリティとは、使いやすさのことです。実際のアプリを使った時の使いやすさを計測し改善するものなので、UIと結びつきは非常に強いです。

➡UXデザインの流れを押さえる

■ユーザーを調査する

ユーザーの要望、本音をユーザーインタービューを通じて調査します。調査の目的は、これから作るアプリのアイデアの発見や仮説の検証となります。また具体的なユーザーの話を聞くことで、より開発者側がユーザーの利用状況をイメージしやすくなります。ユーザーインタビューの実施後に情報を分析してアプリ開発にフィードバックします。

■ユーザビリティを評価する

現在あるアプリの使いやすさを評価します。ユーザーは、開発者が想定した使い方を必ずしもするとは限りません。開発者がかんたんだと思っていた操作ができなかったり、機能にまったく気がつかないことがあります。

ユーザビリティを評価するには、評価したい項目をリスト化して、実際に目の前でユーザーにやってもらいます。その様子をビデオカメラで撮影したり、操作中の画面を記録して資料として残します。実施後にデータを分析してアプリの改善に役立てます。開発者にも同じことをして、ユーザーとの差がどれだけあるかを集計しても良いでしょう。実施するタイミングは、開発中の段階やリリース後のケースが多いです。

■ペルソナを想定する

アプリを利用するユーザーを仮に想定します。名前・年齢・性別・出身地・顔写真・行動の特徴・エピソード・今困っている悩みなど、アプリを利用するユーザーはどんな人なのかを考えます。ユーザー調査をおこなっていれば、その特徴も盛り込むことでより具体的なイメージがしやすくなります。

完成したペルソナを使うことで、「○○さんなら、こんなことをしたいはずだ」と企画を立てたり、「○○さんは、この画面設計だとわかりづらい気がする」といった風に、デザインできるようになります。

■ユーザーシナリオを書く

シナリオとは物語のことを指します。それは登場人物が何かをしている文章になります。シナリオを書く方法には、以下のような書籍で提唱されているように、さまざまな種類があります。

-『シナリオに基づく設計（SBD: Scenario Based Design）』ジョン・キャロル著
-『ペルソナに基づくシナリオ法（Persona-based scenario methodology）』アラン・クーパー著
-『シナリオ工学（Scenario Forcused Engineering）』Microsoft著
-『構造化シナリオ法』日本人間工学会アーゴデザイン部会著

ここでは、構造化シナリオの例を挙げてみます。

- バリューシナリオ

ユーザーにとっての価値を書くのがバリューシナリオ（価値シナリオ）です。紙に6コマ漫画でユーザーの体験を描く6upスケッチを使ったりもします。
シナリオ例は以下のとおりです。

「レイカさんは、新しいスイーツのお店が今いる場所からどのくらいの場所にあるのか知りたい」

- アクティビティシナリオ

バリューシナリオにもとづきユーザーの具体的な行動を書くのが、アクティビティシナリオ（行動シナリオ）です。シナリオ例は以下のとおりです。

「レイカさんは、スイーツが好きです。最近、近所においしいケーキ屋さんができたことを噂で聞きました。興味があったのでWebで検索をしてみたのですが、うまく探せません。今度は地図アプリでも検索してみたのですが、やっぱりうまく探せません。」
「後日別のスイーツショップでスイーツ情報を専門にしているサービスがあることを知り、利用してみることにしました。そのサービスで検索してみると知りたかったお店の情報が載っていたので、週末に行ってみる予定です。他にもチェックしていなかった他店の情報もあり、とても満足しました。」

- インタラクションシナリオ

アクティビティシナリオにもとづきサービスを実際に触れることを書くのがインタラク

ションシナリオ（操作シナリオ）です。シナリオ例は以下のとおりです。

「レイカさんは、スイーツショップ店頭でスイーツ情報を専門にしているアプリがあることを知り、QRコードをLINEカメラで読み込みました。AppStoreに誘導されたので、ダウンロードします。」

「アプリを開くと地図が表示され現在地と今いるお店の位置に自分がいることを確認できました。行きたかったスイーツ店の情報を知りたかったので、検索ボックスに店名を入れ、検索をタップしました。近場の地図と店舗の営業時間・開店閉店情報、地図・住所情報。新着スイーツ情報が表示されました。近隣店舗の情報もあり、知らなかった店舗があることがわかりました。」

現状を表すシナリオや理想を表すシナリオを書き起こすことで、開発に関わる人がこれから作るアプリの課題点、長所、短所などをよりイメージしやすくなります。また、シナリオを元に議論を深めていくことも可能です。

■ カスタマージャーニーマップ

カスタマージャーニーマップとは、ある製品を利用したユーザーの情報を時系列順に表組みにまとめたものです。

横軸には時間をとります。製品を知る前、製品を利用する前から始まり、製品を利用している最中、製品を利用した後までを記述します。

縦軸はユーザーの情報で、以下のようになります。

- タッチポイント（製品との接点。実際の製品とだけでなく、広告などを通した間接的なものも含まれる）
- 行動（ユーザーが起こした行動）
- 思考（ユーザーが判断したことなど）
- 感情曲線（その時のユーザーがどういう気持ちなのか）

▼図4-2　カスタマージャーニーマップのイメージ

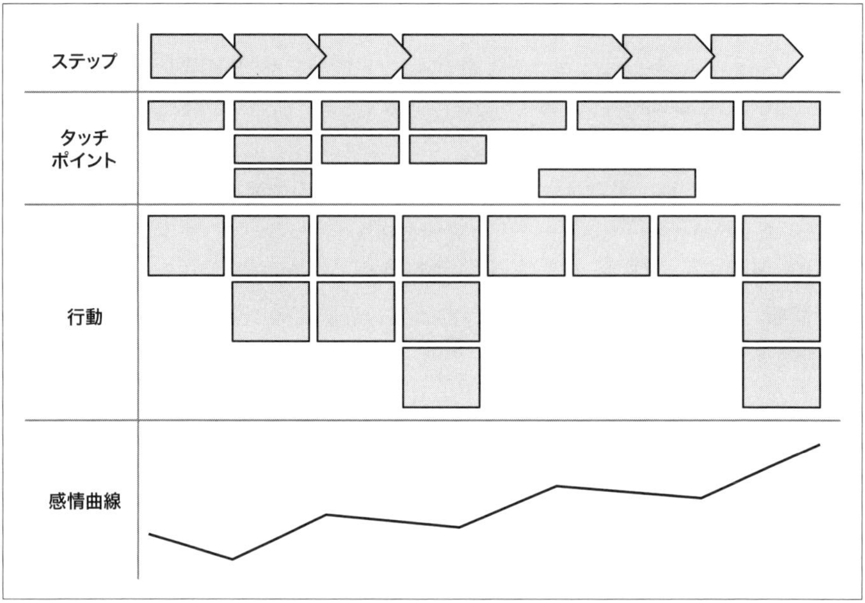

このように表組みにしてまとめることで、現状の課題や今後の期待値を俯瞰して見ることができるようになります。

4-2 情報を設計する

情報を書き出す

企画ができたら、今度は設計です。まずは、情報設計をおこないます。どんなことをするアプリかは決まっているので、よりくわしくどんな情報を扱うかを書き出してみましょう。たとえば、賃貸情報を扱う不動産アプリならこんな感じです。

【検索画面の検索条件】

- 駅、路線
- エリア
- 通勤、通学時間
- 賃料
- 間取り
- 築後年数

【物件情報】

- 建物名称
- 住所
- 最寄駅徒歩n分
- 賃料
- 間取り

このほかにもさまざまな情報が出てくると思うので、それをすべて書き出します。

UI Flows

次にこれらの情報をどうやって関連づけるかを整理します。ここではUI Flowsという手法を紹介します。37signals(現Basecamp)が提唱した方法です。上側にユーザーが見るもの、下側にユーザーがその時することを書きます。ユーザーが見るものやすることが複数あれば、リストで書きます。ユーザーがすることは選択肢で分岐することもあります。

▼図4-3　UI Flowsのやり方

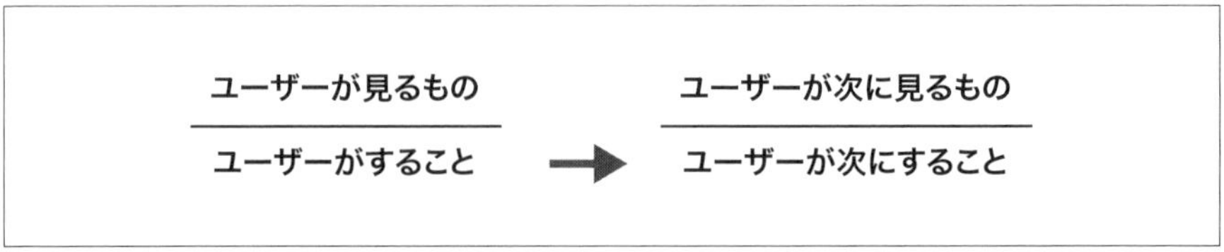

▼図4-4　賃貸検索アプリの路線選択の例

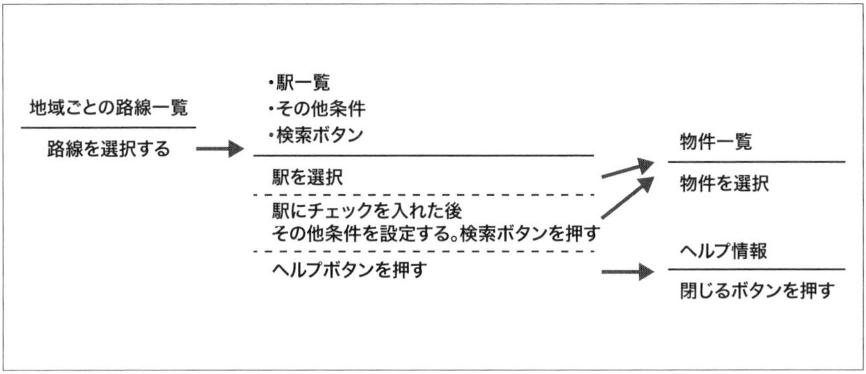

4-3 画面を構成する

iOS Human Interface Guidelinesを確認する

アプリ内で表示する情報を書き出し、関連性も整理することができました。ここからは、実際の画面づくりをしていきます。

アプリ画面をつくるには、iOSデバイスの特徴やどんなUIコンポーネントがあるのかをまず知る必要があります。iOSアプリのデザインの指針としては、Apple公式として「iOS Human Interface Guidelines (HUG)」があります。画面制作の前に、HUGにひととおり目を通しておきましょう。

- iOS Human Interface Guidelines (HUG) ：https://developer.apple.com/design/human-interface-guidelines/ios/overview/themes/

▼図4-5　iOS Human Interface Guidelines

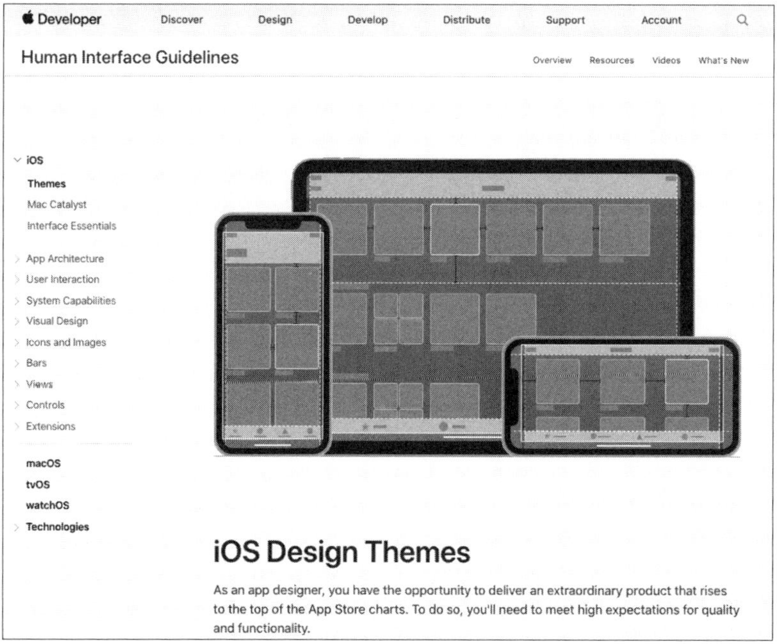

端末ごとの画面サイズ一覧は「Adaptivity and Layout」のページに記載されています。

また、UIの基本は「Interface Essentials」のページに説明があります。その中で、UIは以下の3つのカテゴリーから成るとされています。

■ バー（Bars）

ユーザーに自分がどこにいるかを知らせたり、ナビゲーションの役割があります。また何かを開始したり、情報をやりとりするボタンなどを配置できます。

- UIKitの例：Navigation Bar、Search Bar、Status Bar、Tab Bar、Toolbar

■ ビュー（Views）

テキスト、グラフィック、アニメーション、インタラクティブな要素など、ユーザーがメインで見る部分です。ビューはスクロール、挿入、削除、配置できます。

- UIKitの例：Action Sheet、Alert、Collection View、Table View、Text View

■ コントロール（Control）

アクションを開始したり情報を伝えます。ボタン、スイッチ、テキストフィールド、プログレスバーなどがコントロールの例です。

- UIKitの例：Button、Edit Menu、Label、Progress Indicator、Switch、Text Field

→ ペーパープロトタイプをつくる

ペーパープロトタイプは、実際の画面の大きさに近い紙に手書きでUIを書く方法です。手書きなので、かんたんにレイアウトのアイデアを試せます。画面遷移を示すには、実際に紙に書いてあるボタンをタップしたら、次の紙を手で差し替えます。非常にアナログな手法なので、効果があるか疑問に思われるかもしれませんが、以下のようなメリットがあります。

- アナログだからこその気軽さがある
- 細かい書き込みができないぶん、ビジュアルにとらわれないUIの構造部分を検討できる情報設計で整理した情報をまとめたり分割したりして、どの情報をどの画面に納めるのかを検討します。情報設計と画面設計でアプリの使いやすさはかなり変わるので、十分に検討しましょう。

➡ワイヤーフレームで設計する

ワイヤーフレームは、画像やテキストなどの詳細を表さずに、画面の構成や画面遷移を設計する方法です。前述したペーパープロトタイプは、手書きのワイヤーフレームの1つとも言えます。デザインソフトでは、Sketch、Adobe XD、Figmaなどを使って制作します。また、場合によってはOffice系のPowerPoint、Excelなどを使って制作することもあるかもしれません。

ワイヤーフレームでは、「色はカラーではなくグレースケールにする」「写真は枠をとったり、罫線を入れるだけにする」などとして、詳細なビジュアルデザインは反映させないようにします。こうすることで、見た目にとらわれず、情報がわかりやすく整理されて配置されているかに注目できます。

ワイヤーフレームができた段階で、ビジュアルデザインに入ります。

➡ビジュアルデザイン

ビジュアルデザインは、以下のような視覚的な要素を使って目的の情報を効果的に伝えるデザインになります。

- **写真**
- **イラストレーション**
- **タイポグラフィ**
- **余白**
- **配置**
- **色**
- **形**

ビジュアルデザインの段階までくると、見た目が普段アプリとして見慣れている表現になります。

▶ **制作例**

▼図4-6　ペーパープロトタイプ

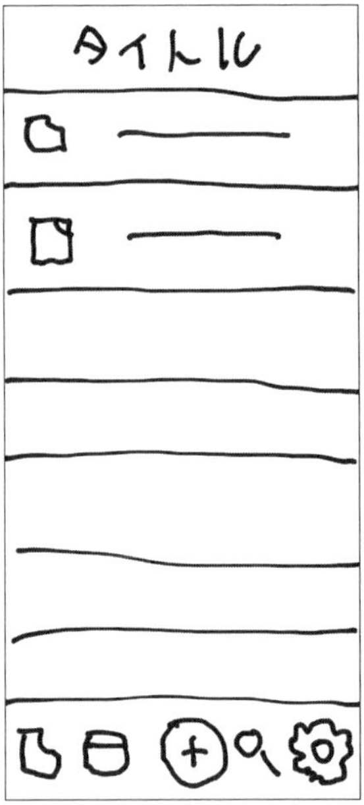

▼図4-7　ワイヤーフレーム

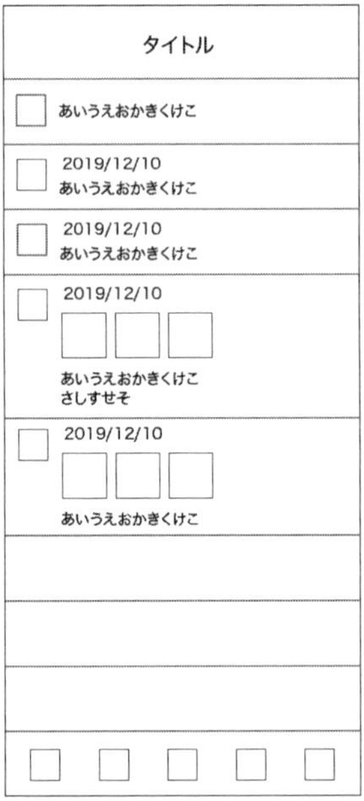

▼図4-8　ビジュアルデザイン

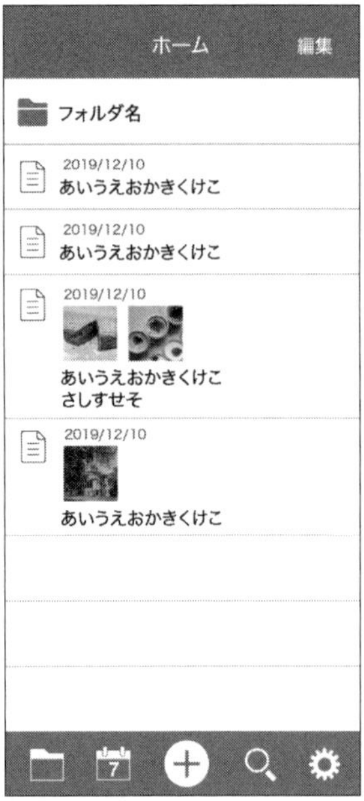

➡ モックアップをつくる

モックアップは、ビジュアルデザインをはめこんだ状態で、基本的な画面遷移ができる状態のものを指します。すべての画面遷移ができる必要はなく、アプリのイメージが確認できる一部だけでも大丈夫です。

モックアップは、実際の端末で動かすことのできるアプリです。そのため、プロジェクトに関わるメンバーの認識合わせ、合意形成に役立ちます。ただし、ペーパープロトタイプやワイヤーフレームに比べると、ビジュアルデザインとモックアップは工数がかかるので、それぞれの段階でしっかり確認をしておくと良いでしょう。

4-4 Storyboardを使った開発を押さえる

Storyboardとは

Storyboardは各画面のUIを定義します。たとえば、ボタンやスイッチを配置して、GUIから挙動を編集します。Storyboardは以下の特徴を持っています。

- iOSアプリのUIを定義することができる
- 1ファイルで複数画面間の画面遷移を定義できる
- StoryboardをXcodeからGUIで編集することができる

▼図4-9　Storyboard

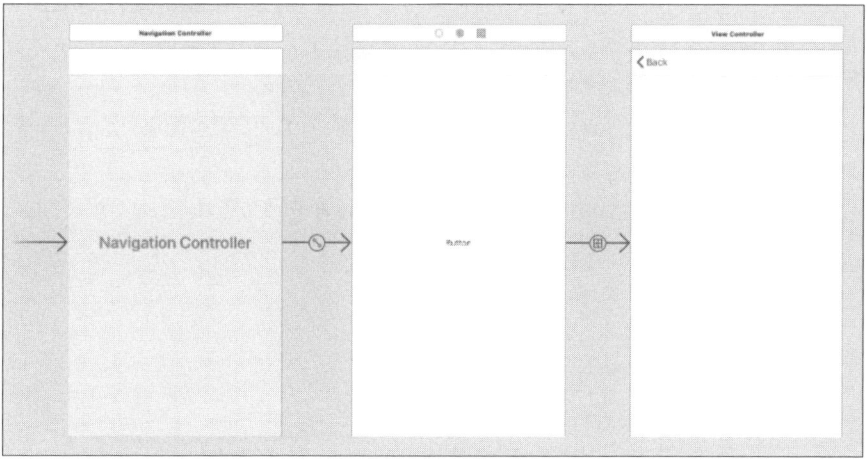

Storyboardは通常、UIViewControllerのサブクラスを定義したクラスファイルとセットで使用します。その役割分担は以下になります。

- Storyboardは UIを定義
- UIViewControllerのサブクラスは以下のような動作を定義
    - Storyboard内のUIViewのアクションを設定（たとえばボタンを押した時のアクション）

- データの操作
- Storyboardで設定できないUIの設定や描画処理

Storyboardは、1ファイルの中に複数画面を配置して画面遷移を定義できます。しかし、複数の人がそれぞれ異なる画面を同時に編集したい場合、不便です。なぜなら、複数の人が1ファイルを同時に編集することになるからです。Gitなどのバージョン管理ツールでもコンフリクトが起こりやすくなります。その対策として、1つのStoryboardファイルにつき1画面を定義する方法があります。

➡ Auto Layoutとは

iOSが動く端末の画面サイズには、さまざまなものがあります。たとえば、iPhoneとiPadでは大きくサイズが違いますし、iPhoneの中だけでもiPhone SEとiPhone 11ではサイズが違っています。UIを作成する時に、ある画面サイズにだけ対応するのではなく、アプリが対応している端末の各画面サイズに対応する必要があります。

各画面サイズに対応するには、プログラム的にframe（xy座標と幅、高さ）を変更させる方法があります。しかし、画面内のUI要素すべてに計算式を書いていくのは大変です。そこで登場したのが、Auto Layoutです。

Auto Layoutは制約（Constraint）を使って、画面内のUI要素の配置を定義します。Storyboardの中でAuto Layoutを設定します。

次の画像は、Auto Layoutを設定した後、iPhoneとiPadでそれぞれプレビューしたイメージです。

▼図4-10　iPhoneでプレビュー

▼図4-11　iPadでプレビュー

画面サイズに応じて、青い部分の幅が変更されていることがわかります。一方で青い部分の高さ、上下左右の余白の大きさは固定されています。

制約（Constraint）

制約の式

制約は、あるアイテムの属性（Attribute）と、あるアイテムの属性を式で表したものです。以下のような式になります。

▼図4-12　制約の式

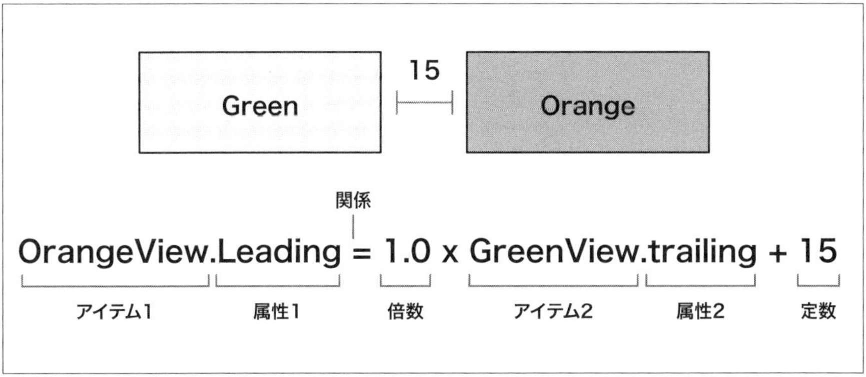

- アイテム1：最初のアイテムです。アイテムはビュー（View）かレイアウトガイド（Layout guide）である必要があります。
- 属性1：最初のアイテムの制約の属性（Attribute）です。
- 関係：式の左右の関係（Relationship）です。等しい（=）。以下（≦）。以上（≧）のいずれかになります。
- 倍数：属性2に掛け合わせる倍数です。浮動小数です。
- アイテム2：2番目のアイテムです。最初のアイテムと違って指定しない（空白にする）ことも可能です。
- 属性2：2番目のアイテムの制約の属性です。
- 定数：浮動小数の定数です。0未満のマイナスを指定することも可能です。

制約は基本的に2つのアイテムの関係を定義しますが、アイテムの幅や高さは1つのアイテムだけで完結します。

実際には制約の式をそのままプログラムで書くことは少なく、Storyboardの中でGUIで設定していくことが多いです。ただ、GUIで設定していても、裏ではこの式を設定していることを意識しておくと良いでしょう。

■ Auto Layoutの属性

属性で設定できる値は以下のようなものがあります。

- Leading（左）
- Trailing（右）
- Top（上）
- Bottom（下）
- Center X（X座標のセンター）
- Center Y（Y座標のセンター）
- Width（幅）
- Height（高さ）

4-5 StoryboardでAuto Layoutを設定してみよう

実際にXcodeを使って、Storyboardの中でAuto Layoutを設定してみましょう。新規プロジェクトを作成します。その際、User InterfaceはStoryboardにセットしてください。

▼図4-13

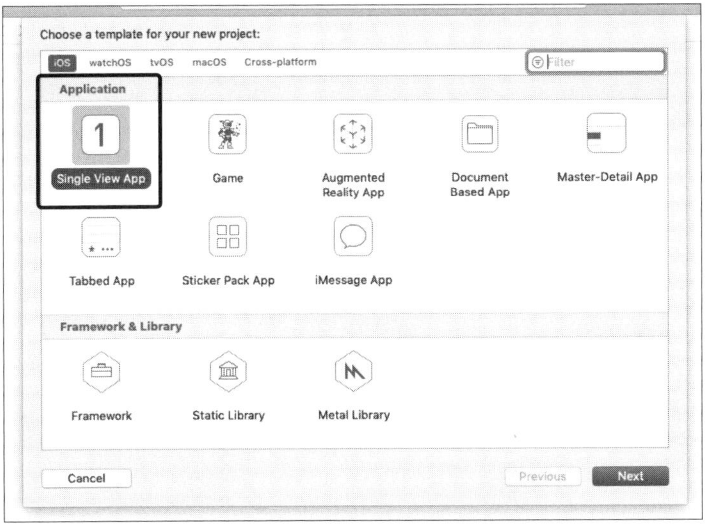

▼図4-14

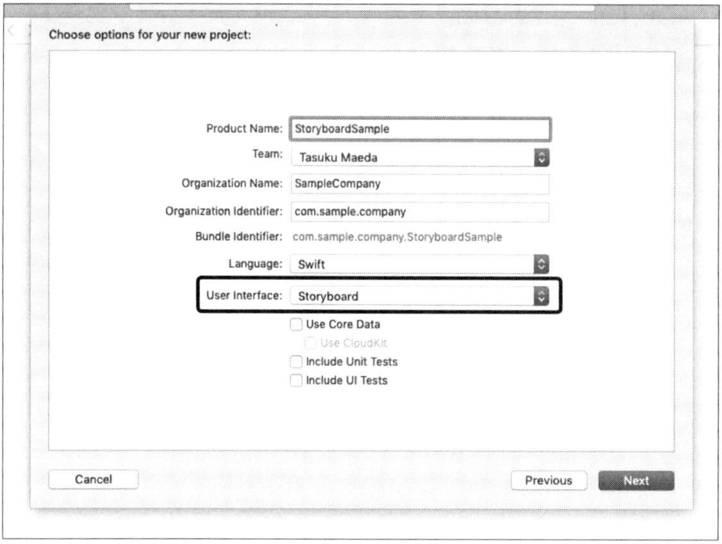

Main.storyboardを選択して、Storyboardを編集するために表示します。

▼図4-15　start

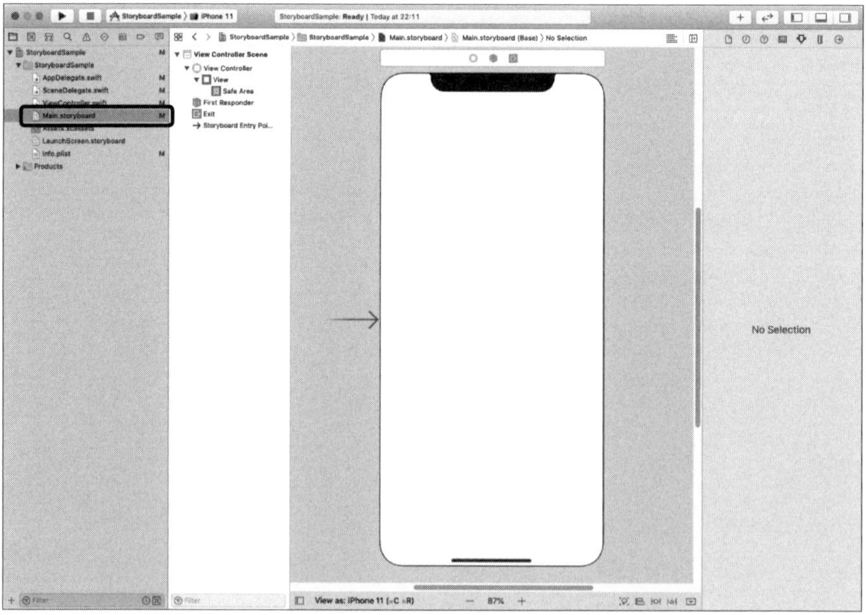

- 1　右上の+ボタンを押すと、コンポーネント一覧のフローティングパネルが開きます
- 2　テキスト入力欄にuiviewと入力します。対象のコンポーネントが絞り込まれます
- 3　Viewを真ん中の編集画面にドラッグドロップします。

▼図4-16　drag drop

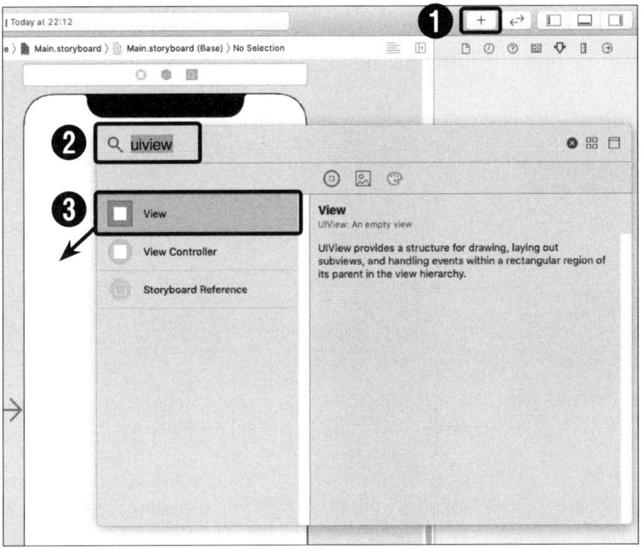

UIViewが配置されました。

▼図4-17　added view

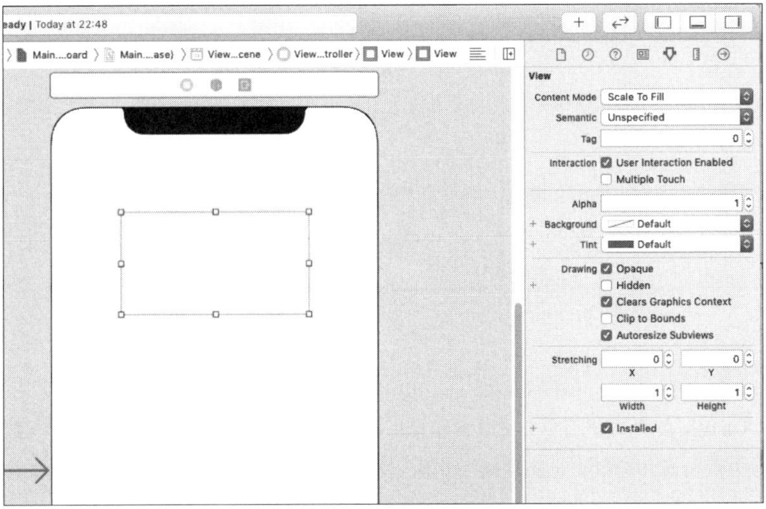

白背景だと見えづらいので、わかりやすくするために背景色を変更します。Attributes Inspectorを開いて、適当な背景色を設定します。

➡ 制約を追加

追加したViewを選択して、下にあるピンツール（Pin Tool）のアイコンをクリックします。ピンツールが表示されます。

▼図4-18　pintool1

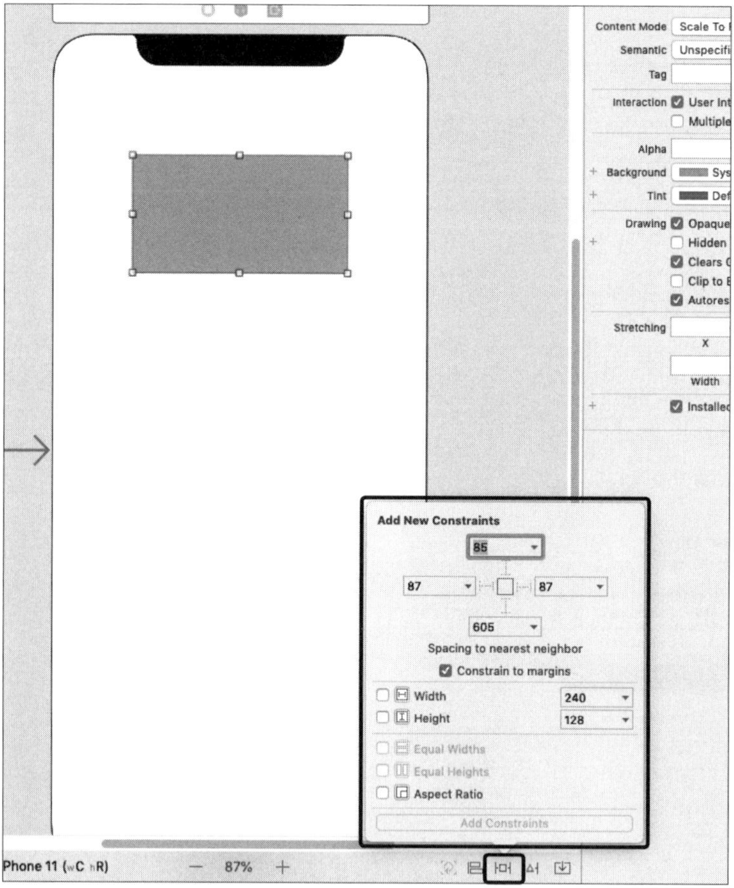

親のViewと選択したViewの左右（LeadingとTrailing）に制約を追加します。Constrain to marginsのチェックをはずしてから、数値入力欄に0を設定します。数値入力欄と中央の四角の間にある点線をクリックします。これで制約の設定ができまし

た。Add 2 Constraintsボタンを押して確定します。

▼図4-19　pintool2

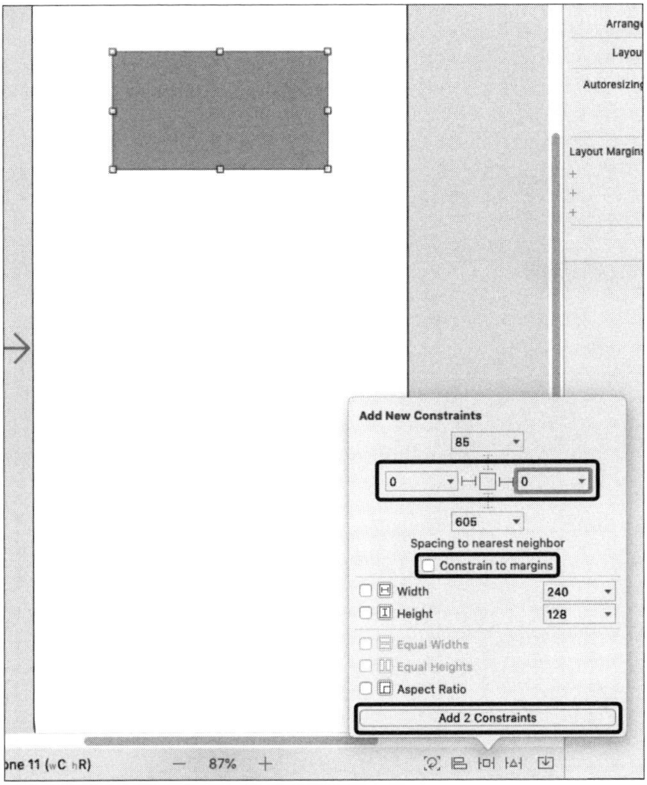

確定後に左右のマージンが0になったプレビューが表示されます。この制約で、緑のViewはどの画面サイズでも画面の横幅いっぱいに広がるようになりました。

▼図4-20　pintool3

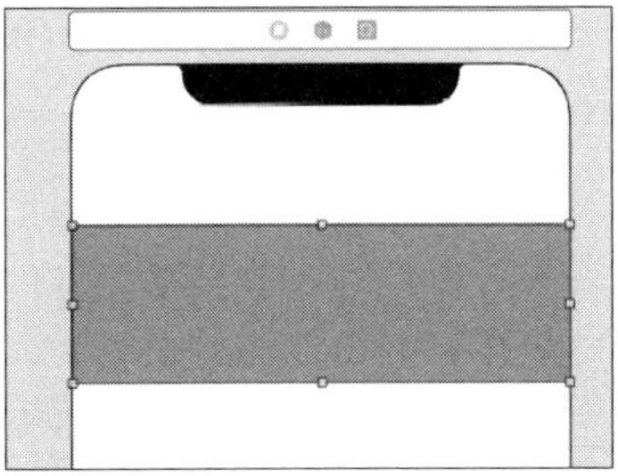

➡ 制約の確認・削除・編集

設定した制約を確認します。緑のViewを選択したあと、Size Inspectorのアイコンをクリックして、Size Inspectorパネルを表示します。すると、パネルの中に制約一覧が表示されます。

▼図4-21　show-constraint1

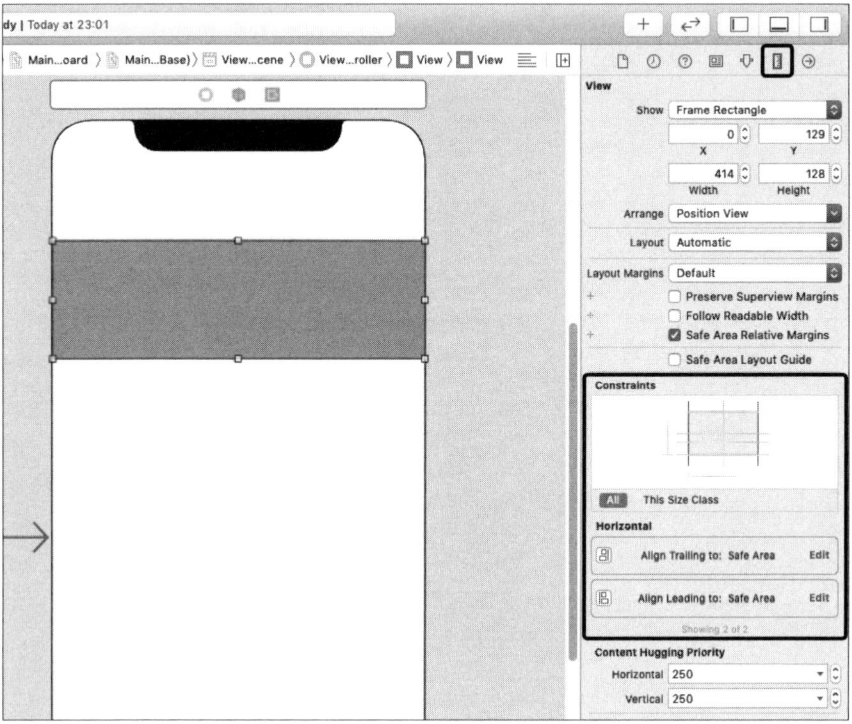

制約のどれかをダブルクリックします。すると、StructureAreaに該当の制約が表示されます。

▼図4-22　show-constraint2

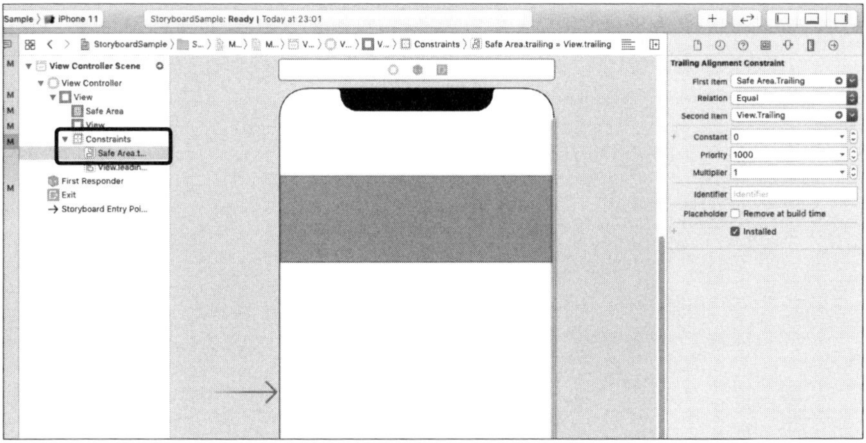

この状態でキーボードの削除ボタンを押せば、該当の制約が削除されます。また、画面右側のSize Inspector内で制約の式を編集できます。

➡ Safe Area

Y座標と高さの制約を追加します。まず高さの制約です。緑のViewを選択していることを確認して、ピンツールでHeightにチェックを入れて200を入力します。Add 1 Constarintボタンを押して確定します。この時点ではプレビューはまだ変化しません。

▼図4-23　height

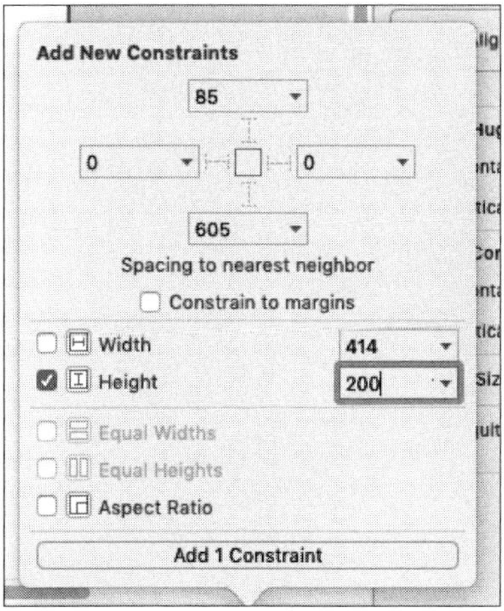

緑のViewを選択していることを確認して、ピンツールを表示します。Topの数値入力欄の右側の三角ボタンを押すと、2つの選択肢があることが確認できます。Safe Areaを選択します。

▼図4-24　safearea1

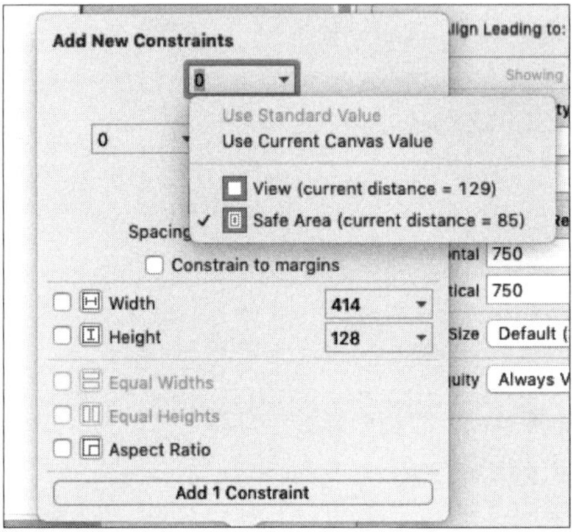

Topの数値入力欄に0を入力します。中央の四角との間をクリックして制約を追加します。Add 1 Constraintをクリックして確定します。

▼図4-25　safearea2

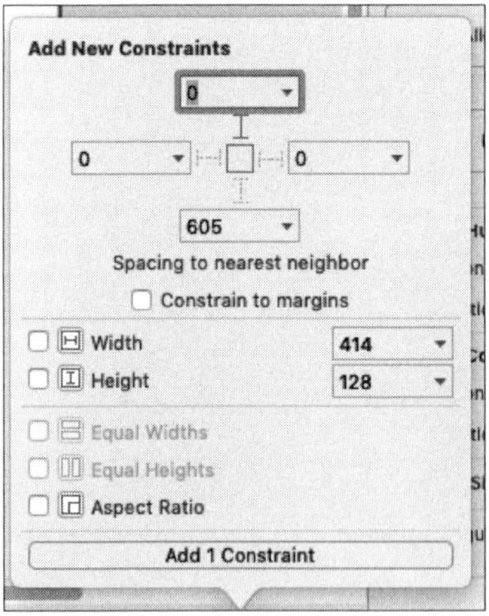

親ViewのSafeAreaにTopの制約を追加すると、以下のような状態になります。画面の一番上に余白があることが確認できます。

▼図4-26　safearea3

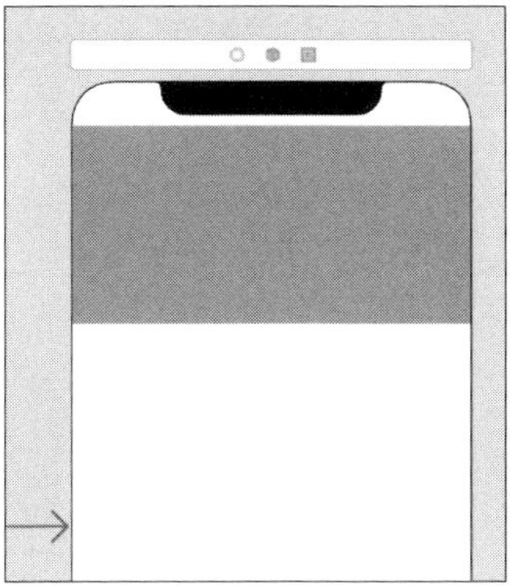

今度は、SafeAreaではないほうに制約をかけてみましょう。まず、先ほど追加した制約を削除します。緑のViewの選択を確認してから、Size Inspectorを開いて、Safe Areaの制約をダブルクリックします。キーボードの削除ボタンを押して制約を削除します。

▼図4-27　safearea3-2

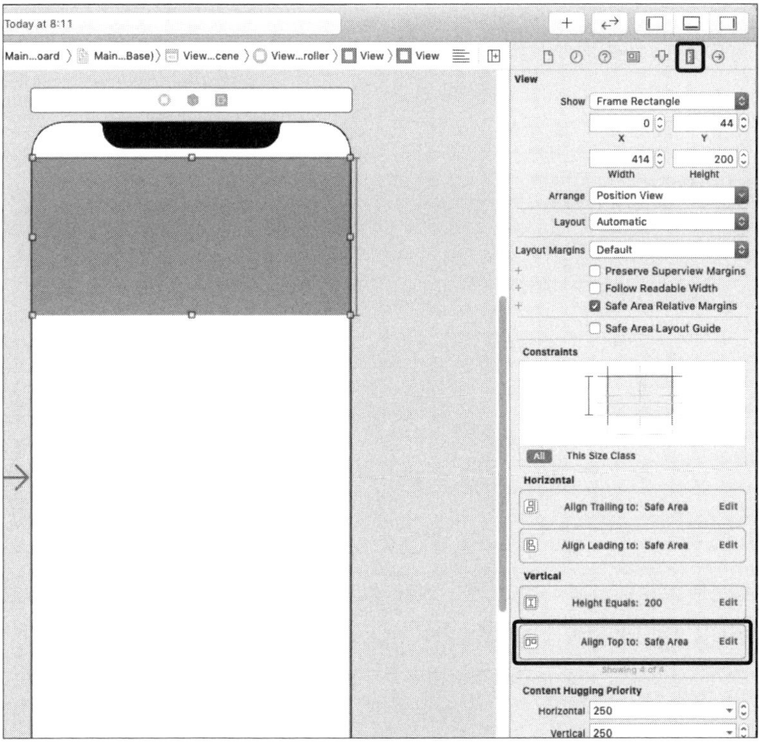

緑のViewの選択を確認してから、ピンツールを表示します。今度はViewのほうを選択して、0を入力して、制約を追加します。

▼図4-28　safearea4

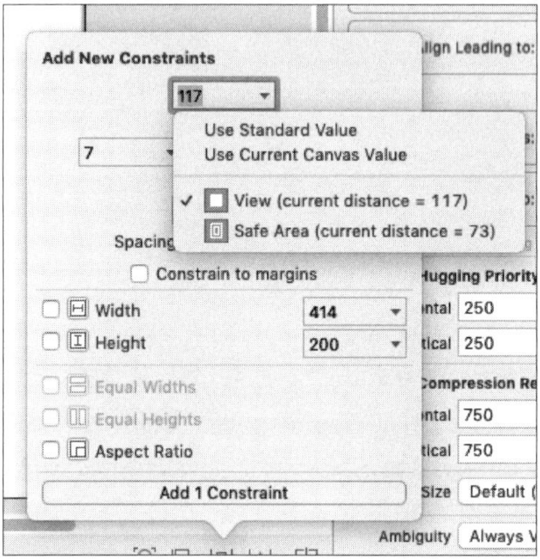

結果は、緑のViewが画面の上までぴったりと広がりました。

▼図4-29　safearea5

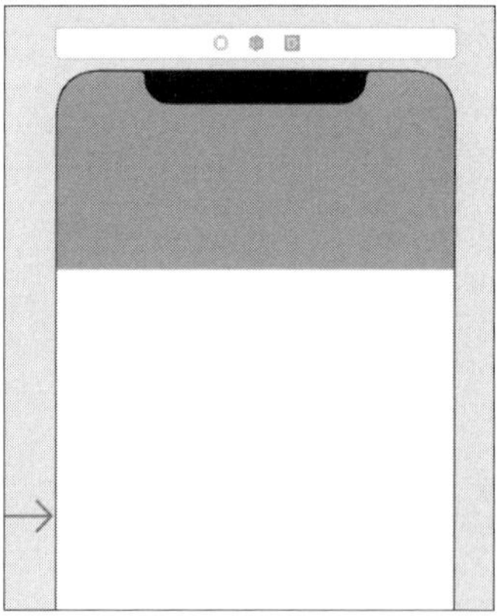

Safe Areaの時は余白がありましたが、Viewの時はありませんでした。これの理由について説明します。iPhone Xの登場の時に、上部にノッチと呼ばれるディスプレイではない部分ができました。ノッチの左右にはステータスバーが表示されています。また、下部にはホーム画面に戻るためのバーが表示されるようになりました。このため、表示

エリアが完全な四角形ではない形になりました。画面の上部と下部に、アプリのコンテンツが表示されると、ステータスバーなどに重なって表示されてしまい、見えなくなってしまいます。これを防ぐためにあるのが、Safe Areaです。Safe Area内にアプリのコンテンツを表示することで、重ならず表示することができます。

次の画像は、高さとTopの制約を削除した後に、TopとBottomを親のSafe Areaに対して追加したものです。上部と下部に余白があることが確認できます。

▼図4-30　safearea6

➡ 整列ツール

今度は、Viewを追加して背景色をオレンジ色に設定します。幅（Width）と高さ（Height）の制約をピンツールで50に設定しました。

▼図4-31　align1

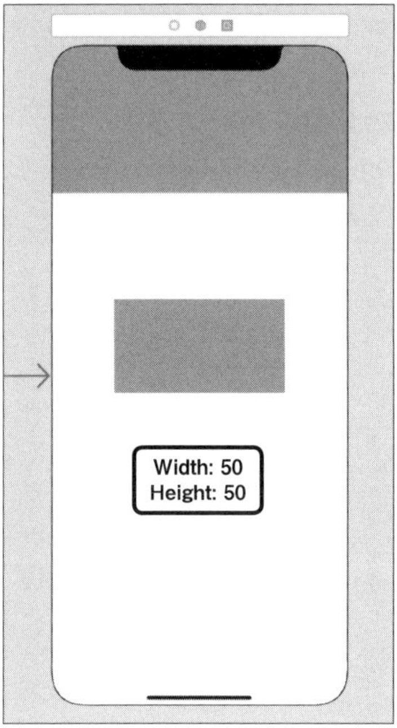

　オレンジ色のViewを選択していることを確認して、整列ツール（Align Tool）を開きます。親Viewに対して水平方向の中央寄せ（Horizontally in Container）と垂直方向の中央寄せ（Vertically in Container）にそれぞれチェックを入れます。Add 2 Constraintsボタンを押して確定させます。

▼図4-32　align2

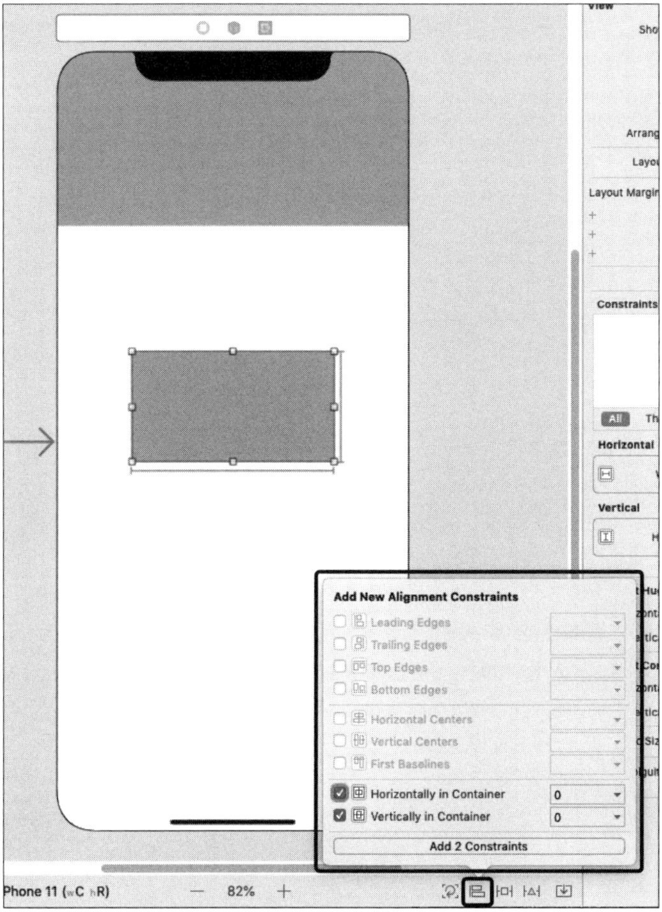

親Viewの中央に幅と高さが50になるように設定できました。

▼図4-33　align3

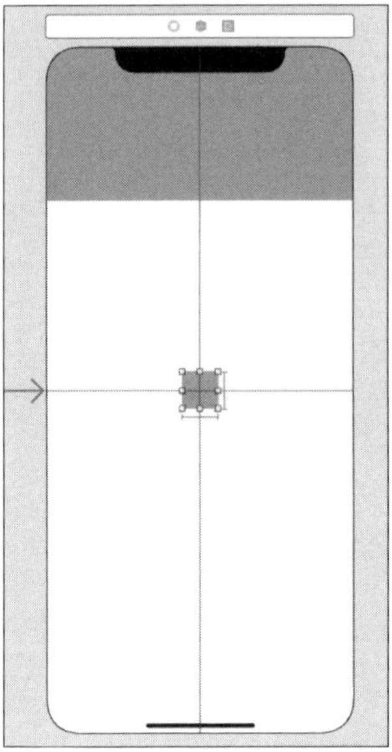

次に、Viewを追加して背景色を青に設定します。制約をピンツールで、幅100、高さ50、下（Bottom）をSafe Areaに対して0に設定しました。

▼図4-34　align4

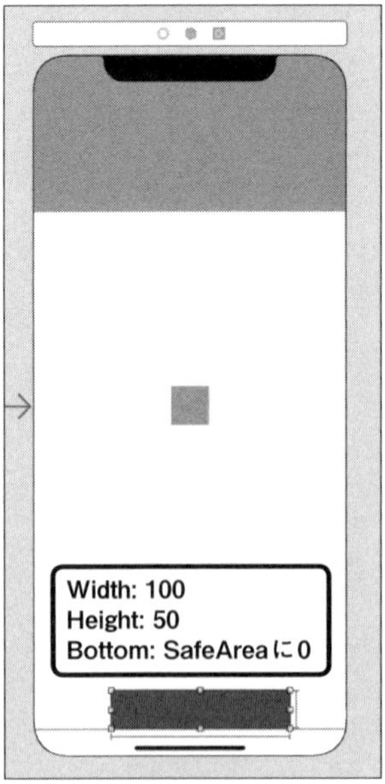

オレンジ色のViewと青色のViewを、キーボードのShiftキーを押しながら選択します。すると、複数選択されます。この状態で整列ツールを開き、左端（Leading Edges）にチェックを入れて、Add 2 Constraintsボタンを押して確定させます。

▼図4-35　align5

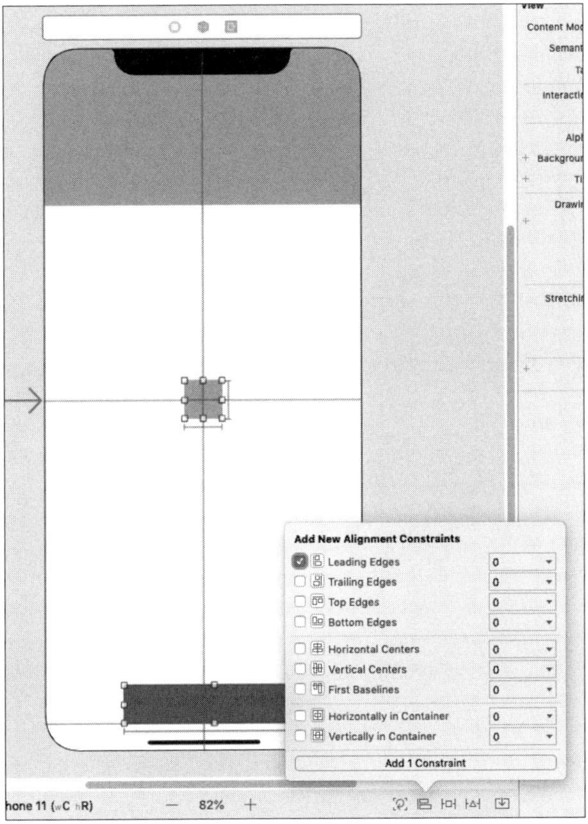

2つのViewの左端をそろえられました。

▼図4-36　align6

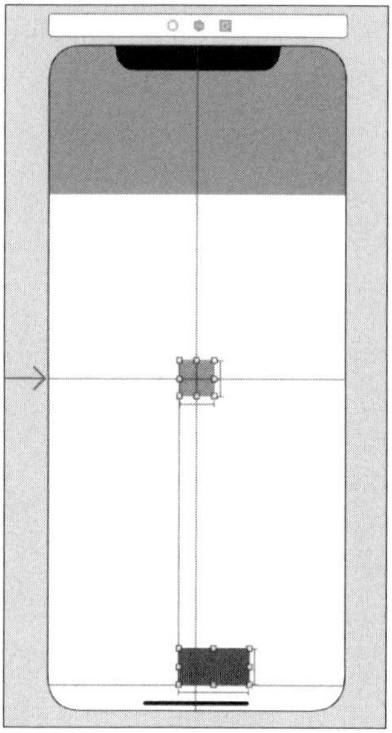

4-6 ソースコードとStoryboardをつないでみよう

ソースコード上のUIViewControllerのサブクラスファイルは、動きを設定します。さっそくやってみましょう。新規プロジェクトを作成して、Main.storyboardに以下のような制約を追加します。今回はレイアウトの説明がメインではないので、適当でも大丈夫です。

▼図4-37

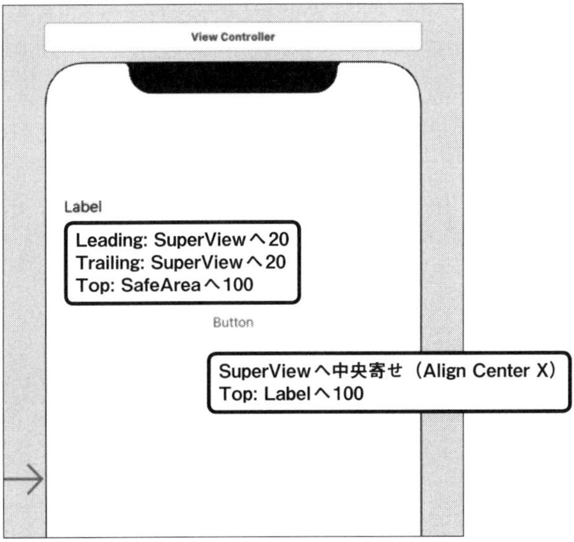

@IBOutletでソースコードからStoryboardを操作する

ViewControllerクラスを以下のようにします。

▼リスト4-1

```
import UIKit

class ViewController: UIViewController {
```

```
    // ラベルの変数宣言
    @IBOutlet weak var messageLabel: UILabel!

    override func viewDidLoad() {
        super.viewDidLoad()

        // ラベルにテキストの設定をする
        messageLabel.text = "Hello Message Label!"

        // ラベルの文字色を変更する
        messageLabel.textColor = UIColor.blue
    }
}
```

`@IBOutlet`属性は、StoryboardのViewをクラスにひもづける時に必要になります。weakキーワードは、メモリを弱参照で保持します。このあたりの書き方は決まった形式なので、気になったら調べてみてください。

viewDidLoadの中で、messageLabelに表示するテキストと文字色を設定しています。

このソースコードとStoryboardをひもづけます。Main.storyboardを表示します。中央のViewControllerを選択します。

▼図4-38

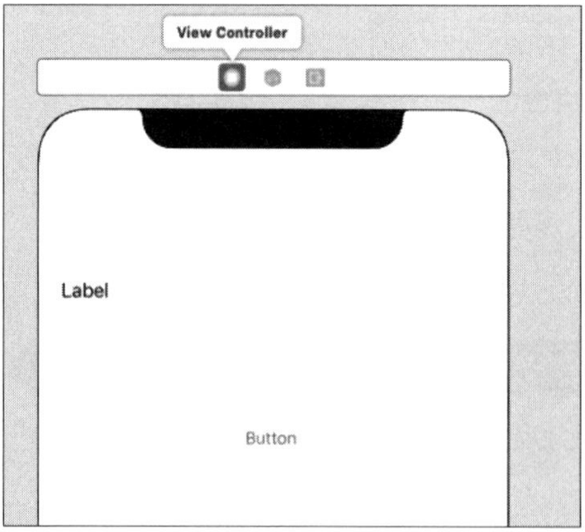

右クリックを押しながら、離さないようにラベルにつなげます。

▼図4-39

messageLabelを選択します。

▼図4-40

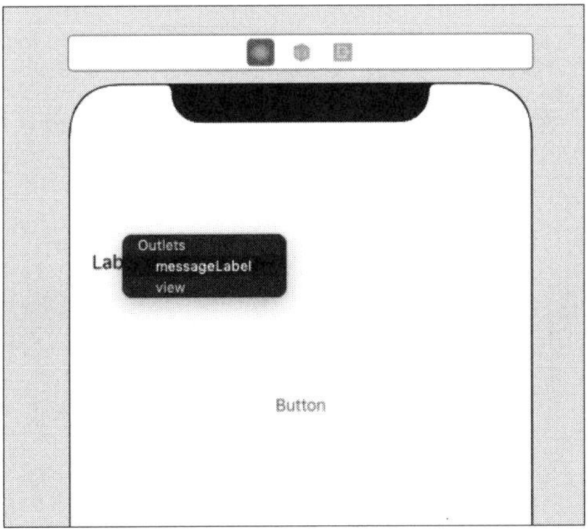

ViewControllerがつながったかどうかを確認します。Connections Inspectorを表示します。

▼図4-41

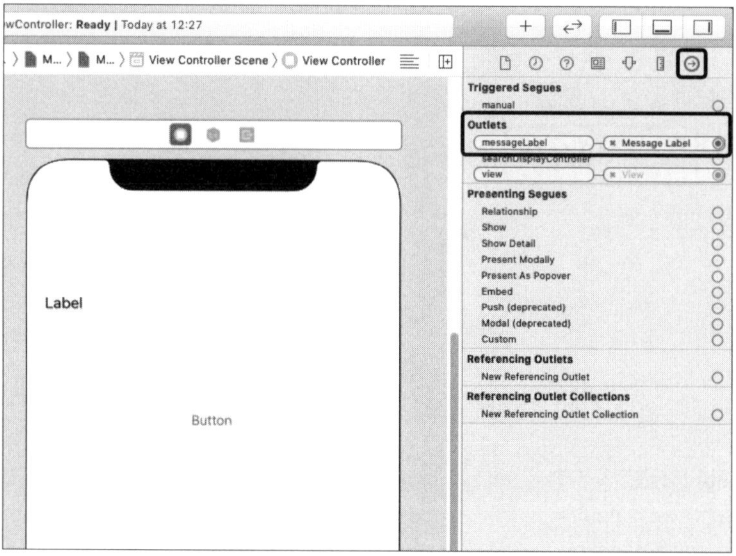

ViewControllerのmessaegLabelがつながったことが確認できました。つながりを解除するには、Message Labelの左横にあるバツ印をクリックします。

▼図4-42

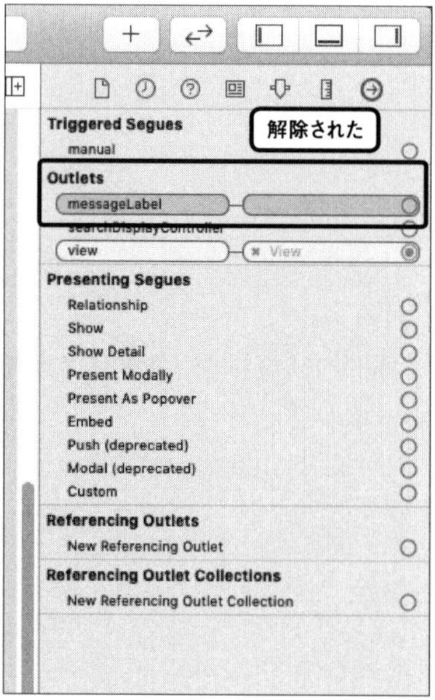

先ほどは中央のところからドラッグしてつなげましたが、今度はConnections Inspectorからつなげてみます。

▼図4-43

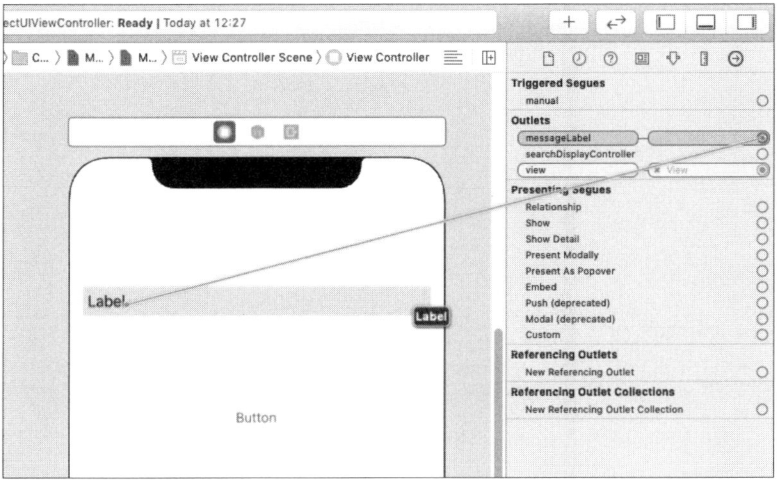

先ほどと同じようにつなげられました。このように、中央からでもConnections Inspectorからでも好きなほうからつなげることが可能です。つないだ結果は同じです。

ソースコードで設定したテキストと文字色が反映されているか確認してみましょう。画面左上の三角ボタンを押します（ショートカットはCmd + r）。

▼図4-44

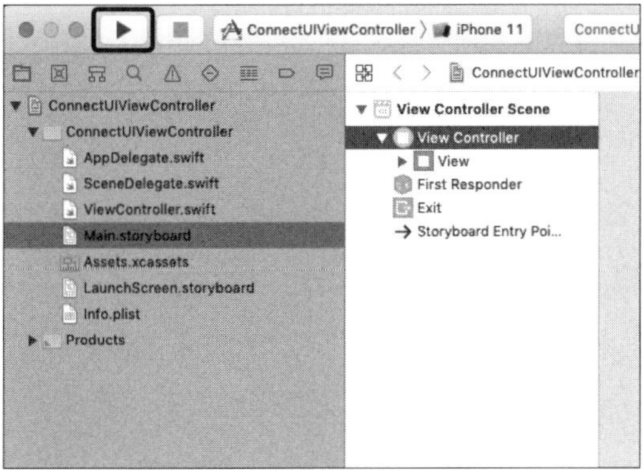

シミュレータが立ち上がり反映されていることが確認できました。

▼図4-45

@IBActionでViewのアクションを受け取る

ボタンを押した時のイベントを受け取ってみましょう。まず、ViewControllerファイルを開いて`@IBAction`を追加します。

▼リスト4-2

```
class ViewController: UIViewController {

    // (中略)

    @IBAction func buttonDidTap(_ button: UIButton) {
        print("button tapped")
    }
}
```

次にStoryboardで設定します。中央のViewControllerを選択します。右側のConnections inspectorを開きます。ソースコードで追加したbuttonDidTapが入っていることが確認できます。

▼図4-46

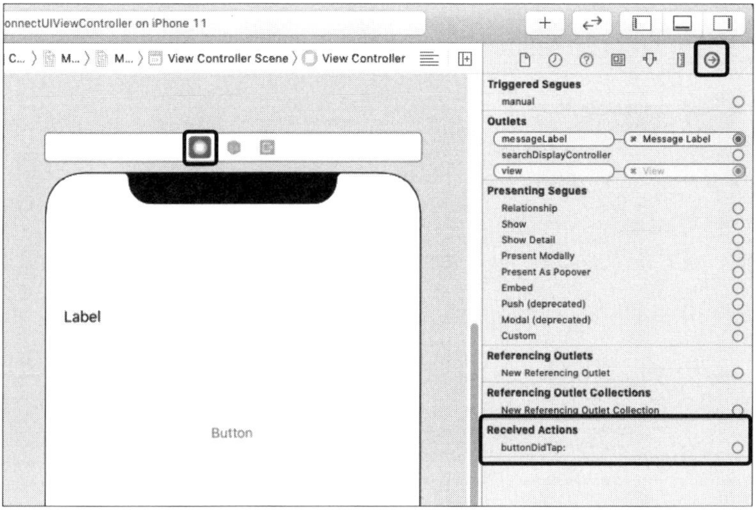

左クリックを押しながらボタンに向かってドラッグしてつなげます。

▼図4-47

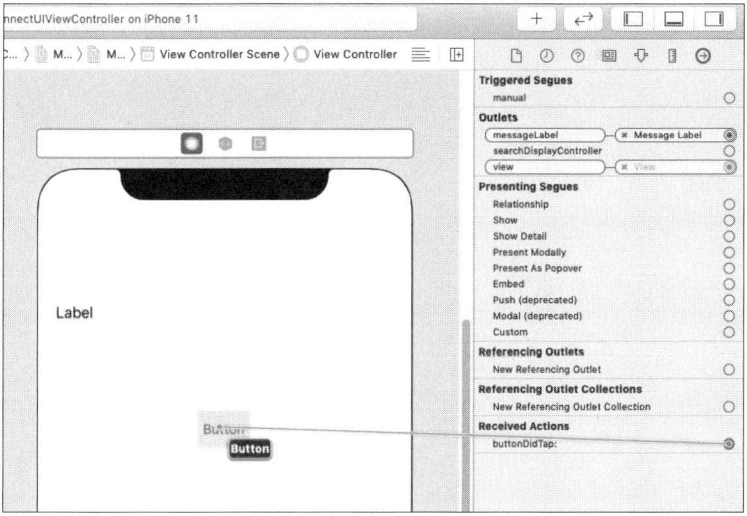

ボタンのところでクリックを離すと、どのイベントにつなげるかを選択するポップアップが出ます。Touch Up Insideを選択します。

▼図4-48

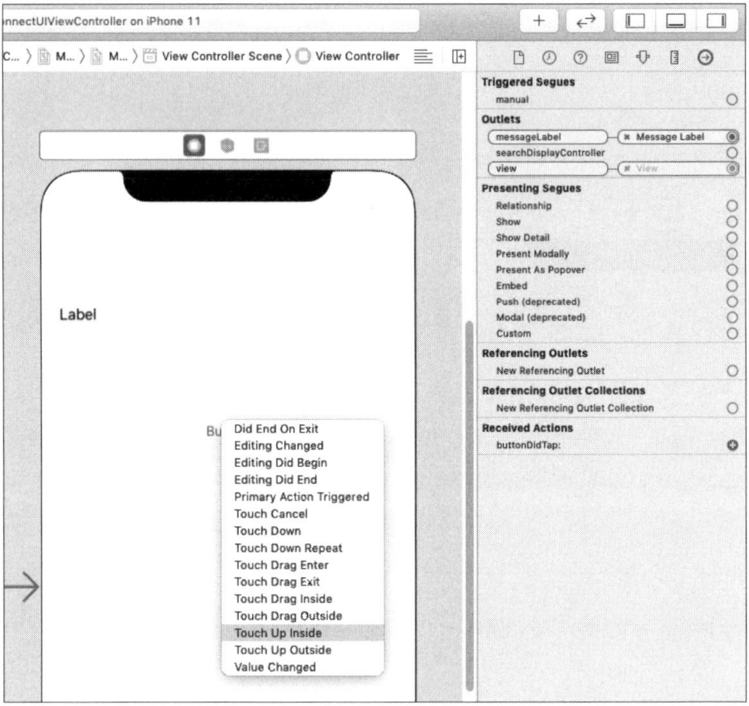

Connections inspectorを確認すると、ソースコードとイベントがつながったことが確認できます。

▼図4-49

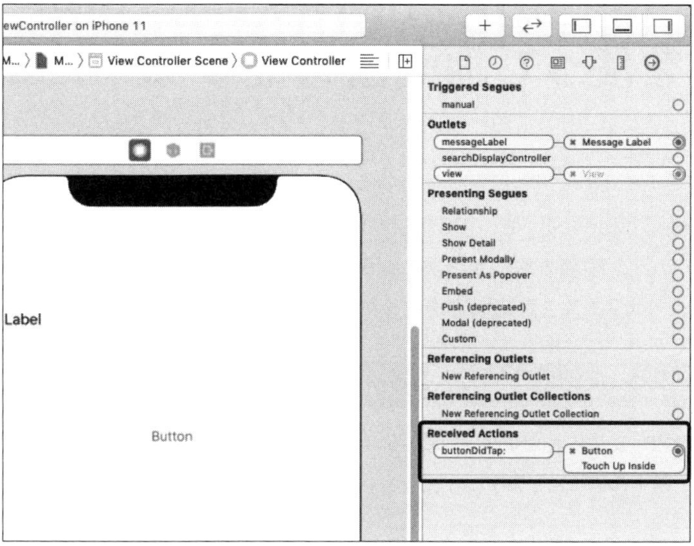

次に、デバッグビルドをしてシミュレータを立ち上げます。ボタンを押してみるとXcode側のコンソールに出力が表示されます。もしコンソールが表示されていない場合は、画面右上のボタンから表示できます。

▼図4-50

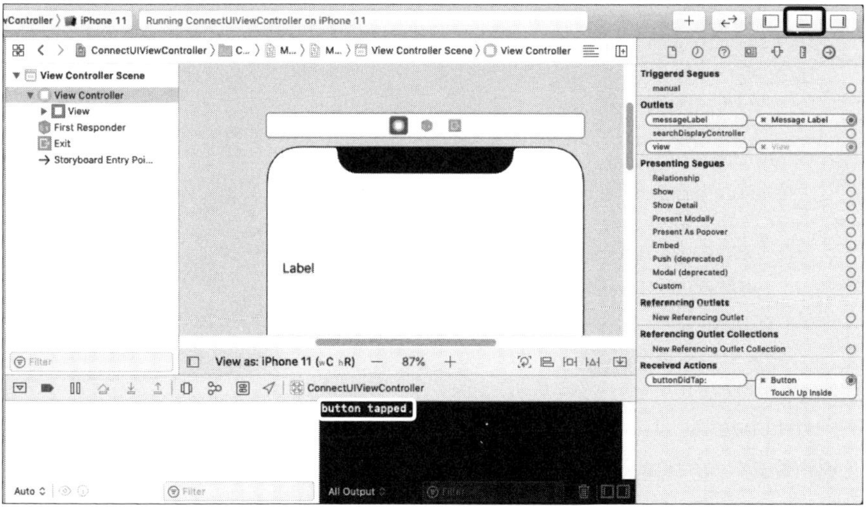

4-7 UINavigationControllerを使って画面遷移をする

UINavigationControllerを使うと、iOSアプリらしいプッシュ遷移をおこなえます。プッシュ遷移というのは、画面の右端から次の画面が現れることで画面の切り替えすることです。今回は、リスト画面と詳細画面を行き来できるものを作成してみましょう。

UITableViewでリスト画面作成

UITableViewを使ってリスト画面を作成します。新規プロジェクトを作成した後、ViewControllerを以下のようにします。

▼リスト4-3

```
import UIKit

class ViewController: UIViewController {

    /// フルーツ名リスト
    var fruitNames: [String] = [
        "リンゴ",
        "バナナ",
        "みかん",
        "パイナップル"
    ]

    @IBOutlet weak var fruitListView: UITableView!

    override func viewDidLoad() {
        super.viewDidLoad()
    }
}
```

fruitNamesは、リストとして表示したい名前です。さらに、UITableViewDataSourceを適用します。UITableViewDataSourceは、UITableViewのデータ部分を決定します。以下の2つのメソッドを実装すればOKです。

▼リスト4-4

```
extension ViewController: UITableViewDataSource {

    /// リストを何行にするか
    func tableView(_ tableView: UITableView, numberOfRowsInSection section: Int)
-> Int {
        return fruitNames.count
    }

    /// ある行のUITableViewCellを返す
    func tableView(_ tableView: UITableView, cellForRowAt indexPath: IndexPath) ->
UITableViewCell {
        // 固定のIDを設定(名前は何でも良い)
        let identifier = "FruitCell"
        // dequeueをすることですでに作成済みのセルから取得できる
        var cell = tableView.dequeueReusableCell(withIdentifier: identifier)
        // セルがまだ作成されていなければ作成する
        if cell == nil {
            cell = UITableViewCell(style: .default, reuseIdentifier: identifier)
        }
        // n行目の名前を取得
        let fruitName = fruitNames[indexPath.row]
        // テキストラベルにセット
        cell?.textLabel?.text = fruitName
        // オプショナルは返せないので!をつける
        return cell!
    }
}
```

さらに、UITableViewDelegateを適用します。ここでは、行が選択された時のメソッドを追加しました。

▼リスト4-5

```
extension ViewController: UITableViewDelegate {
    /// 行が選択された時
    func tableView(_ tableView: UITableView, didSelectRowAt indexPath: IndexPath) {
        let name = fruitNames[indexPath.row]
        print("selected fruit name is ¥(name)")
    }
}
```

次にMain.storyboardを開きます。UITableViewをドラッグドロップします。

▼図4-51

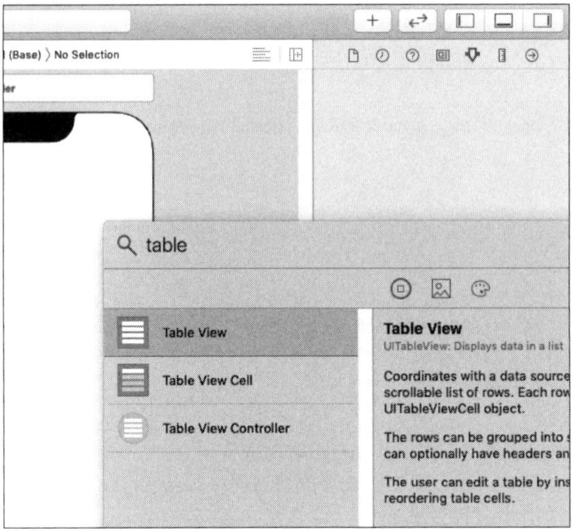

TableViewのTop、Bottom、Leading、Trailing:を親のSafeAreaに対して0で設定しました。

▼図4-52

画面中央のViewControllerを選択して、画面右上のConnections inspectorを表示。fruitListViewをTableViewにつなげます。

▼図4-53

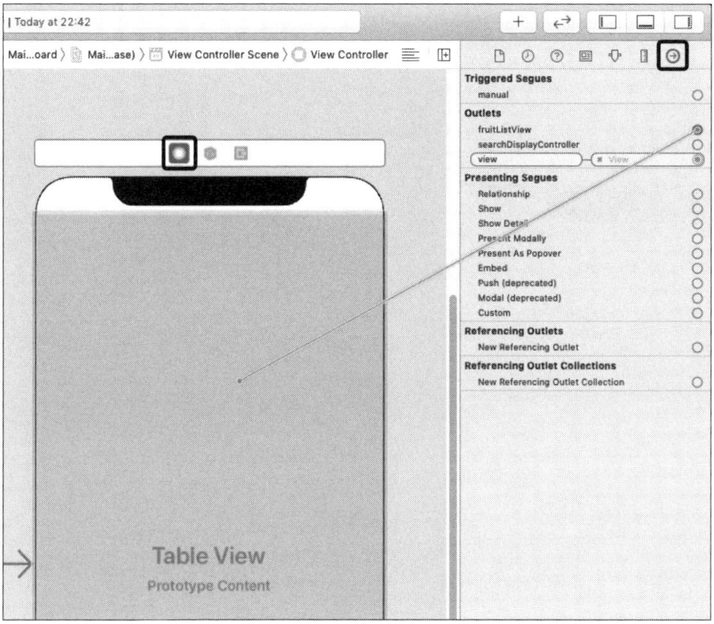

成功するとFruit List Viewの名前が表示されます。

▼図4-54

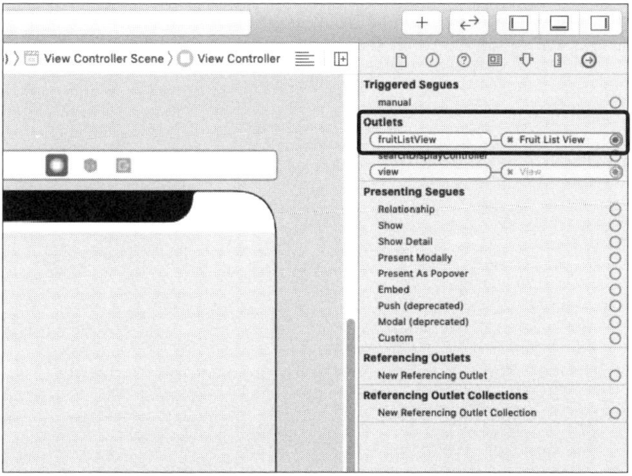

今度は、TableViewのほうを選択してから、Connections inspectorを表示します。Outletsのdata Sourceから中央のViewControllerにつなげます。

▼図4-55

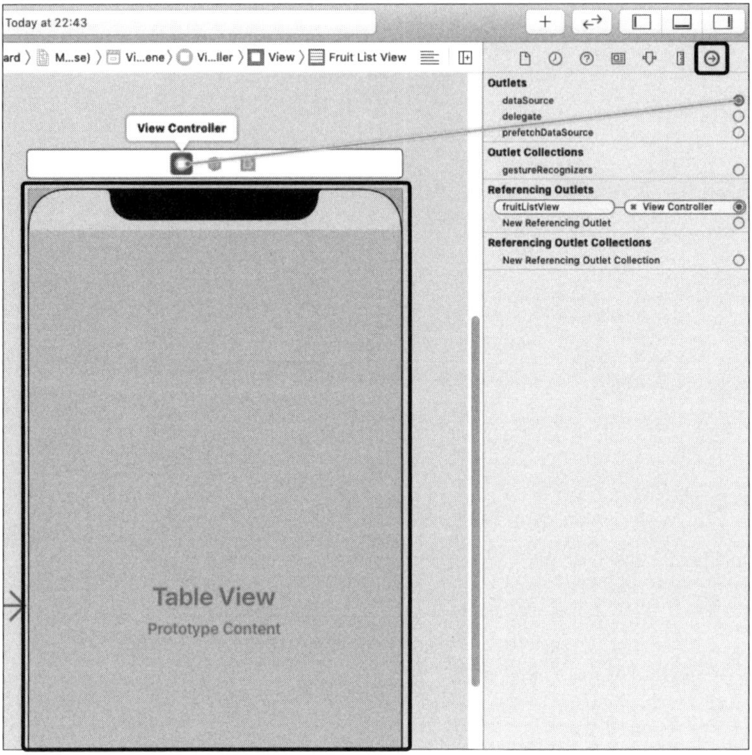

同様にdelegateのほうもつなげます。

▼図4-56

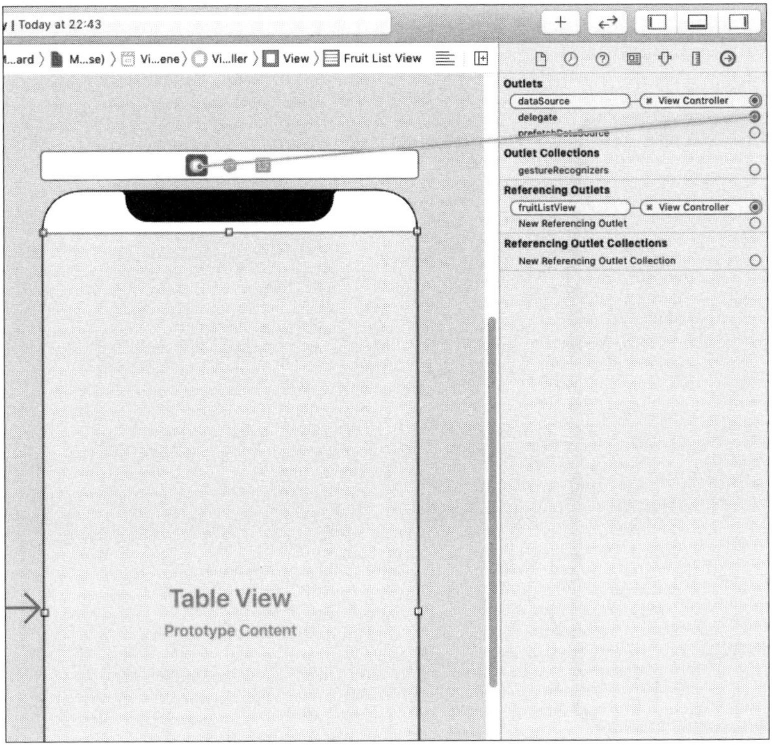

dataSourceとdelegateがつながった様子です。

▼図4-57

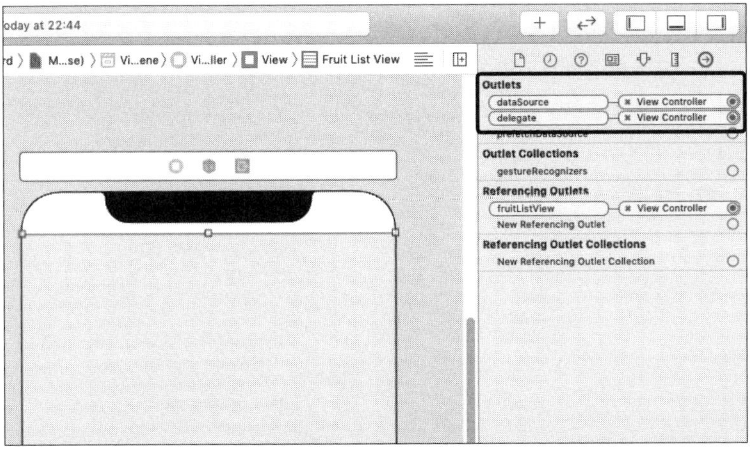

ソースコードとStoryboardの接続が完了しました。デバッグビルドでシミュレーターを立ち上げてみます。うまくリスト表示されました。

▼図4-58

➡ 詳細画面を作成する

詳細画面を作成していきます。まず、DetailViewControllerを作成します。メニューからFile→New→Fileを選択します。ダイアログの中からSwift Fileを選んでNextボタンを押します。名前をDetailViewController.swiftにして、保存先を選択してファイルを作成します。

▼図4-59

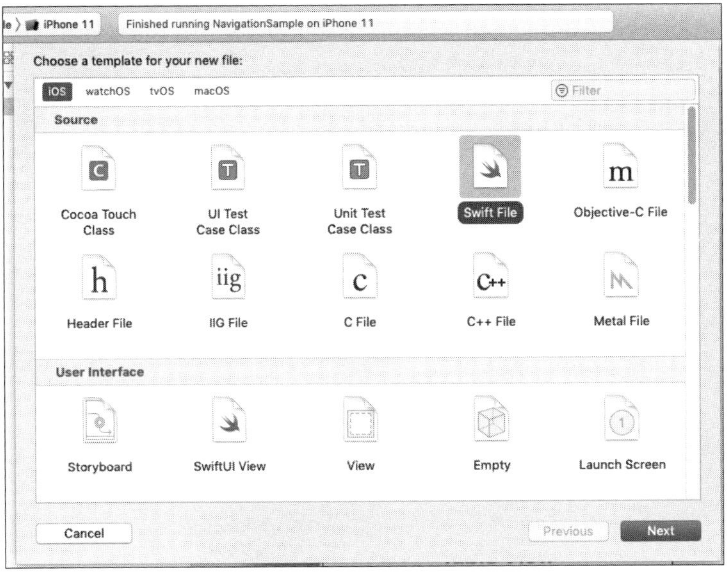

DetailViewControllerの中身は以下のようにします。

▼リスト4-6

```
import UIKit

class DetailViewController: UIViewController {

    /// 名前のラベル
    @IBOutlet weak var fruitNameLabel: UILabel!

    /// 名前
    var fruitName: String?

    override func viewDidLoad() {
        super.viewDidLoad()

        // 名前をラベルに設定する
        fruitNameLabel.text = fruitName
    }
}
```

次に、DetailviewControllerとセットになるStoryboardを作成します。先ほどと同じように、新規ファイルを作成するダイアログを開いてStoryboardを選択します。名前は、DetailViewController.storyboardにしました。

▼図4-60

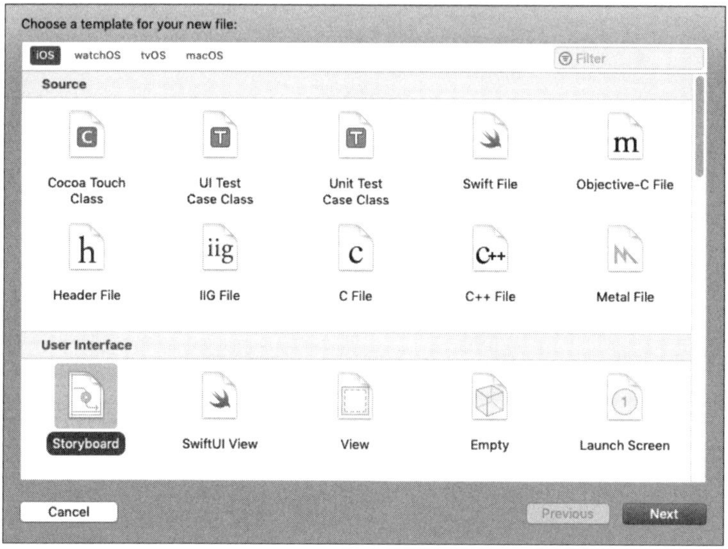

DetailViewController.storyboardを開きます。UIViewControllerをドラッグドロップします。

▼図4-61

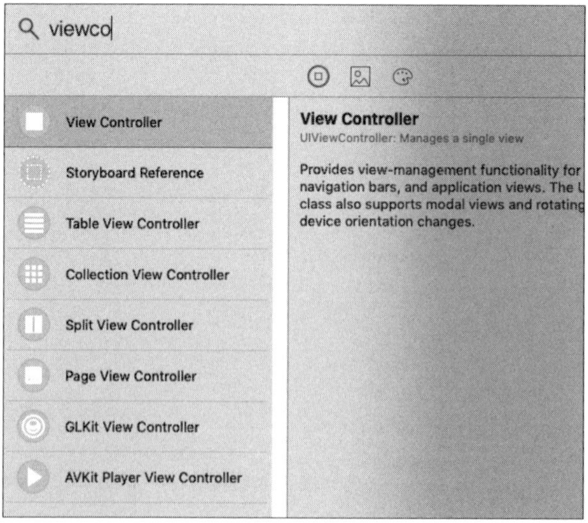

中央のViewControllerを選択した後、画面右側のIdentity inspectorを開きます。Custom Classの名前をDetailViewControllerにします。ここに名前をセットすることで、ソースコードとStoryboardがひもづけられます。また、`@IBOutlet`、`@IBAction`をセットできるようになります。

▼図4-62

UILabelをドラッグドロップして、適当に制約をつけます。

▼図4-63

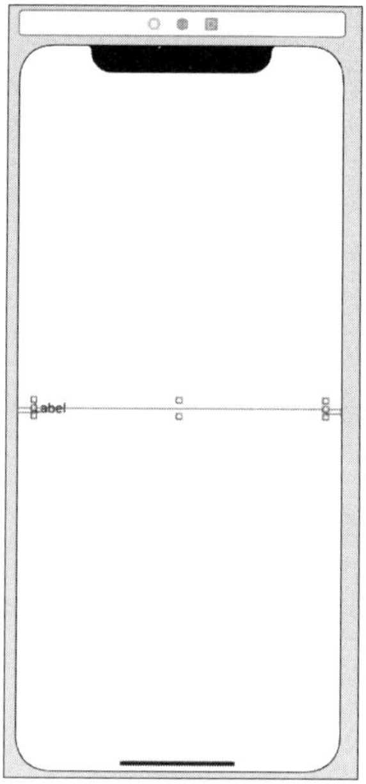

ViewControllerを選択した後、Connections inspectorからfruitNameLabelを画面中央のLabelにつなげます。

▼図4-64

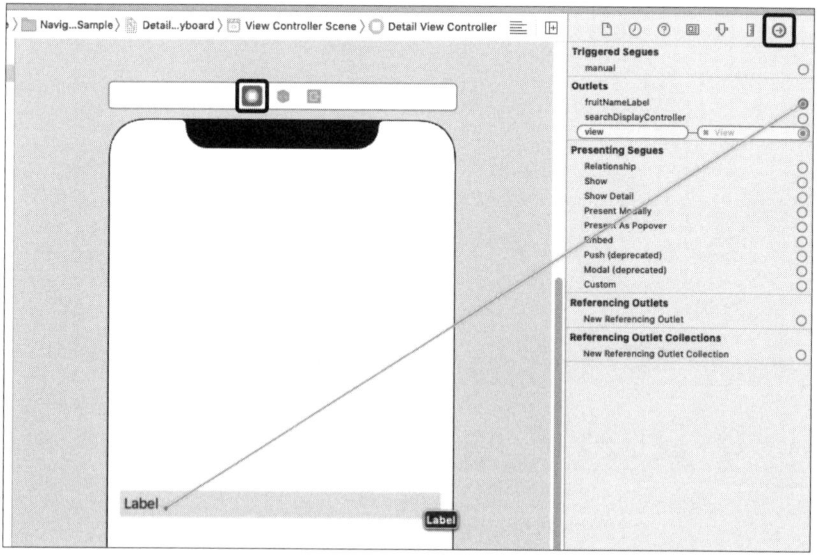

最後に、ViewControllerを選択した後、Attributes inspectorを開きます。Is Initial View Controllerにチェックを入れます。これは、プログラムからインスタンス化して呼び出す場合に必要になります。このチェックを忘れるとアプリが落ちてしまいます。

▼図4-65

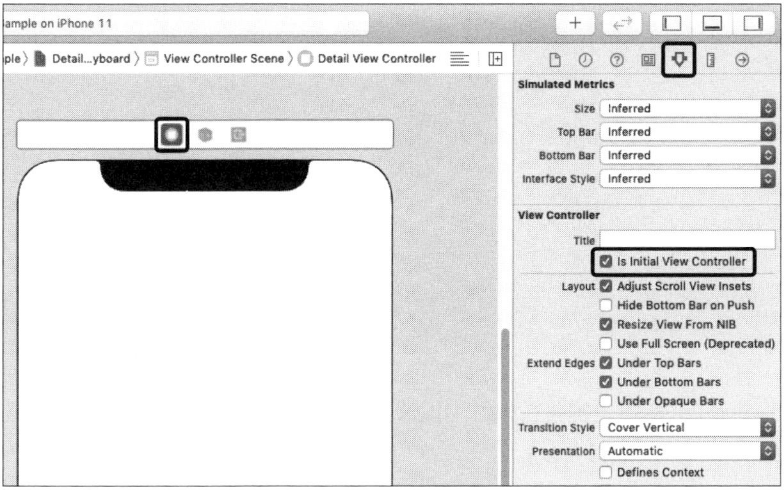

これで詳細画面の設定は完了しました。

➡ UINavigationControllerでつなげる

Main.storyboardを開いてViewControllerを選択します。メニューからEditor→Embeded In→Navigation Controllerを選択します。MainのViewControllerがUINavigationControllerの中に配置されました。

▼図4-66

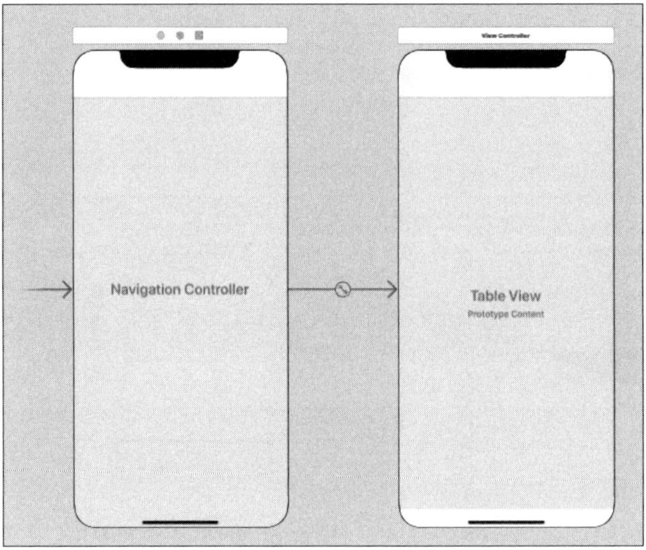

ViewController.swiftを編集します。UINavigationControllerの上部の表示されるタイトルは、以下のように設定します。

▼リスト4-7

```
    override func viewDidLoad() {
        super.viewDidLoad()

        // タイトルを設定
        title = "フルーツリスト"
    }
```

行をタップした時に詳細画面にプッシュ遷移するようにしたいので、以下のように修正します。

▼リスト4-8

```
extension ViewController: UITableViewDelegate {
    /// 行が選択された時
    func tableView(_ tableView: UITableView, didSelectRowAt indexPath: IndexPath) {

        // 選択された名前を取得
        let name = fruitNames[indexPath.row]
```

```
        // 詳細画面を作成
        let storyboard = UIStoryboard(name: "DetailViewController", bundle: nil)
        guard let detailViewController = storyboard.instantiateInitialViewControll
er() as? DetailViewController else {
            return
        }

        // 詳細画面の名前をセット
        detailViewController.fruitName = name

        // プッシュ遷移
        navigationController?.pushViewController(detailViewController, animated:
true)
    }
}
```

これで完了です。デバッグビルドでシミュレータを立ち上げてみましょう。リスト画面では、画面上部にタイトルが追加されています。

▼図4-67

何か行をタップすると、詳細画面に遷移します。詳細画面では、リスト画面で選択された名前が表示されています。

▼図4-68

おつかれさまでした。これでリスト画面と詳細画面を行き来できるアプリが作成できました。

4-8 ダークモードに対応する

iOS13からiOSはシステム全体でダークモードに対応しました。ダークモードとは、かんたんに言うと暗いカラーテーマです。ダークモードは、周りが暗い環境でもコンテンツが見やすくなります。また、ディスプレイの発光が少ないので、バッテリーの消費が低くなり、ライトモードより長時間稼働します。ここでは、ダークモードに対応する方法を説明します。

カレンダーアプリのライトモードとダークモード

▼図4-69　ライトモード

▼図4-70　ダークモード

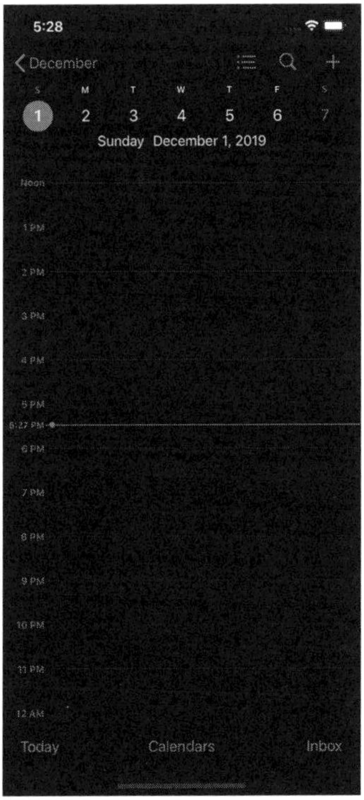

ダークモードへの切り替え

ダークモードへの切り替え方法は、実機とシミュレータで別々の方法になります。

■ 実機の場合

設定アプリ→画面表示と明るさ→外観モードで切り替えます。

▼図4-71

■ シミュレータの場合

Settings App（設定アプリ）→Developer→Appearance→Dark Appearanceで切り替えます。

▼図4-72

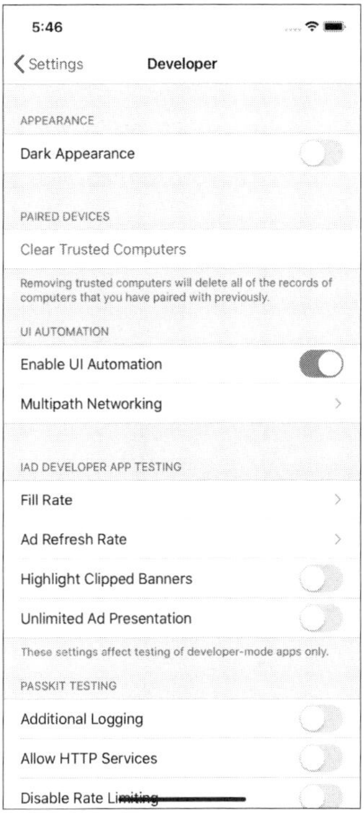

カラーの設定方法

システムのカラーモードが切り替わった時に、自動でカラーを切り替える方法と、手動でカラーを切り替える方法があります。

■ 自動でカラーを切り替える方法

システムであらかじめ用意されているカラーを設定するか、カラーアセットを自分で作成して設定する方法があります。どちらの場合も設定をしておけば、システムのカラーモードが切り替わっても、プログラム的に何もしなくてもカラーが切り替わってくれます。

■ 手動でカラーを切り替える方法

ViewControllerのイベント内でプログラム的にカラーを設定します。自動でカラーを切り替える方法がどうしてもうまくいかない場合や、何らかの理由で細かい設定が必要な場合は、この方法をとります。しかし、自動で切り替えるほうが楽なので、基本的には自動での切り替えを使用するほうが良いでしょう。

UIKitのコンポーネントは未設定でダークモードに対応済

UIKitのコンポーネントは、何も設定しない場合、すでにダークモードに対応されています。ただ、この方法は最も手軽ですが、そのアプリらしいデザイン的な特徴は何もない状態です。

何も設定しない場合のUIKitのコンポーネント

▼図4-73　ライトモード

▼図4-74　ダークモード

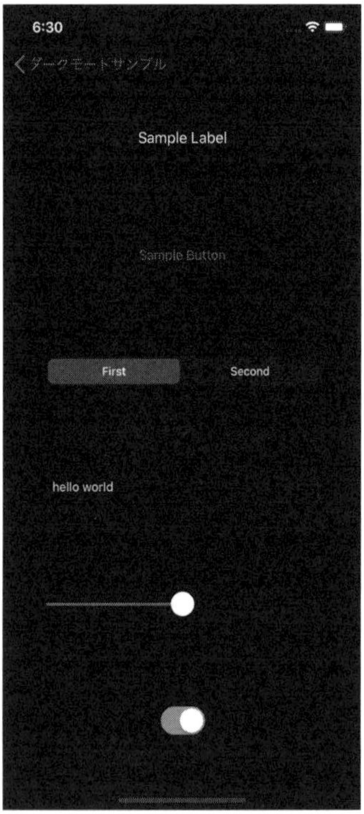

システムカラーとUIエレメントカラーを設定

iOSには定義済みのカラーがあります。システムカラーは、色の名前で定義されたカラーです。それぞれのカラーは、ライトモードとダークモードでそれぞれ別の色になります。ブルーやイエローなどのカラーは一見同じように見えますが、カラーモードごとに微妙にRGB値が異なっています。

▶ システムカラーの例

▼図4-75

Light	Dark	Name	API
R 0 G 122 B 255	R 10 G 132 B 255	Blue	systemBlue
R 52 G 199 B 89	R 48 G 209 B 88	Green	systemGreen
R 88 G 86 B 214	R 94 G 92 B 230	Indigo	systemIndigo
R 255 G 149 B 0	R 255 G 159 B 10	Orange	systemOrange
R 255 G 45 B 85	R 255 G 55 B 95	Pink	systemPink
R 175 G 82 B 222	R 191 G 90 B 242	Purple	systemPurple
R 255 G 59 B 48	R 255 G 69 B 58	Red	systemRed
R 90 G 200 B 250	R 100 G 210 B 255	Teal	systemTeal
R 255 G 204 B 0	R 255 G 214 B 10	Yellow	systemYellow

▼図4-76

Light	Dark	Name	API
R 142 G 142 B 147	R 142 G 142 B 147	Gray	systemGray
R 174 G 174 B 178	R 99 G 99 B 102	Gray (2)	systemGray2
R 199 G 199 B 204	R 72 G 72 B 74	Gray (3)	systemGray3
R 209 G 209 B 214	R 58 G 58 B 60	Gray (4)	systemGray4
R 229 G 229 B 234	R 44 G 44 B 46	Gray (5)	systemGray5
[illegible]	R 28 G 28 B 30	Gray (6)	systemGray6

UIエレメントカラーは、カラーを設定したい要素の役割ごとに定義されています。たとえば、テキストラベルは、label、secondaryLabelなど重要度に分かれて定義されています。

▼表4-1　テキストラベルの例

ラベルの種類	ラベル名	内容
Label Colors	label	メインコンテンツ向けテキストラベル
	secondaryLabel	2番目に重要なコンテンツ向けテキストラベル
	tertiaryLabel	3番目に重要なコンテンツ向けテキストラベル
Fill Colors	systemFill	細い、小さいシェイプの塗りつぶし
	secondarySystemFill	中くらいの大きさのシェイプの塗りつぶし
	tertiarySystemFill	大きなシェイプの塗りつぶし
Text Colors	placeholderText	入力テキストのプレースホルダーテキストカラー
Standard Content Background Colors	systemBackground	メインの背景色
	secondarySystemBackground	階層化された子要素の2層目の背景色
	tertiarySystemBackground	階層化された子要素の3層目の背景色
Grouped Content Background Colors	systemGroupedBackground	グループ化されたメインの背景色
	secondarySystemGroupedBackground	グループ化され階層化された子要素の2層目の背景色
	tertiarySystemGroupedBackground	グループ化され階層化された子要素の3層目の背景色
Separator Colors	separator	区切り線。下の要素が少し透ける
	opaqueSeparator	不透明な区切り線。下の要素が隠れる
Link Color	link	リンク用

➡ カスタムカラーの設定

アセットの中にカラーセットを作成して、ライトモードのカラーとダークモードのカラーを定義できます。XcodeのAssets.xcassetsを開きます。下のほうから+ボタンを押してNew Color Setを選択します。

▼図4-77

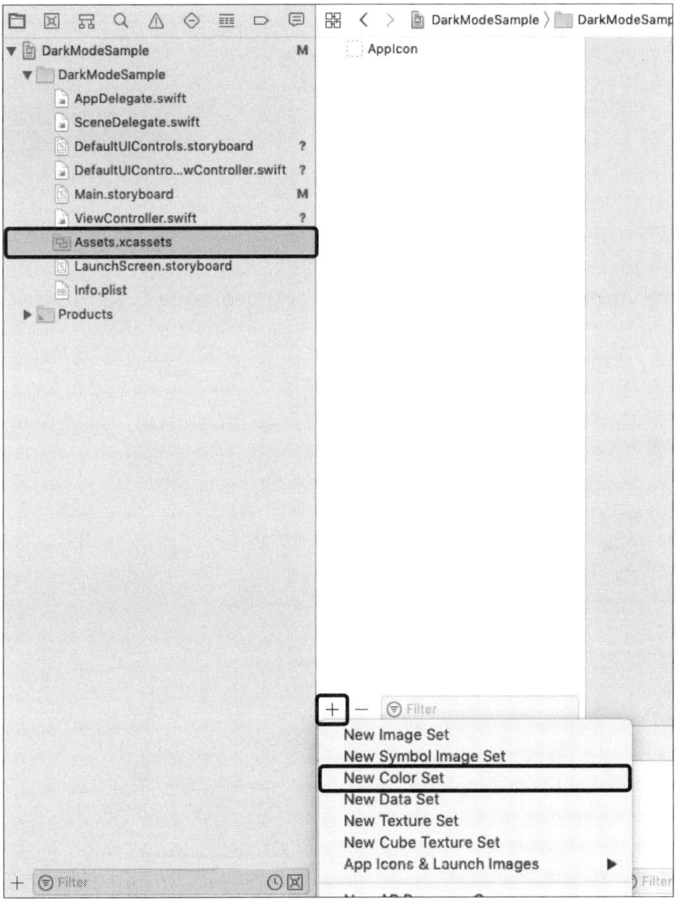

今回は、名前をcustomBackgroundにしました。Attributes Inspectorを開いてAppearancesをAny, Darkに設定します。

▼図4-78

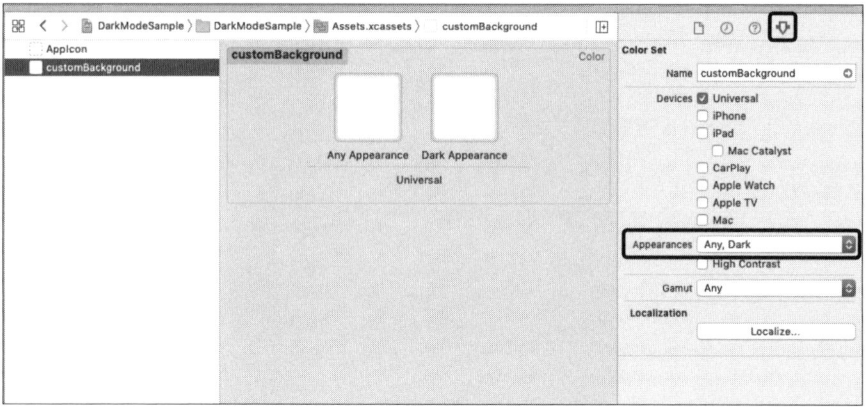

Any Appearanceはライトモード、Dark Appearanceはダークモード時のカラー設定です。今回は、Any Appearanceを#D5F6F6、Dark Appearanceを#24464Bにしました。

▼図4-79

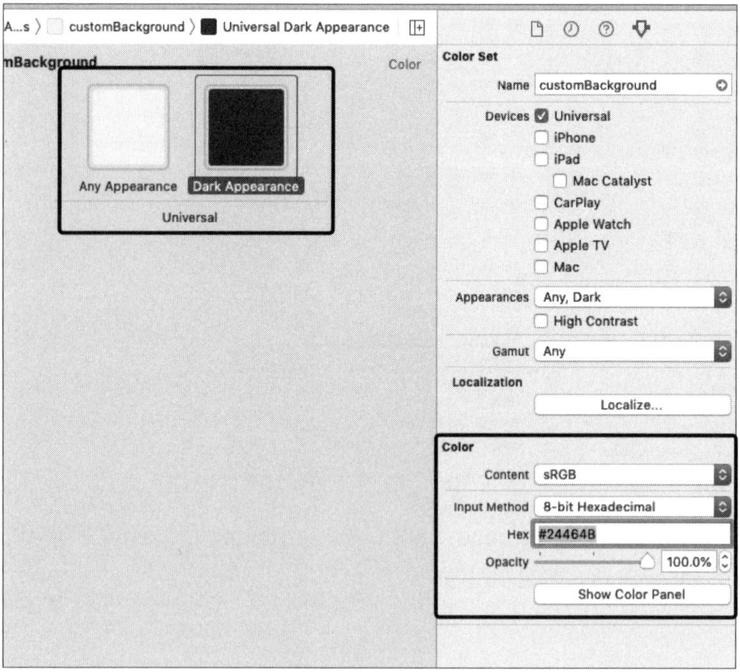

同様に、customTextというColor Setを追加して、Any Appearanceを#184F87、Dark Appearanceを#FFFFFFにしました。

▼図4-80

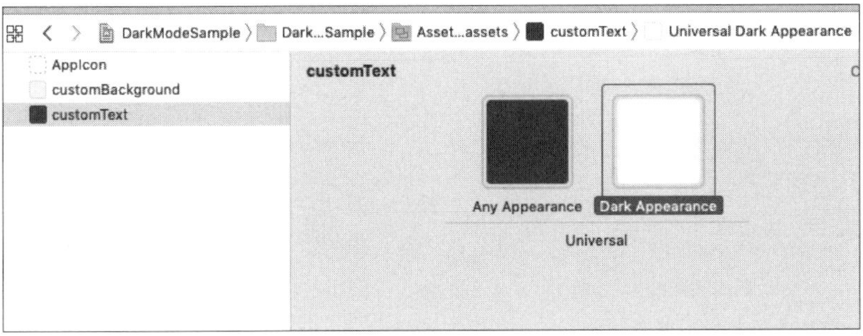

➡ Storyboardからカラーを設定

これまで説明してきたカラーをStoryboardからGUIで設定してみましょう。適当なStoryboardを開きます。Attributes InspectorのBackgroundを選択すると、プルダウンメニューが開きます。

▼図4-81

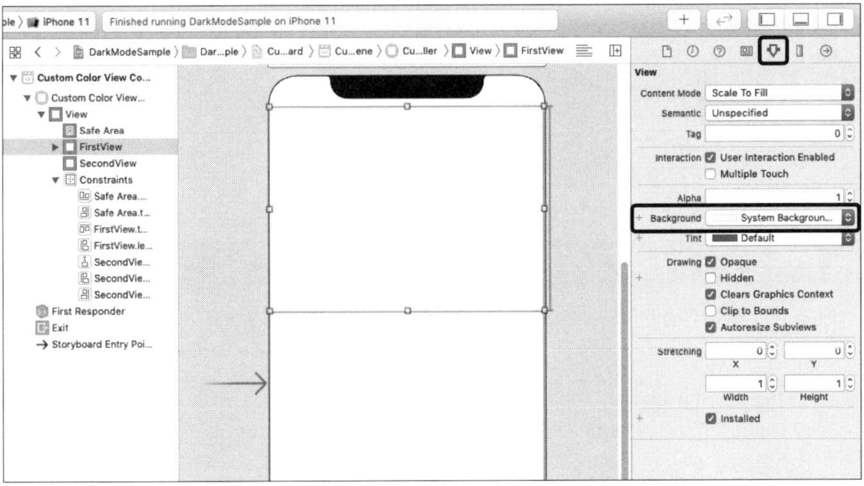

この中に、システムカラー、UIエレメントカラー、カスタムカラーが入っていることが確認できます。好きなものを選択しましょう。

▼図4-82

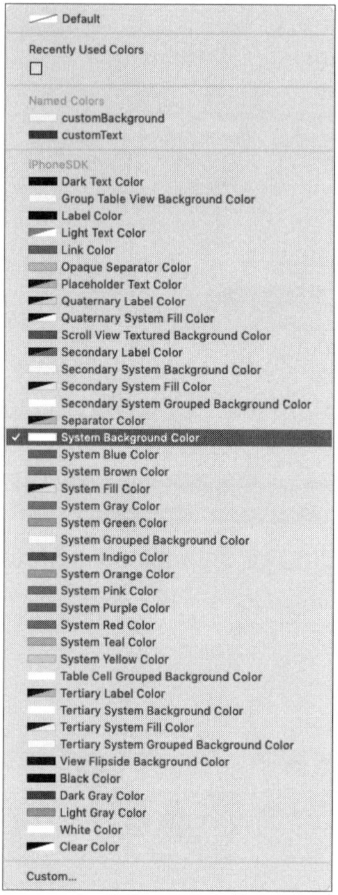

➡ プログラムからカラーを設定

IBOutletを設定したViewにプログラムからカラーを設定します。

▼リスト4-9

```
class CustomColorViewController: UIViewController {

    @IBOutlet weak var tirtiaryTextLabel: UILabel!
    @IBOutlet weak var customTextLabel: UILabel!

    override func viewDidLoad() {
```

```
        super.viewDidLoad()

        // tertiaryLabelを設定
        tirtiaryTextLabel.textColor = UIColor.tertiaryLabel

        // アセットで設定した名前からUIColorを作成
        customTextLabel.textColor = UIColor(named: "customText")
    }
}
```

カラー設定の結果

▼図4-83　ライトモード

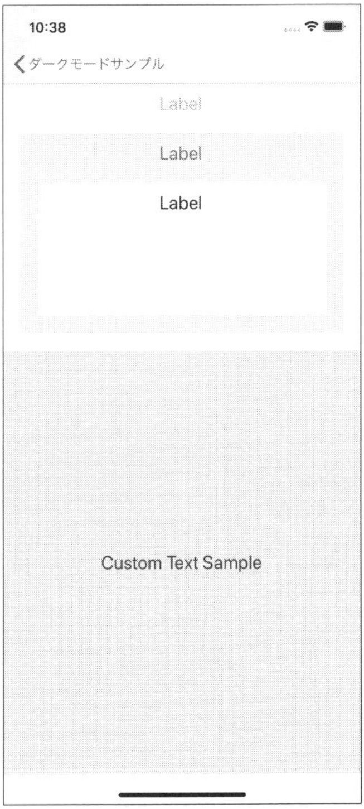

▼図4-84　ダークモード

4-9 パスワードレス認証 - Face IDとTouch ID

近年パスワードの流出によって、個人情報が漏れることが大きな社会的な問題となっています。パスワードの問題点は、以下のようになります。

- 覚えることが難しい
- サービスごとに使いまわしてしまう場合がある
- パスワードが流出すると、本人ではないのに他人がなりすませる

こういったパスワードの問題を減らしてセキュリティを強化するために、多要素認証が増えてきました。

多要素認証（MFA: Multi-Factor Authentication）

以下のような複数要素を組み合わせて利用することで、よりセキュアな認証することが可能です。

- 知識：Something you know
  - 暗証番号
  - パスワード
- 所有：Something you have
  - 携帯電話のSMS認証
  - ワンタイムパスワード発生器
- 生体：Something you are
  - 指紋
  - 網膜
  - 顔

FIDOとパスワードレス認証

FIDO（ファイド）とは、パスワードと認証にまつわる課題解決をするためのグローバルな非営利団体★1です。現在、海外ではAmazon・Google・Microsoft、国内ではドコモ・LINE・Yahooなど約250社で構成されています。

従来の認証は、サーバーで認証するリモート認証でした。リモート認証は、サーバーとローカルで資格情報（たとえばパスワード）を事前に共有しておき、認証時に資格情報を送受信することで認証をおこないます。そのため、ネットワーク上に資格情報が流れたり、他人がパスワードを利用してなりすましができてしまうという問題点がありました。

これに対し、FIDOが進めているFIDO認証モデルは、サーバーに資格情報を保存しません。ローカルに認証器を用意し、ローカルで生体認証（Biometric Authentication）などを使って、まず認証します。その結果を認証サーバーに送信して、その内容が問題なければ、認証の受け入れをおこないます。こうすることで、従来の問題点を解決できるようになります。

現在、Android 7.0以降のAndroid端末やWindows 10のWindows Helloなど、実際の機器にもFIDO認証を使えるようになってきています。

このような業界の流れから、今後はパスワードを用いた従来の認証は徐々に減ると思われます。

iOSの生体認証 - Face IDとTouch ID

FIDO認証ではないですが、iOSにもパスワードを用いない生体認証のしくみがあります。Face IDとTouch IDです。Face IDは顔認証、Touch IDは指紋認証です。この2つは、LocalAuthentication frameworkを使って、アプリから利用できます。

■ Face ID Usage DescriptionをInfo.plistに追加

iOS 11以降でFace IDを使う場合は、Info.plistに利用目的を追加します。

▼リスト4-10

```
Privacy - Face ID Usage Description
```

★1　参考情報：「FIDO2 ～ パスワードのいらない世界へ」 https://www.slideshare.net/FIDOAlliance/fido2-154731613

▼図4-85

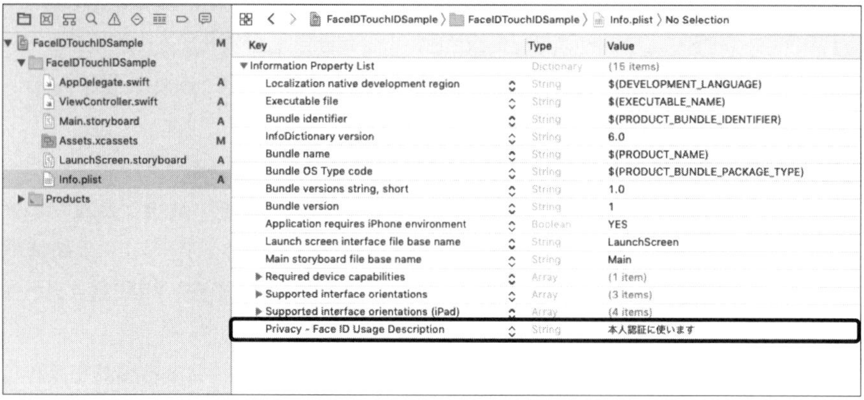

plistファイルを右クリックからSource Code形式で開いた場合は、以下のようにプロパティをします。

▼リスト4-11

```
<key>NSFaceIDUsageDescription</key>
<string>本人認証に使います</string>
```

Touch IDについては追加する必要はありません。

■ LAContextを使って生体認証を書く

実際のコードを書いてみましょう。まず、LocalAuthenticationをimportします。

▼リスト4-12

```
import LocalAuthentication
```

LAContextを作り、端末の認証が使えるか確認します。そもそも端末に顔認証や指紋認証の登録がされていない場合は、アプリからも使えません。

▼リスト4-13

```
    func startUnlockScreen() {
        // LAContextを作成
        let context = LAContext()
        // キャンセルボタンのタイトル
        context.localizedCancelTitle = "キャンセル"
```

```
        // 生体認証が失敗してパスコード入力の場合のボタンのタイトル
        context.localizedFallbackTitle = "パスコードを入力"

        var policyError: NSError?
        if context.canEvaluatePolicy(.deviceOwnerAuthentication, error:
&policyError) {
            // 端末の認証が使えるのでこの中で認証テストを開始する
        }
    }
```

端末の認証が使えることが確認できたら、実際に認証テストを開始します。

▼リスト4-14

```
            let reason = "ロックを解除します"
            context.evaluatePolicy(.deviceOwnerAuthentication,
                                   localizedReason: reason) { success, loginError in
                if success {

                    DispatchQueue.main.async { [weak self] in
                        self?.stateLabel.text = "ロック解除成功!"
                    }

                } else {
                    let loginErrorText = loginError?.localizedDescription ?? ""
                    DispatchQueue.main.async { [weak self] in
                        self?.stateLabel.text = "ロック解除エラー ¥(loginErrorText)"
                    }
                }
            }
```

Face IDの初回使用時は、Info.plistに指定した文言が表示されます。

▼図4-86　Face IDの初回使用時の画面

▼図4-87　Face ID認証を開始するときの画面

▼図4-88　Face ID認証に成功したときの画面

▼図4-89　Face ID認証に失敗したときの画面

Face ID認証に何度か失敗したときは、パスコードの認証切り替えボタンが表示されます。

▼図4-90　パスコードの認証切り替え

パスコード認証の入力画面は以下のようになります。顔認証で失敗しても、ここで成功すれば認証成功になります。

▼図4-91　パスコード認証の入力画面

4-10 画面サイズとジェスチャー

iPhone 3Gの頃は3.5inchだった画面サイズも年々大きくなり、iPhone 11 Pro Maxでは6.5inchのサイズになりました。画面サイズが大きくなると困るのが画面の操作です。一般的に片手で持った場合、画面上部に指が届きません。iOSの画面遷移ナビゲーションのボタンは画面上部にあるため、画面を行ったり来たりする場合ボタンをタップするのに、もう片方の手を使ったり端末を持ち替えたりと工夫が必要でした。

▼図4-92　画面上部に画面遷移の戻るボタンがある

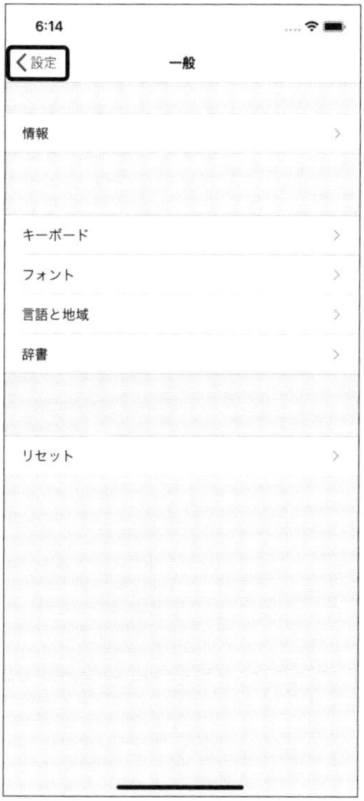

iOSの画面遷移には、プッシュ遷移とモーダル遷移があります。これらの遷移後に前の画面に戻る操作をしやすくできるように、iOSがどう工夫してきたかみていきましょう。

プッシュ遷移

プッシュ遷移は、画面の右側から左側に向かって新しい画面が現れます。この遷移は、情報の階層構造を持たせたい時に使われます。今ある画面のよりくわしい情報を見たい時に、プッシュ遷移をおこない、次の画面に進みます。次の画面に進んだ際には、画面の左上に戻るボタンが表示されます。

しかし、大画面化のため戻るボタンに指が届きません。それを解決するために、画面の左端を起点に右に向かってスワイプをすれば、戻るボタンを押した時と同じ画面遷移をできるようになりました（バックスワイプ）。

▼図4-93　バックスワイプ

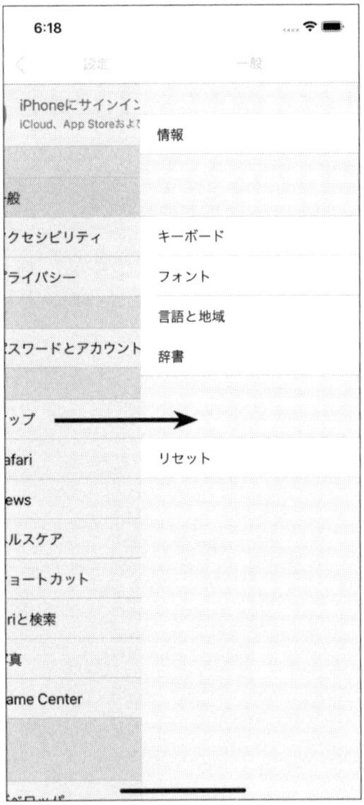

アプリを制作していてUINavigationControllerで画面遷移する場合、何も設定しなくても最初からバックスワイプは有効になっています。

モーダル遷移

モーダル遷移は、画面の下側から上側に向かって新しい画面が表示されます。この遷移は、前の画面とは関係なく一時的なタスクすることに適しています。

モーダル遷移で画面を立ち上げるコードは以下のとおりです。立ち上げる元となる画面で記述します。

▼リスト4-15

```
    func showModalView() {
        let storyboard = UIStoryboard(name: "ModalSample", bundle: nil)
        if let modalSampleViewController = storyboard.instantiateInitialViewController() as? ModalSampleViewController {
            present(modalSampleViewController, animated: true) {

            }
        }
    }
```

モーダル状態の画面を閉じるコードは以下のとおりです。モーダル画面で記述します。

▼リスト4-16

```
    func closeView(){
        dismiss(animated: true) {

        }
    }
```

iOS 12までのモーダル遷移は、画面上部までぴったりと新しい画面が表示されるものでした。しかし、iOS 13からはデフォルトの挙動が変わり、前の画面の一部が画面上部に少し表示された上に、新しい画面が重なるものになりました。

▼図4-94　iOS 12までのモーダル表示

▼図4-95　iOS 13以降のデフォルトの表示

それぞれの表示の方法はコードで設定できます。iOS 13以降でフルスクリーンのモーダル画面表示をしたい場合は、**.fullScreen**を指定します。何も設定しない場合は**.automatic**になりますが、動作は**.pageSheet**を設定した時と同じものになります。

▼リスト4-17

```
// iOS 13以降は何も設定しない場合は.automaticですが
// .pageSheetの設定をしたものと同じになります。
modalSampleViewController.modalPresentationStyle = .pageSheet

// iOS 12まではこちらの挙動でした
modalSampleViewController.modalPresentationStyle = .fullScreen
```

.pageSheetの場合は、画面を下に向かってスワイプすることで画面を閉じることが可能になっています。

▼図4-96

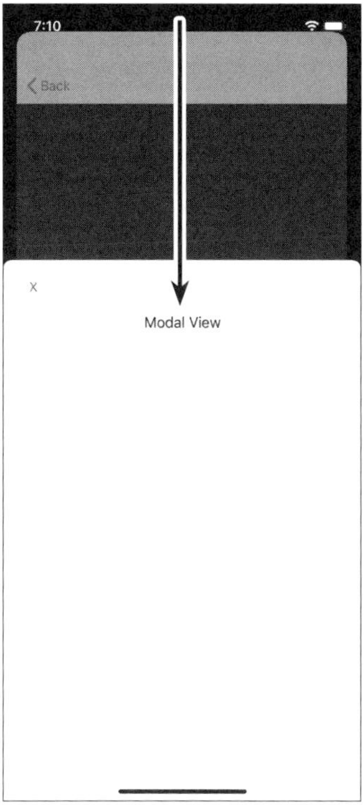

ボトムシート（Bottom Sheet）

.pageSheetと似たものに、ボトムシートと呼ばれるUIがあります。Appleの地図アプリの中で使われています。**.pageSheet**と違うところは、シートの見え方を3段階に分けることが可能なことです。

ボトムシートの見え方

▼図4-97　見え方小

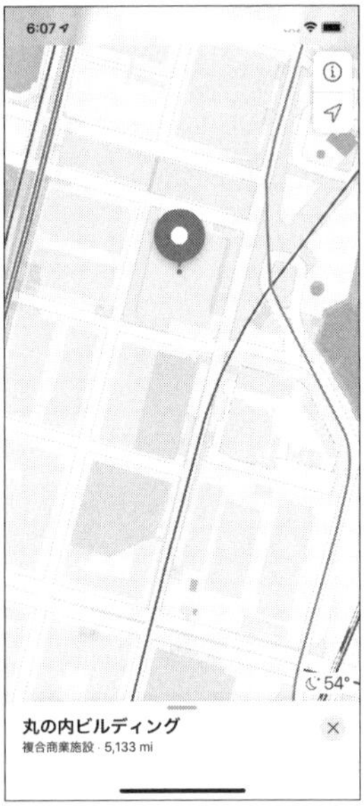

▼図4-98　見え方中

▼図4-99　見え方大

残念ながら、この地図アプリで使われているボトムシートは、UIKitの中に含まれていません。そのため、もし同じ動きをするUIを作る場合は、自作するかオープンソースのライブラリを利用することになります。

GoogleのMaterial Designは、iOS用のライブラリも提供しています。その中にBottom Sheetも含まれています。もし興味があれば、調べてみてください。

▼図4-100　**Sheets: bottom**

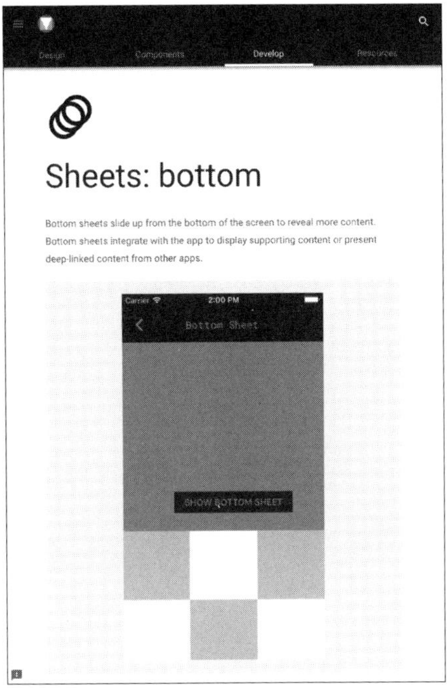
Develop
Sheets: bottom
Bottom sheets slide up from the bottom of the screen to reveal more content. Bottom sheets integrate with the app to display supporting content or present deep-linked content from other apps.
2:00 PM
Bottom Sheet
SHOW BOTTOM SHEET

- Sheets: bottom - Material Components for iOS：
  https://material.io/develop/ios/components/bottom-sheet/

第5章

OSSを駆使した現場の実践TIPS

5-1 OSSを使ううえでの心得

OSSはOpen Source Softwareの略称です。ソースコードが一般に公開され、ソースコードの利用や再配布が可能なソフトウェアです。本節では、OSSを使う前に知っておくべきことを説明していきます。

メリットとデメリット

まずは、メリットとデメリットを考えてみましょう。

■ メリット

アプリに組み込みたい機能がOSSで用意されている場合、自分で実装する工数を削減でき、開発の生産性を向上できます。ハイレベルな開発者が開発に参加していたり、たくさんの人に監査されていたりするOSSは、自分で実装したコードよりも品質が高くなるでしょう。また、継続的にメンテナンスされているOSSは安定性があるでしょう。

■ デメリット

OSSにバグが含まれていても、OSSの開発者は基本的に責任を負いません。また、有料のソフトウェアのようなサポートは基本的にないので、トラブルが発生した場合は、ユーザーコミュニティを頼らなければなりません。使い方を習得するのにたくさんの時間を必要とするタイプOSSの場合、かえって開発の生産性が低下するかもしれません。

OSSを使用するかの判断

OSSを使用したアプリ開発には、メリットとデメリットが存在します。これらを考慮してOSSを使用すれば、開発を最大限に効率化できるでしょう。

まずは、OSSを使用する必要があるかをよく考えましょう。OSSを使用するとなった場合、選定、導入、学習、保守といったいくつかの作業が発生します。OSSの中には特定の作業にたくさんの時間がかかり、自分で実装するメリットのほうが多くなってしまうものもあります。こういうケースの場合は、OSSを使用せず自分で実装したほうが良いでしょう。

➡ ライセンス

各OSSにはライセンスが設定されており、OSS使用者はこのライセンスに従う必要があります。代表的なライセンスは以下の3つで、BSD→MPL→GPLの順に制約がきつくなります。

- BSD
- MPL
- GPL

BSDは、制限の緩い部類のライセンスであり、以下の2つを再配布の条件とします。

- 「無保証」であることの明記
- 著作権およびライセンス条文自身の表示

BSDライセンスをベースに作成されたライセンスにはMIT Licenseがあり、iOSアプリ向けのOSSではよく採用されています。このライセンスの詳細は、Wikipediaなどで確認できます。

GPLとMPLの説明は本書では割愛します。これらのライセンスの詳細は、Web検索などで得られるので、気になる方はそちらを参照してください。

➡ OSSの導入方法

iOSアプリのプロジェクトにOSSを導入する方法には、以下の4つがあります。

- CocoaPodsを使う
- Carthageを使う
- Swift Package Managerを使う
- 手動でおこなう

CocoaPodsとCarthageはサードパーティのOSS管理ツールで、明示的にmacにインストールして使用します。Swift Package Managerは、バージョン3以降のSwiftに同梱される公式のOSS管理ツールです。バージョン11以降のXcodeであれば、UIの操作だけでOSSを管理できます。CocoaPods、Carthage、Swift Package Managerのいずれにも対応していないライブラリは、手動でインストールするしかありません。

各導入方法の特徴は以下の表5-1のとおりです。CocoaPods、Carthage、Swift Package Managerの詳細な使用方法は、次節以降で解説していきます。

▼表5-1　OSS導入方法の特徴

	CocoaPods	Carthage	Swift Package Manager＋Xcode 11	手動
導入の難易度	やさしめ	難しめ	やさしめ	難しめ
ドキュメントや解説ブログ	多め	少なめ	少なめ	少なめ
OSS配布方法のタイプ	中央集権型	分散型	分散型	—
OSSの管理	コマンド	コマンド	XcodeのUI	手動
システムの複雑性	複雑	シンプル	シンプル	—

検証環境

執筆のための検証では、以下のバージョンの各ツールを使用しました。

- Xcode：11.3
- Swift：5.1
- CocoaPods：1.8.4
- Carthage：0.34.0

5-2 CocoaPodsでOSSを管理する

CocoaPodsは、iOSアプリプロジェクト向けのライブラリ管理ツールとしては最も古いツールで、2011年にリリースされました。CocoaPodsを使用して導入できる各ライブラリの情報は、GitHub上の1つのリポジトリに配置してあり、中央集権型のツールとなっています。ライブラリインストール時にそのリポジトリが参照され、ローカルのプロジェクトにライブラリが追加されます。

- 公式サイト：https://cocoapods.org/
- GitHub：https://github.com/CocoaPods/CocoaPods

メリットとデメリット

CocoaPodsのメリット、デメリットを説明していきます。

■ メリット

ライブラリ間の依存関係の解決や、プロジェクトファイルの変更といった、ライブラリを使用するために必要な作業をすべておこなってくれます。コントリビューター（開発に貢献している人）が多く、コミュニティーも大きめで、たいていのライブラリはCocoaPodsでインストールできます。また、小さめのアプリ開発であれば、コード量の削減や開発の高速化といったメリットを、ほぼ確実に享受できるでしょう。

■ デメリット

ライブラリを使用するために必要な作業をおこなってくれますが、その変更内容を理解するのは難しいです。また、CocoaPodsに起因するビルドエラーが起きた場合の対処も、同様に難しいです。

インストールしたライブラリはアプリとともにビルドされるので、アプリのビルド時間は長くなります。

➡ ライブラリの追加

さっそく、サンプルプロジェクトを作成しCocoaPodsでライブラリを追加していきましょう。

■ CocoaPodsをインストールする

CocoaPodsはRubyで書かれていて、macOSにデフォルトでインストールされているRubyとともに使用できます。CocoaPodsは、Ruby製のソフトウェア用のパッケージマネージャーである「RubyGems」を使用してインストールできます。

以下のコマンドを実行してCocoaPodsをインストールします。

▼リスト5-1

```
$ sudo gem install cocoapods
```

■ サンプルプロジェクトを作成する

Xcodeの「File」→「New」→「Project」をクリックします。

▼図5-1

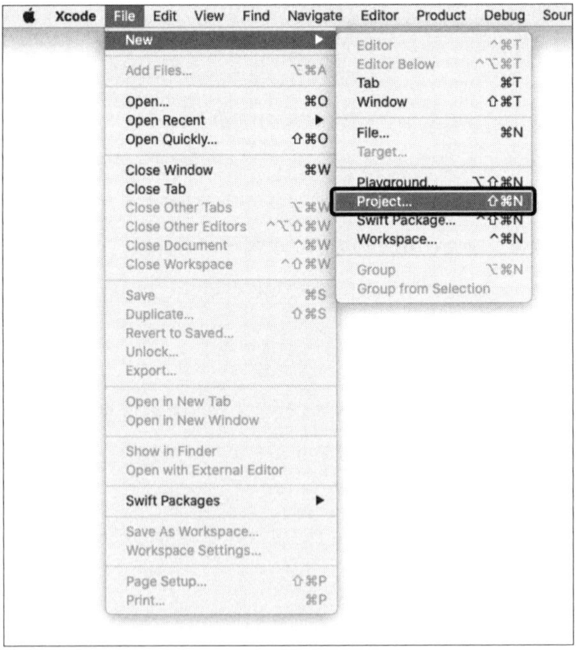

「Single View App」を選択して、「Next」をクリックします。

▼図5-2

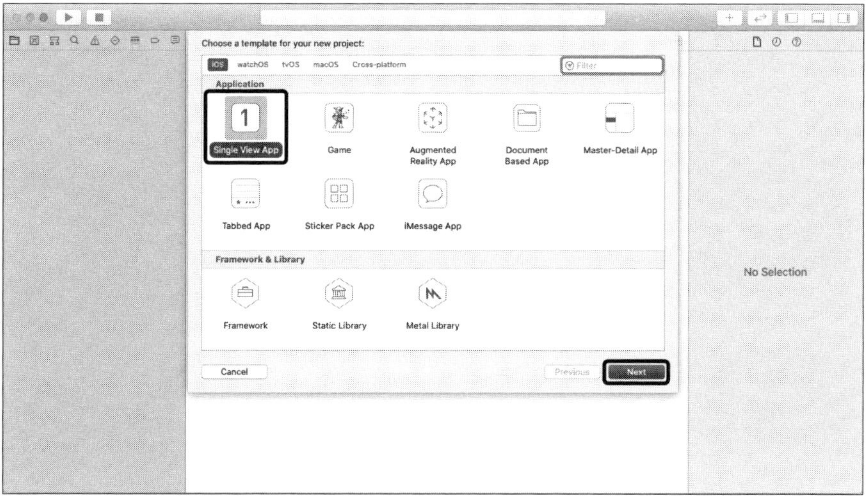

プロジェクトの設定値の入力・選択の画面が表示されます。以下の表のとおりに入力・選択をおこない、「Next」をクリックします。

▼表5-1　サンプルプロジェクトの設定値

項目	値
Product Name	CocoaPodsSample
Team	（任意の値）
Organization Name	（任意の値）
Organization Identifier	（任意の値）
Language	Swift
User Interface	Storyboard
Use Core Data	（任意の値）
Include Unit Tests	（任意の値）
Include UI Tests	（任意の値）

▼図5-3

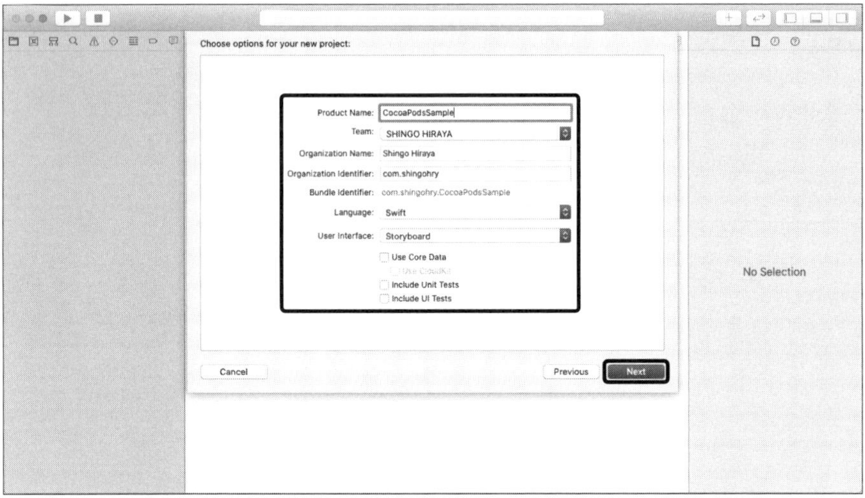

プロジェクトの保存先を選択し、「Create」をクリックします。ここではデスクトップを選択します。

▼図5-4

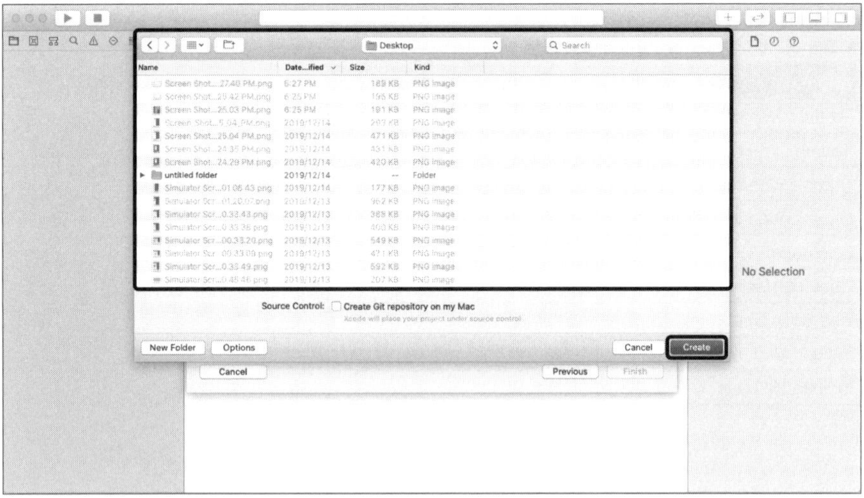

プロジェクトが作成され、プロジェクトのウィンドウが表示されます。このウィンドウはいったん閉じます。

▼図5-5

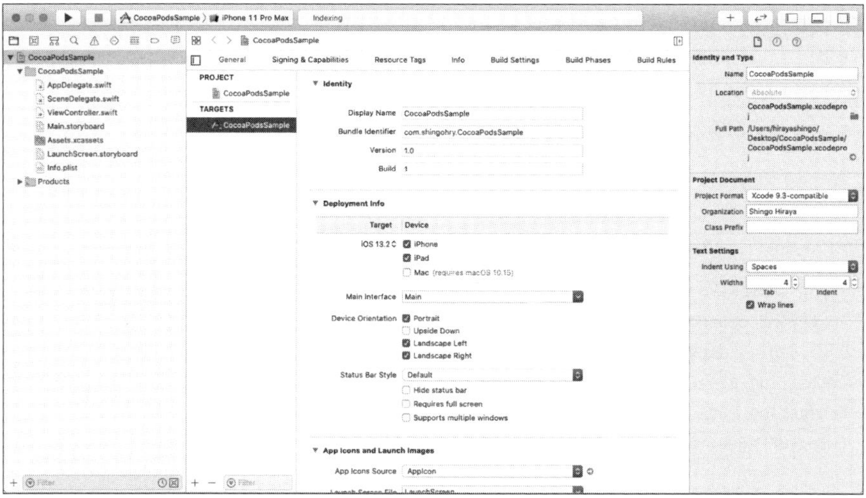

■ Podfile（設定ファイル）の作成とpodの追加

プロジェクトのディレクトリへ移動し、`$ pod init`を実行します。

▼リスト5-2

```
$ cd ~/Desktop/CocoaPodsSample
$ pod init
```

「Podfile」が生成されます。このファイルにはインストールしたいライブラリを記述します。

ここでは、HTTP通信用のライブラリ「Alamofire」をプロジェクトに追加してみます。以下のリストのように、「# Pods for CocoaPodsSample」の次の行に`pod 'Alamofire'`を追加します。CocoaPodsでインストールするライブラリそれぞれは「pod」と呼ばれます。

▼リスト5-3

```
# Uncomment the next line to define a global platform for your project
# platform :ios, '9.0'

target 'CocoaPodsSample' do
  # Comment the next line if you don't want to use dynamic frameworks
  use_frameworks!
```

```
  # Pods for CocoaPodsSample
  pod 'Alamofire' # ここを追加!
end
```

■ インストール用コマンドを実行する

$ pod installを実行します。ライブラリがインストールされます。

▼リスト5-4

```
$ pod install
Analyzing dependencies
Downloading dependencies
Installing Alamofire (4.9.1)
Generating Pods project
Integrating client project

[!] Please close any current Xcode sessions and use `CocoaPodsSample.xcworkspace`
for this project from now on.
Pod installation complete! There is 1 dependency from the Podfile and 1 total pod
installed.

[!] Automatically assigning platform `iOS` with version `13.2` on target
`CocoaPodsSample` because no platform was specified. Please specify a platform for
this target in your Podfile. See `https://guides.cocoapods.org/syntax/podfile.
html#platform`.
```

■ *xcworkspaceファイルの表示

プロジェクトのルートディレクトリに、ファイル「CocoaPodsSample.xcworkspace」が生成されているので、開きます。*.xcodeprojではなく*.xcworkspaceファイルなので注意してください。

▼図5-6

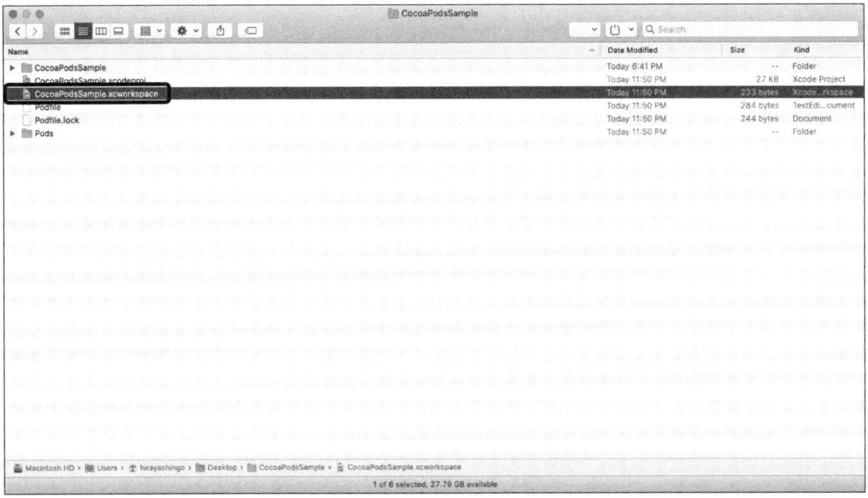

プロジェクトにAlamofireが追加されていることを確認できました。

▼図5-7

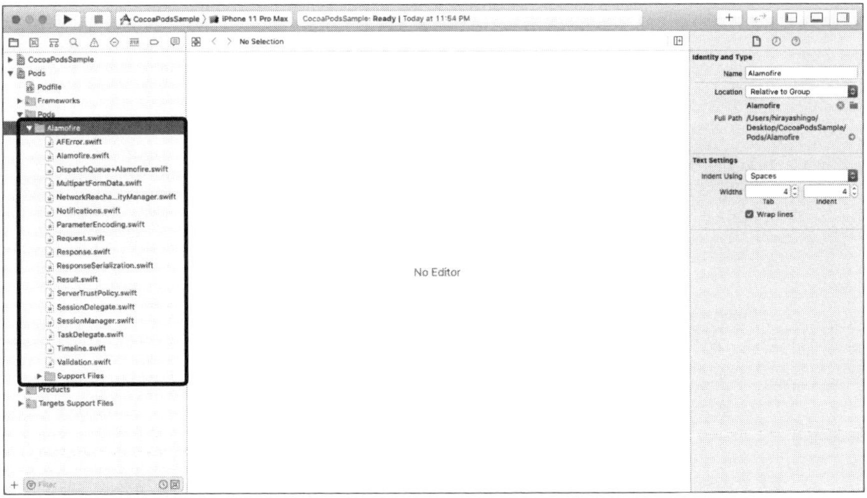

■ ライブラリを使用するソースファイルへのインポート文の追加

最後に、ビルドできるかを確認してみます。左側のツリー内の「AppDelegate.swift」を選択します。

▼図5-8

CocoaPodsSample 〉 iPhone 11 Pro Max
CocoaPodsSample | Build CocoaPodsSample: Succeeded | Yesterday at 11:55 PM
CocoaPodsSample 〉 CocoaPodsSample 〉 AppDelegate.swift 〉 No Selection
CocoaPodsSample
CocoaPodsSample
AppDelegate.swift
SceneDelegate.swift
ViewController.swift
Main.storyboard
Assets.xcassets
LaunchScreen.storyboard
Info.plist
Products
Pods
Frameworks
Pods
//
// AppDelegate.swift
// CocoaPodsSample
//
// Created by Shingo Hiraya on 2020/01/04.
// Copyright © 2020 Shingo Hiraya. All rights reserved.
//
import UIKit
import Alamofire
@UIApplicationMain
class AppDelegate: UIResponder, UIApplicationDelegate {
func application(_ application: UIApplication, didFinishLaunchingWithOptions launchOptions: [UIApplication.LaunchOptionsKey: Any]?) -> Bool {
// Override point for customization after application launch.
return true
}
// MARK: UISceneSession Lifecycle
func application(_ application: UIApplication, configurationForConnecting connectingSceneSession: UISceneSession, options: UIScene.ConnectionOptions) -> UISceneConfiguration {
// Called when a new scene session is being created.
// Use this method to select a configuration to create the new scene with.
return UISceneConfiguration(name: "Default Configuration", sessionRole: connectingSceneSession.role)
}
func application(_ application: UIApplication, didDiscardSceneSessions sceneSessions: Set<UISceneSession>) {
// Called when the user discards a scene session.
// If any sessions were discarded while the application was not running, this will be called shortly after application:didFinishLaunchingWithOptions.
// Use this method to release any resources that were specific to the discarded scenes, as they will not return.
No Selection

import UIKitの次の行にimport Alamofireを追加し、command + Bでビルドを実行します。

▼リスト5-5

```
import UIKit
import Alamofire // ここを追加!

@UIApplicationMain
class AppDelegate: UIResponder, UIApplicationDelegate {
    // (中略)
}
```

ビルドが成功すると以下のようなビューが表示されます。これでインストール作業は完了です。

▼図5-9

Build Succeeded

Podfile

「ライブラリの追加」では、Podfileにpodの指定だけを追加しました。ここではそれ以外のPodfileの書き方を扱います。

■ プラットフォームとOSバージョンの指定

CocoaPodsで提供されるライブラリは、それぞれ対応プラットフォーム／OSバージョンが存在します。

Podfileに「プロジェクトが許容するプラットフォーム／OSバージョン」を指定すると、未対応のライブラリがインストールされることを防げます。

▼リスト5-6

```
platform :ios, '13.0' # プラットフォームとOSバージョンを指定(iOS 13.0以上)

target 'CocoaPodsSample' do
  # ...
end
```

■ ライブラリバージョンの指定

「ライブラリの追加」では、特にバージョンを指定せずにAlamofireをインストールしましたが、特定のバージョンを指定してインストールすることもできます。

バージョンを指定するには、以下の形式でpodを記述します。

▼リスト5-7

```
pod 'Alamofire', '{バージョン指定}'
```

{バージョン指定}部分は、以下の表のように指定できます。

▼表5-2　ライブラリのバージョン指定

バージョン指定	意味
'0.1'	0.1
'> 0.1'	0.1よりも大きい
'>= 0.1'	0.1以上
'< 0.1'	0.1よりも小さい
'<= 0.1'	0.1以下
'~> 0.1.2'	0.1.2以上で、0.2よりも小さい
'~> 0.1'	0.1以上で、1.0よりも小さい

たとえば、v4.8.0のAlamofireをインストールしたい場合は、以下のようにpodを記述します。

▼リスト5-8

```
target 'CocoaPodsSample' do
  use_frameworks!

  pod 'Alamofire', '4.8.0' # v4.8.0を指定
end
```

バージョン管理

プロジェクトをバージョン管理する場合に、CocoaPods関連のファイルをどう扱えばよいのでしょうか。

CocoaPodsでライブラリを管理する場合、以下の4つのファイル/ディレクトリが存在することになります。

- Podfile
- Podfile.lock
- Pods/
- *.xcworkspace

CocoaPodsは、`Podfile`と`Podfile.lock`を元にライブラリをインストールするので、これらの2つは最低限バージョン管理したほうがよいでしょう。

`Pods`ディレクトリと`*.xcworkspace`ファイルは、`$ pod install`を実行すれば生成できるので、バージョン管理は任意です。`Pods`ディレクトリをバージョン管理する/しないそれぞれの利点は以下のページに記載されています。

- Using CocoaPods：https://guides.cocoapods.org/using/using-cocoapods.html

Podfile.lock

`$ pod install`実行時にプロジェクトのルートディレクトリに、「Podfile.lock」が生成されます。このファイルは以下のような内容になっていて、実際にインストールされたライブラリのバージョンが記録されます。

▼リスト5-9

```
PODS:
  - Alamofire (4.8.0)

DEPENDENCIES:
  - Alamofire (= 4.8.0)

SPEC REPOS:
  https://github.com/cocoapods/specs.git:
    - Alamofire

SPEC CHECKSUMS:
  Alamofire: afc3e7c6db61476cb45cdd23fed06bad03bbc321

PODFILE CHECKSUM: 38555e8099c5720ba2e78bb1faaaa53c5760eaf6

COCOAPODS: 1.6.1
```

チームで開発する場合は、Podfile.lockもバージョン管理し、このファイルが共有されるようにしましょう。メンバー間でライブラリのバージョンを統一できます。

ライブラリの更新

CocoaPodsで追加したライブラリのバージョンを上げるには、以下の操作をおこないます。

■ 新しいバージョンがあるかの確認

新しいバージョンがあるかを確認するには、`$ pod outdated`を実行します。ライブラリ情報のリポジトリが更新され、新しいバージョンに関しての情報が表示されます。

▼リスト5-10

```
$ pod outdated
Updating spec repo `master`
  $ /opt/local/bin/git -C /Users/hirayashingo/.cocoapods/repos/master fetch origin
--progress
  remote: Enumerating objects: 15, done.
  remote: Counting objects: 100% (15/15), done.
  remote: Compressing objects: 100% (9/9), done.
  remote: Total 9 (delta 6), reused 0 (delta 0), pack-reused 0
  From https://github.com/CocoaPods/Specs
     b089a92f590..428aeddf61d  master     -> origin/master
```

```
  $ /opt/local/bin/git -C /Users/hirayashingo/.cocoapods/repos/master rev-parse
--abbrev-ref HEAD
  master
  $ /opt/local/bin/git -C /Users/hirayashingo/.cocoapods/repos/master reset --hard
origin/master
  HEAD is now at 428aeddf61d [Add] TJSmartHomeBaseKit 1.0.3

Analyzing dependencies
The color indicates what happens when you run `pod update`
<green>  - Will be updated to the newest version
<blue>   - Will be updated, but not to the newest version because of specified
version in Podfile
<red>    - Will not be updated because of specified version in Podfile

The following pod updates are available:
- Alamofire 4.8.0 -> 4.9.1 (latest version 4.9.1)
```

■ 新しいバージョンへのアップデート

新しいバージョンにアップデートするには、$ pod updateを実行します。

▼リスト5-11

```
$ pod update Alamofire
Updating local specs repositories

CocoaPods 1.8.4 is available.
To update use: `sudo gem install cocoapods`

For more information, see https://blog.cocoapods.org and the CHANGELOG for this
version at https://github.com/CocoaPods/CocoaPods/releases/tag/1.8.4

Analyzing dependencies
Downloading dependencies
Installing Alamofire 4.9.1 (was 4.8.0)
Generating Pods project
Integrating client project
Sending stats
Pod installation complete! There is 1 dependency from the Podfile and 1 total pod
installed.
```

$ pod update（オプションなし）を実行すると、すべてのライブラリがアップデートされます。$ pod update {ライブラリ名}を実行すると、特定のライブラリがアップデートされます。

Podfileでバージョンを指定していて、その指定を満たす新しいバージョンがない場合は、バージョン更新は実行されません。

また、Podfile.lockに記載されるバージョンは考慮されません。新しいバージョンへのアップデート完了後、Podfile.lockに記載されるバージョンは更新されます。Podfile.lockに記載されているバージョンのライブラリをインストールしたい場合は、`$ pod update`ではなく`$ pod install`を実行しましょう。

➡ ライブラリの削除

CocoaPodsで追加したライブラリを削除するには、Podfileから該当するpodを削除し、`$ pod install`を実行します。

たとえば、Podfileがリスト5-12の内容でAlamofireを削除したい場合は、`pod 'Alamofire'`の行を削除して`$ pod install`を実行します。

▼リスト5-12

```
target 'CocoaPodsSample' do
  pod 'Alamofire'
  pod 'Kingfisher'
end
```

5-3 CarthageでOSSを管理する

Carthageは、CocoaPodsよりも新しいツールであり、Swiftが発表された2014年頃に登場しました。Swiftで書かれています。シンプル志向のツールであり、ライブラリを管理するための最低限の処理だけをおこないます。中央集権型であるCocoaPodsに対し、Carthageは分散型のツールであり、各ライブラリの情報は各ライブラリのGitHubリポジトリに配置されます。

- GitHub : https://github.com/Carthage/Carthage

メリットとデメリット

Carthageのメリット、デメリットを説明していきます。

■ メリット

Carthageはライブラリのチェックアウトとビルドをおこないますが、プロジェクトファイルは変更しません。そのため、プロジェクトに対する主導権を保てます。

ライブラリのビルドは、ライブラリのインストールのタイミングで実行されます。その時の生成物をバージョン管理しておけば、アプリ本体のビルド時間を短縮できます。また、ライブラリのインストールのプロセスがシンプルなので、プロジェクト構成をシンプルに保ちながらライブラリを管理できます。

■ デメリット

ライブラリを使用できるようにするための手作業がいくつか必要になるため、セットアップは難しめです。新しめのツールなので、コミュニティは大きくありません。また、ライブラリビルド時の生成物をバージョン管理した場合、リポジトリのサイズが肥大化してしまいます。

➡ライブラリの追加

■ Carthageをインストールする

Carthageは以下のいずれかの方法でインストールできます。

- Homebrew
- MacPorts
- インストーラー
- ソースコードをビルド

ここでは、Homebrewでインストールします。Homebrewがインストールされていない場合は、以下の公式サイトを参考にインストールしてください。

- The Missing Package Manager for macOS (or Linux) — Homebrew：
  https://brew.sh/

Homebrewが準備できたら、リスト5-13のコマンドを実行してCarthageをインストールします。

▼リスト5-13

```
$ brew update
$ brew install carthage
```

■ サンプルプロジェクトを作成する

5-2節の「サンプルプロジェクトの作成」と同じ手順で、Xcodeプロジェクトを作成します。プロジェクト名は「CarthageSample」とします。

■ Cartfile（設定ファイル）の作成

次に「Cartfile」を作成します。CocoaPodsのPodfileと同様の役割のファイルで、インストールしたいライブラリの情報をこのファイルに記述します。

5-2節と同様に、ここでは「Alamofire」をプロジェクトに追加してみます。プロジェクトのルートディレクトリに、リスト5-14の内容でCartfileを作成します。

▼リスト5-14

```
github "Alamofire/Alamofire"
```

■ チェックアウト／ビルド用のコマンドの実行

プロジェクトのルートディレクトリに移動し、`$ carthage update --platform iOS`を実行します。ライブラリのソースのチェックアウト、iOSアプリ向けのビルドがおこなわれます（リスト5-15）。

▼リスト5-15

```
$ cd ~/Desktop/CarthageSample
$ carthage update --platform iOS
*** Fetching Alamofire
*** Checking out Alamofire at "4.9.1"
*** xcodebuild output can be found in /var/folders/cz/
gbqtnywx1yvcbbf6sk2xc8lw0000gn/T/carthage-xcodebuild.hHu0Ku.log
*** Building scheme "Alamofire iOS" in Alamofire.xcworkspace
```

ビルド完了するまで数十秒〜数分程度かかります。エラーが表示されず、ターミナルが入力状態に戻ったら完了です。

■ チェックアウト／ビルドの生成物

チェックアウトとビルドが完了後にプロジェクトのルートディレクトリを確認してみると、以下のように「Cartfile.resolved」ファイルと「Carthage」ディレクトリが増えています。

- Cartfile
- Cartfile.resolved
- Carthage/
- CarthageSample/
- CarthageSample.xcodeproj

Cartfile.resolvedファイルは、CocoaPodsにおけるPodfile.lockファイルのようなものです。実際にインストールされたライブラリのバージョンが記録されます。Podfile.lockファイルと同様に、チームで開発する場合は、Cartfile.resolvedもバージョン管理したほうが良いでしょう。

Carthageディレクトリ中には、以下の2つのディレクトリがあります。

- Build/
- Checkouts/

チェックアウトされたソースコードは、Checkoutsディレクトリ内に格納されます。

ビルドの生成物は「Build > {プラットフォームごとのディレクトリ}」に格納されます。今回はプラットフォームとしてiOSを指定してAlamofireをインストールしたので、生成物の名前と場所は表5-3のようになります。

▼表5-3　生成物の名前と場所

ファイル／ディレクトリ名	場所
Alamofire.framework	Carthage/Build/iOS
Alamofire.framework.dSYM	Carthage/Build/iOS

次は生成された*.frameworkファイルをプロジェクトファイルから参照するようにします。

■ プロジェクトへのライブラリの追加

プロジェクトファイルを開きます。[CarthageSample] → [TARGETS内のCarthageSample] → [Build Phases] → [Link Binary With Libraries] をクリックして展開します。そして、[+] ボタンをクリックします (図5-10)。

▼図5-10

フレームワーク選択の画面が表示されるので、[Add Other...] → [Add files...] をクリックします (図5-11)。

▼図5-11

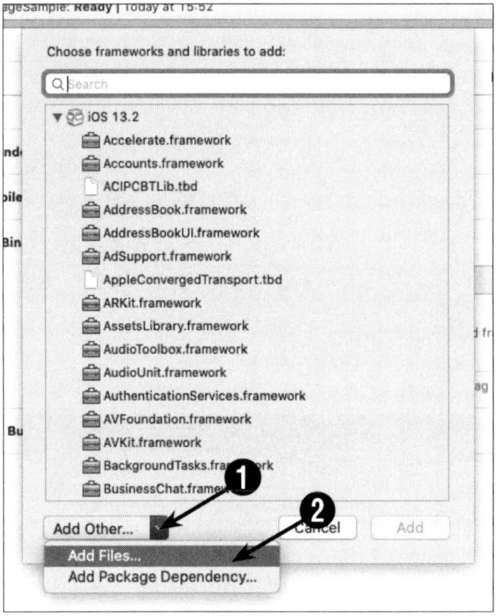

ここで、先ほど生成した*.frameworkファイルを指定します。[Carthage] → [Build] → [iOS] → [Alamofire.framework] を選択し、[Open] をクリックします（図5-12）。

▼図5-12

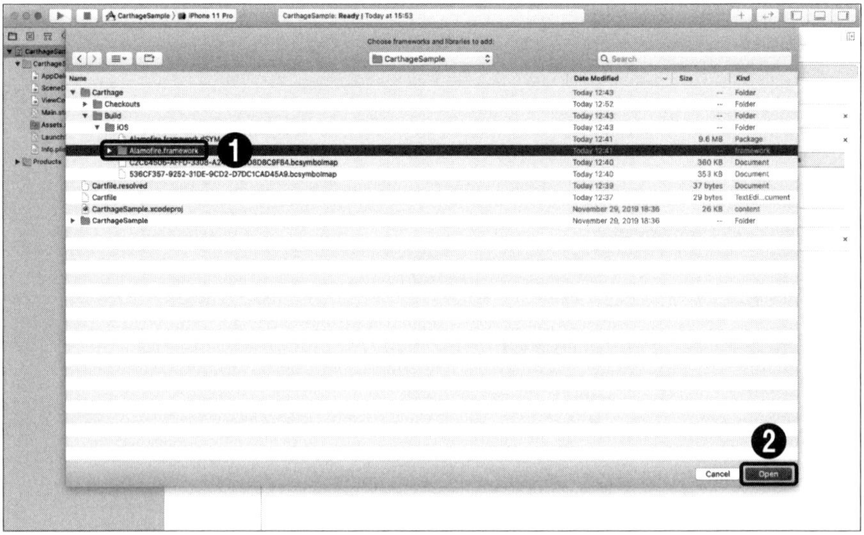

フレームワークが追加されました（図5-13）。

▼図5-13

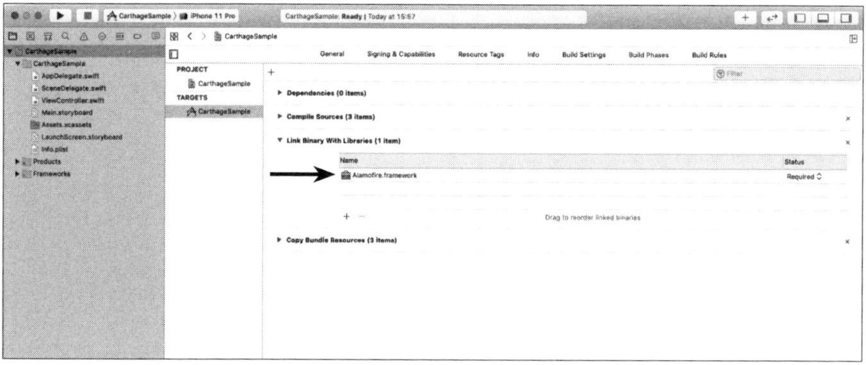

■ Build Phasesの変更

次にBuild Phasesを変更します。まず、Run Scriptを追加します。Build Phases左上の［+］→［New Run Script Phase］をクリックします（図5-14）。

▼図5-14

Run Scriptが追加されました。タイトル左の三角アイコンをクリックしてRun Scriptのエリアを展開します（図5-15）。

▼図5-15

Run Scriptのエリア内のテキストボックスに`/usr/local/bin/carthage copy-frameworks`を追加します（図5-16）。

▼図5-16

このRun Scriptとスクリプトを追加する作業は、プロジェクトにCarthageを導入するタイミングで1回だけおこないます。

続いて、Run Script内のInput Files／Output Files項目に値を追加します（図5-17）。

こちらは、ライブラリを追加するタイミングでライブラリの数だけ値を設定します。

▼図5-17

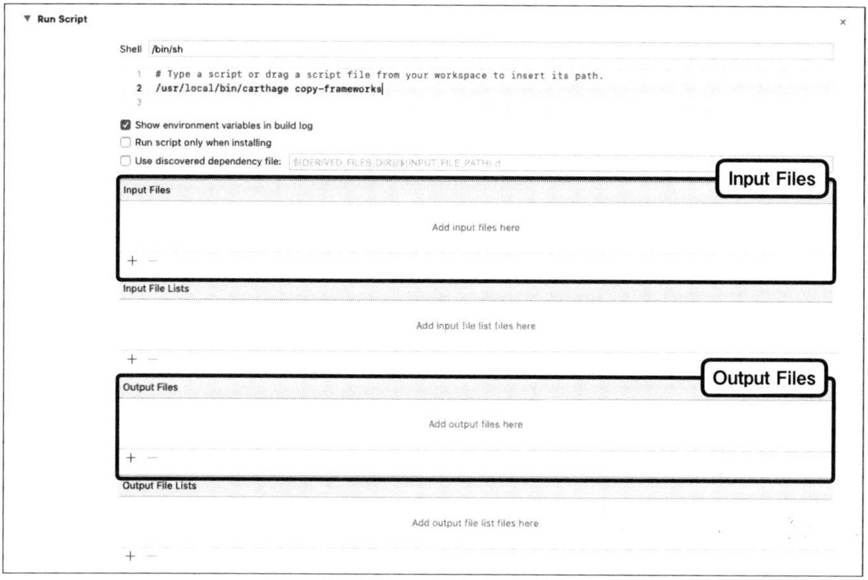

Input Files／Output Files項目に設定するのは、以下の形式の値です。

- Input Files：$(SRCROOT)/Carthage/Build/iOS/{ライブラリ名}.framework
- Output Files：$(BUILT_PRODUCTS_DIR)/$(FRAMEWORKS_FOLDER_PATH)/{ライブラリ名}.framework

今回はAlamofireを追加したいので、それぞれに以下の値を設定します。

- Input Files：$(SRCROOT)/Carthage/Build/iOS/Alamofire.framework
- Output Files：$(BUILT_PRODUCTS_DIR)/$(FRAMEWORKS_FOLDER_PATH)/Alamofire.framework

値を設定した後のInput Files/Output Files項目は図5-18のようになります。

▼図5-18

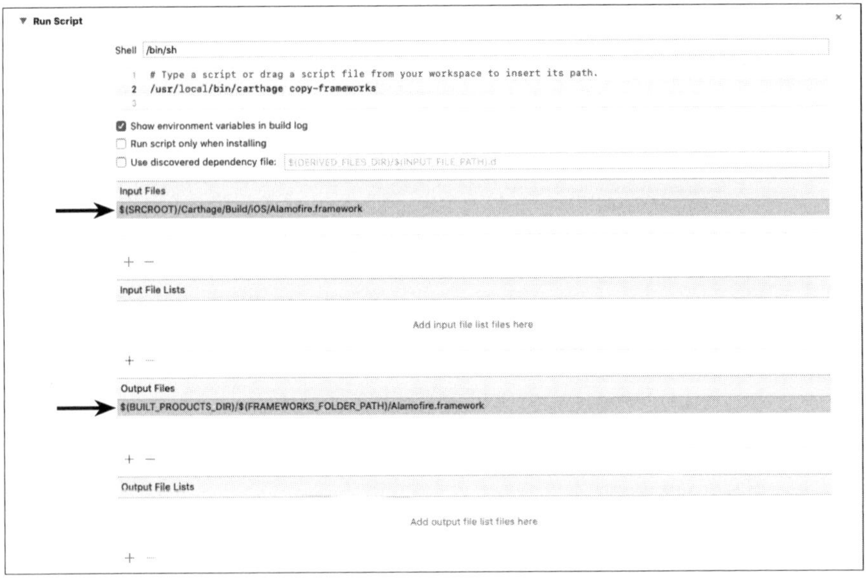

■ ライブラリを使用するソースファイルへのインポート文の追加

最後にビルドできるかを確認してみます。左側のツリー内の「AppDelegate.swift」を選択します（図5-19）。

▼図5-19

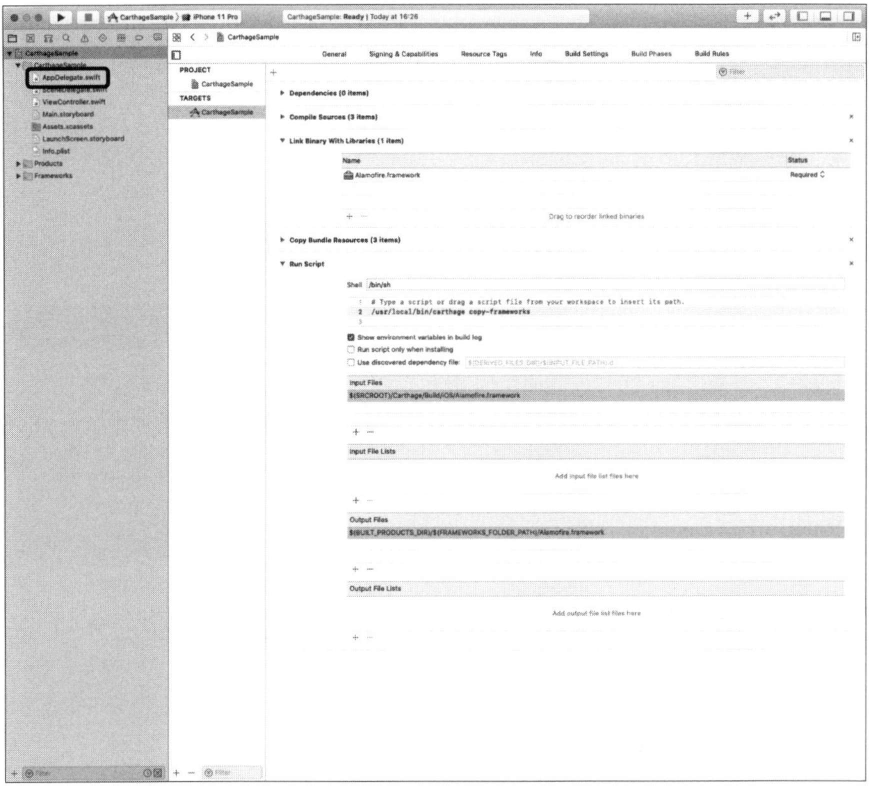

import UIKitの次の行にimport Alamofireを追加します（リスト5-16）。そして command＋Bでビルドを実行します。

▼リスト5-16

```
import UIKit
import Alamofire // ここを追加!

@UIApplicationMain
class AppDelegate: UIResponder, UIApplicationDelegate {
    //（中略）
}
```

ビルドが成功すると図5-20のビューが表示されます。これでインストール作業は完了です。

▼図5-20

➡ Cartfileの書き方

「ライブラリの追加」では、Cartfileにライブラリの指定だけを追加しました。ここではそれ以外のCartfileの書き方を説明します。Cartfile内では以下の形式でインストールしたいライブラリを指定します。

- {ソースコードの取得先} {バージョン指定}

たとえば、バージョン**4.8.0**のAlamofireをインストールしたい場合は、以下のように指定します。

▼リスト5-17

```
github "Alamofire/Alamofire" == 4.8.0
```

■ ソースコードの取得先

ソースコードの取得先は表5-4のように指定できます。

▼表5-4　ソースコードの取得先の指定

取得先	形式	Cartfileへの記述例
GitHub	github "{owner}/{repository name}"	github "Alamofire/Alamofire"
任意のGitリポジトリ	git "{repository URL}"	git "https://enterprise.local/desktop/git-error-translations2.git"

■ バージョン指定

CocoaPodsと同様に特定のバージョンを指定してインストールできます。「{バージョン指定}」部分は表5-5のように指定できます。

▼表5-5　バージョン指定と意味

例	意味
`== 1.0`	1.0
`>= 1.0`	1.0以上
`~> 1.0`	1.0以上で、2.0よりも小さい
`"development"`	developmentブランチ（ブランチ、タグ、コミットのいずれかを指定できる）

➡バージョン管理

プロジェクトをバージョン管理する場合、Carthage関連のファイルをどう扱えばよいかを見ていきます。

Carthageでライブラリを管理する場合、プロジェクトのルートディレクトリには以下の3つのファイル/ディレクトリが存在することになります。

- Cartfile
- Cartfile.resolved
- Carthage/

CarthageはCartfileとCartfile.resolvedを元にライブラリをインストールするので、これらの2つは最低限バージョン管理したほうがよいでしょう。

Carthageディレクトリ内には以下のサブディレクトリがあります。これらは`$ carthage bootstrap`コマンドを実行すれば生成できるので、バージョン管理は任意です。

- Build/
- Checkouts/

Buildディレクトリの中にはビルドの生成物が格納されます。このディレクトリをバージョン管理すると、それ以降基本的に再度ビルドをする必要がなくなり、アプリのビルド時間を短縮できます。しかし、ライブラリのサイズが大きい場合、Gitのリポジトリが肥大化したり、リモートリポジトリの転送量の制限にひっかかったりする可能性があるので注意が必要です。

ライブラリの更新

■ 新しいバージョンがあるかの確認

新しいバージョンがあるかを確認するには、`$ carthage outdated`を実行します。新しいバージョンに関しての情報が表示されます（リスト5-18）。

▼リスト5-18

```
$ carthage outdated
*** Fetching Alamofire
All dependencies are up to date.
```

■ 新しいバージョンへのアップデート

新しいバージョンにアップデートするには、`$ carthage update`を実行します。`$ carthage update`（ライブラリ指定なし）を実行すると、すべてのライブラリがアップデートされます。`$ carthage update {ライブラリ名}`（ライブラリ指定あり）を実行すると、特定のライブラリがアップデートされます。

Cartfileでバージョンを指定していて、その指定を満たす新しいバージョンがない場合は、バージョン更新は実行されません。

また、Cartfile.resolvedに記載されるバージョンは考慮されません。新しいバージョンへのアップデートを実行すると、Cartfile.resolvedに記載されるバージョンは更新されます。Cartfile.resolvedに記載されているバージョンのライブラリをインストールしたい場合は、`$ carthage bootstrap`コマンドを実行しましょう。

ライブラリの削除

Carthageで追加したライブラリを削除するには、「ライブラリの追加」と逆の作業をおこないます。

まずは、アプリ本体のコード内でライブラリを使っている部分を削除します。次に、以下のプロジェクト設定に関して、対象ライブラリに関する設定を削除します。

- [プロジェクトファイル] →[対象TARGET] →[Build Phases] →[Run Script] →[Input Files]
- [プロジェクトファイル] → [対象TARGET] → [Build Phases] → [Run Script] → [Output Files]

- ［プロジェクトファイル］→［対象TARGET］→［Build Phases］→［Link Binary With Libraries］

　また、以下のファイルに関して、対象ライブラリに関する記述を削除します。

- Cartfile
- Cartfile.resolved

　最後に、BuildとCheckoutsディレクトリの中の対象ライブラリに関するファイル／ディレクトリを削除します。たとえばAlamofireを削除する場合は、表5-6のファイル／ディレクトリを削除します（対象プラットフォームとしてiOSを指定してインストールした場合）。

▼表5-6　Alamofireを削除する場合の削除するファイル／ディレクトリ

ファイル／ディレクトリ名	場所
Alamofire.framework	Carthage/Build/iOS
Alamofire.framework.dSYM	Carthage/Build/iOS
Alamofire/	Carthage/Checkouts

5-4 Swift Package Manager でOSSを管理する

Swiftのソースコードを配布するためのツールで、Swiftで書かれています。バージョン3.0のSwift以降に同梱され、Xcode 11からはGUIから利用できるようになりました。Carthageと同様に分散型のツールであり、各ライブラリの情報は各ライブラリのGitHubリポジトリに配置されます。

- 公式サイト：https://swift.org/package-manager/
- GitHub：https://github.com/apple/swift-package-manager

メリットとデメリット

■ メリット

ライブラリの管理をXcodeのUIで実行でき、明示的に設定ファイルを作成したりコマンドを実行したりする必要がないため、セットアップが楽です（Xcode 11以降の場合）。また、Swift用の公式のパッケージマネージャーであり、Appleが管理しています。

■ デメリット

比較的新しめのツールなので、今後大きく変更される可能性があります。また、アセット（画像やStoryboard）を含むことができないので、アセットを同梱するライブラリには適しません。Swiftのソースコードを配布するためのツールなので、ソースコードを公開したくないライブラリにも適しません。

ライブラリの追加

■ サンプルプロジェクトを作成する

「CocoaPodsでOSSを管理する」の「サンプルプロジェクトの作成」と同じ手順でXcodeプロジェクトを作成します。プロジェクト名は「SPMSample」とします。

■ ライブラリを追加する

「File」→「Swift Packages」→「Add Package Dependency...」をクリックします。

▼図5-21

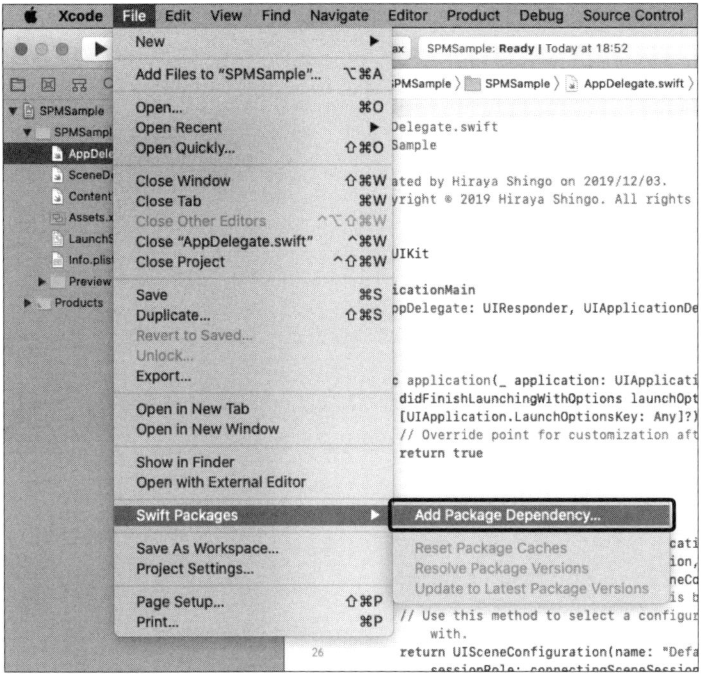

ライブラリのリポジトリURLを指定する画面が表示されます。

「CocoaPodsでOSSを管理する」と同様に「Alamofire」をプロジェクトに追加します。画面上部のテキストフィールドに、AlamofireのリポジトリURL「`https://github.com/Alamofire/Alamofire`」を入力し「Next」をクリックします。

▼図5-22

ライブラリのバージョンを指定する画面が表示されます。バージョン指定の詳細は後述します。ここではこのまま「Next」をクリックします。

▼図5-23

ソースコードの取得が実行されます。

▼図5-24

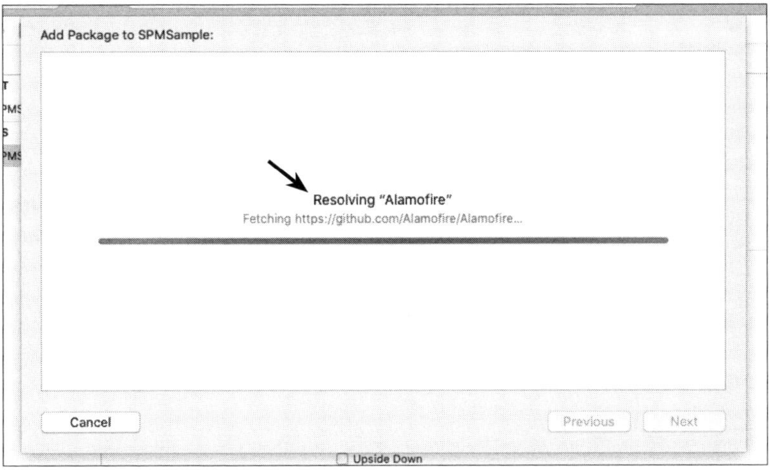

取得が完了すると、ライブラリの追加先を選択する画面が表示されます。今回のサンプルプロジェクトの場合、追加先は1つしかないのでこのまま「Finish」をクリックします。

▼図5-25

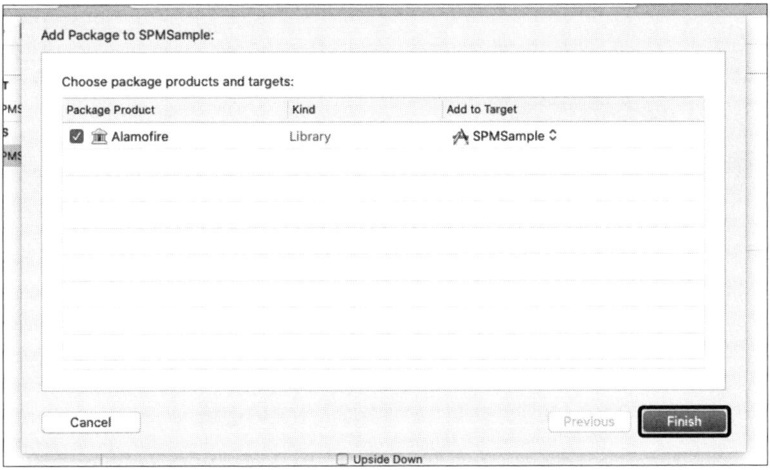

Alamofireがプロジェクトに追加されました。

▼図5-26

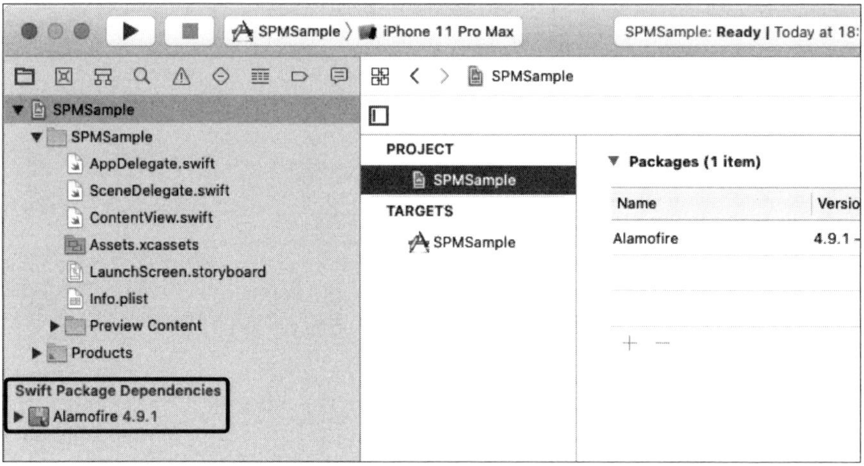

追加済みのライブラリの一覧を表示するには、「プロジェクトファイル」→「{PROJECT名}」→「Swift Packages」を選択します。

▼図5-27

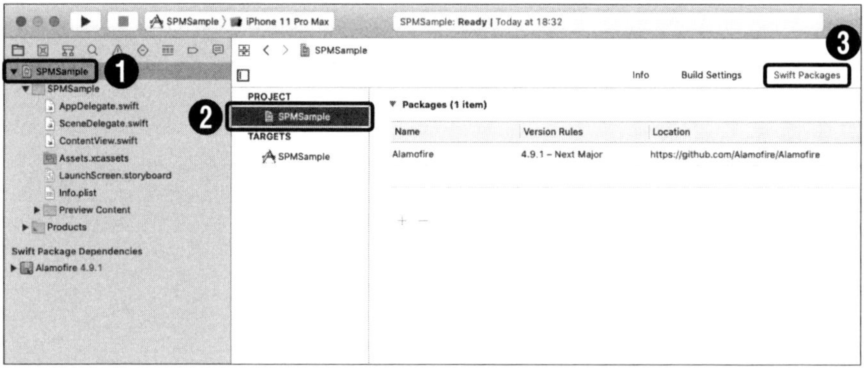

■ ライブラリを使用するソースファイルへのインポート文の追加

最後に、ビルドできるかを確認してみます。左側のツリー内の「AppDelegate.swift」を選択します。

▼図5-28

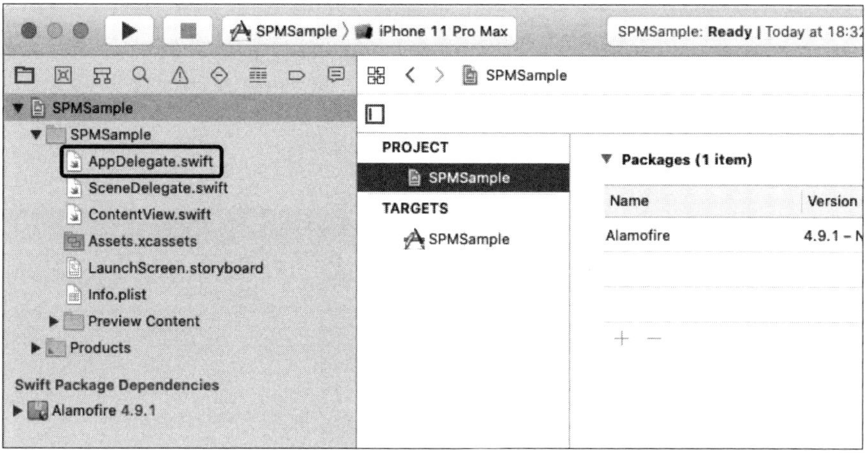

import UIKitの次の行に、import Alamofireを追加します。そしてcommand + Bでビルドを実行します。

▼リスト5-19

```
import UIKit
import Alamofire // ここを追加!

@UIApplicationMain
class AppDelegate: UIResponder, UIApplicationDelegate {
    // (中略)
}
```

ビルドが成功すると以下のようなビューが表示されます。これでインストール作業は完了です。

▼図5-29

➡ バージョンの指定

バージョン指定の詳細について解説します。CocoaPodsやCarthageと同様の方法でバージョンを指定できます。バージョン指定には、以下の表のように3つのタイプがあります。

▼表5-7　バージョン指定のタイプ

タイプ	内容
Version	特定のバージョンまたはバージョンの範囲を指定する
Branch	ブランチ名を指定する
Commit	コミットのIDを指定する

▼図5-30

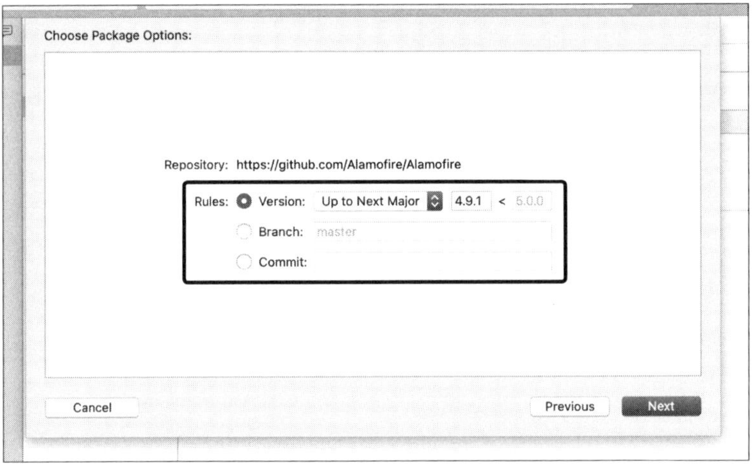

また、Versionを指定する場合は、さらに以下の表のようなオプションを選択できます。

▼表5-8　Versionを指定する場合のオプション

タイプ	内容	例	例の意味
Up to Next Major	指定バージョン以上かつ次のメジャーバージョンより小さい	1.2.3 < 2.0.0（1.2.3をテキストフィールドに入力）	1.2.3以上で2.0.0より小さい
Up to Next Minor	指定バージョン以上かつ次のマイナーバージョンより小さい	1.2.3 < 1.3.0（1.2.3をテキストフィールドに入力）	1.2.3以上で1.3.0より小さい
Range	指定バージョン以上かつ指定バージョンより小さい	1.2.3 < 1.5.0（1.2.3と1.5.0をテキストフィールドに入力）	1.2.3以上で1.5.0より小さい
Exact	特定のバージョンを指定する	1.2.3（1.2.3をテキストフィールドに入力）	1.2.3

▼図5-31

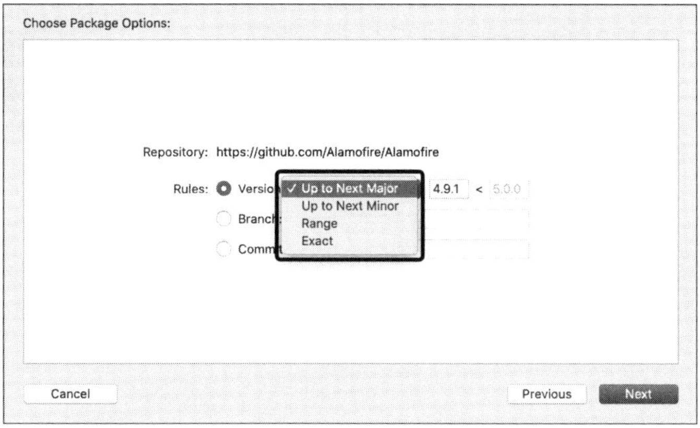

➡ ライブラリの更新

新しいバージョンにアップデートするには、「File」→「Swift Packages」→「Update to Latest Package Versions...」をクリックします。

▼図5-32

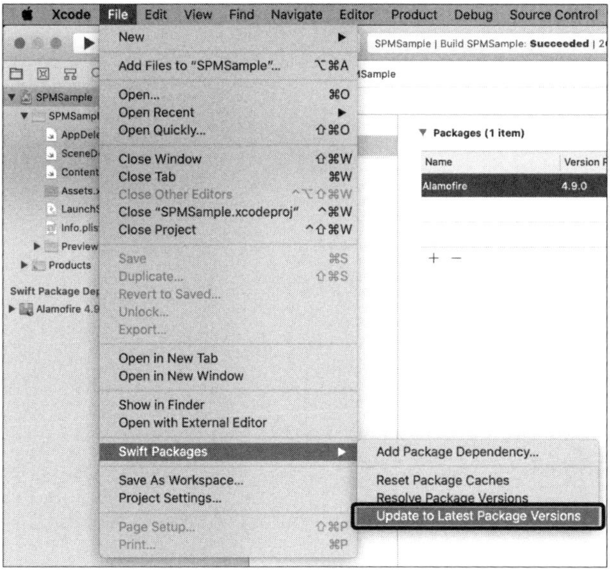

新しいバージョンが存在する場合は、ソースコードの取得が実行されます。

▼図5-33

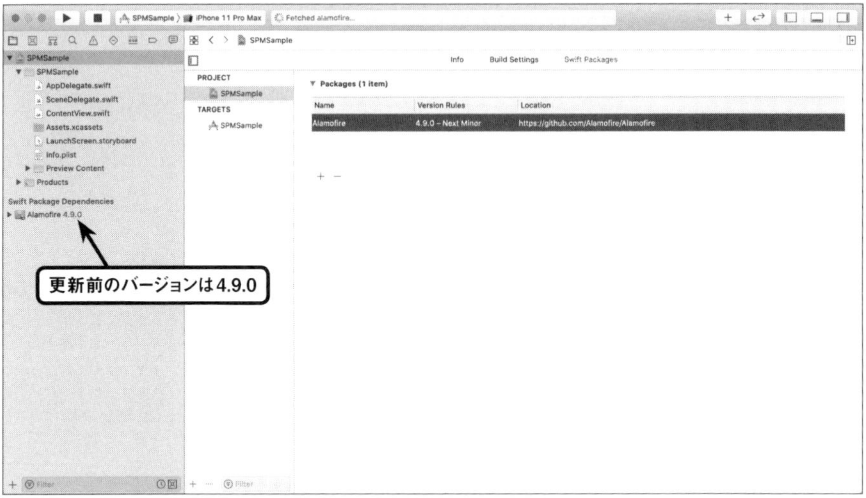

新しいバージョンにアップデートされました。

▼図5-34

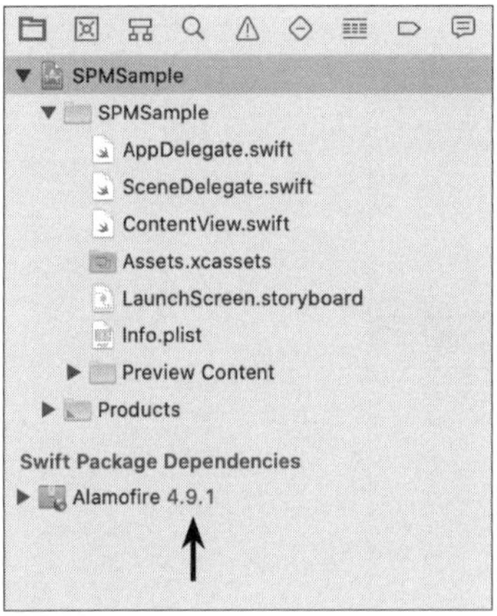

■ バージョン指定の影響

ライブラリのバージョンを指定している場合は、その指定が考慮されます。その指定を満たす新しいバージョンがない場合は、「Update to Latest Package Versions...」を実行してもバージョンは更新されません。

以下の画像の例では、4.9.0を明示的に指定しています。たとえば、新しいバージョンである4.9.1が存在しても、バージョン更新は実行されません。

▼図5-35

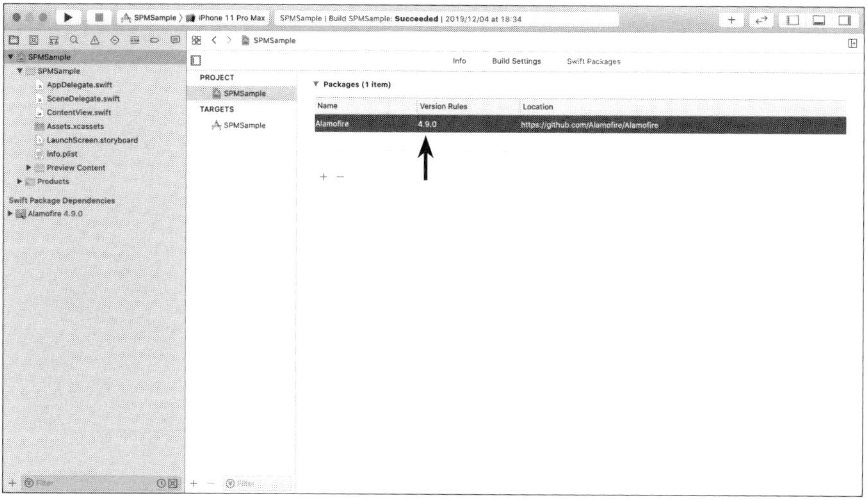

■ 特定のライブラリの更新

特定のライブラリのバージョンを上げるには、「プロジェクトファイル」→「{PROJECT名}」→「Swift Package」を選択し、対象ライブラリをダブルクリックします。

▼図5-36

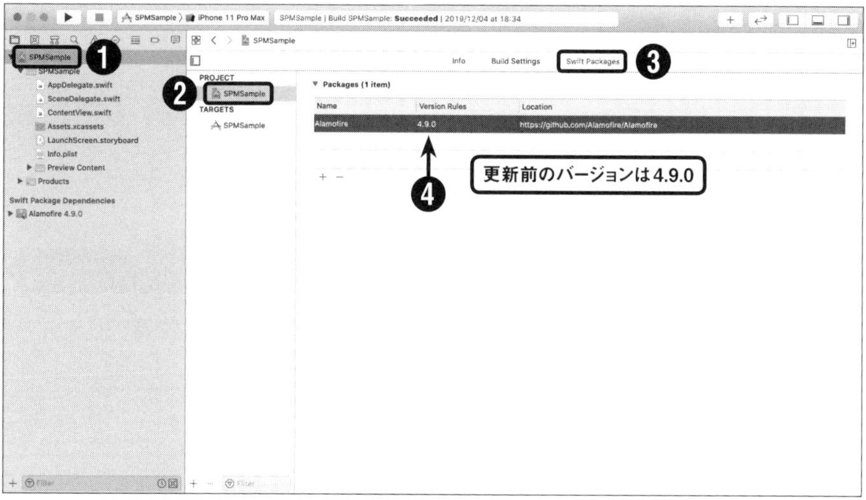

ダイアログが表示されるので、値を変更して「Done」をクリックします。

▼図5-37

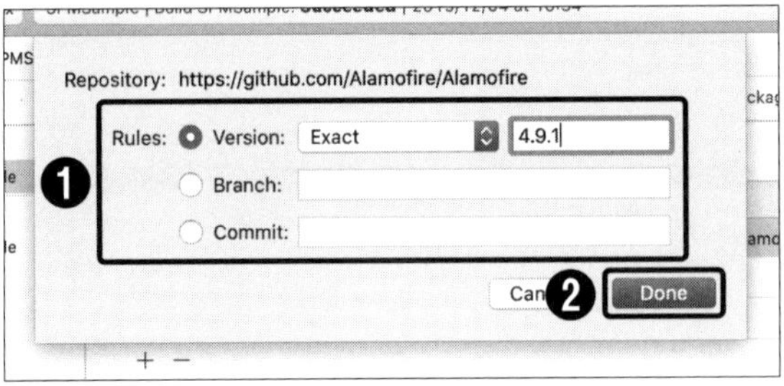

アップデートが実行され、バージョンが更新されます。

▼図5-38

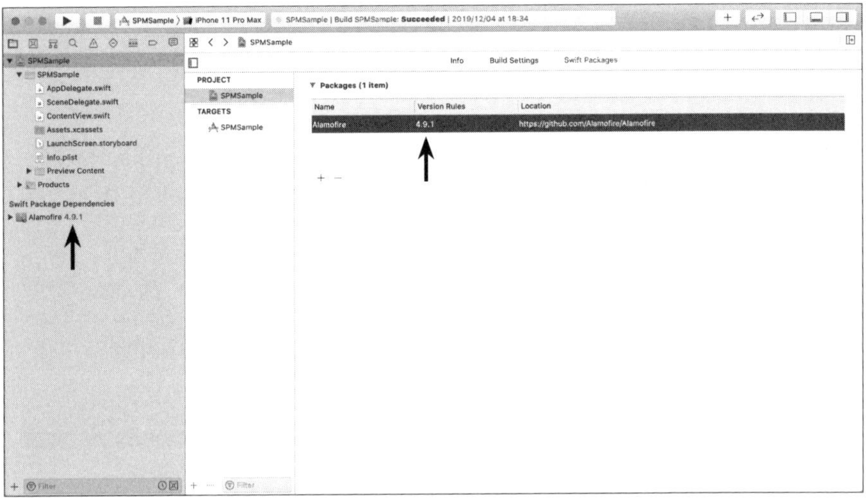

➡ ライブラリの削除

「プロジェクトファイル」→「{PROJECT名}」→「Swift Packages」を選択します。

▼図5-39

削除したいライブラリを選択し、「-」をクリックします。

▼図5-40

確認ダイアログが表示されるので「Remove」をクリックします。

▼図5-41

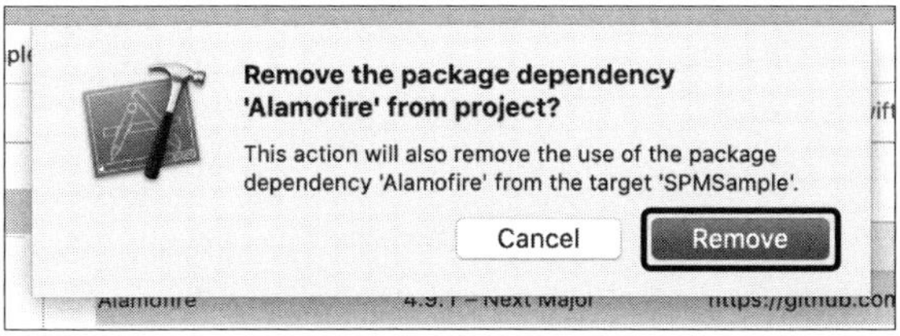

ライブラリが削除され、左側のツリーに対象ライブラリがないことが確認できました。

▼図5-42

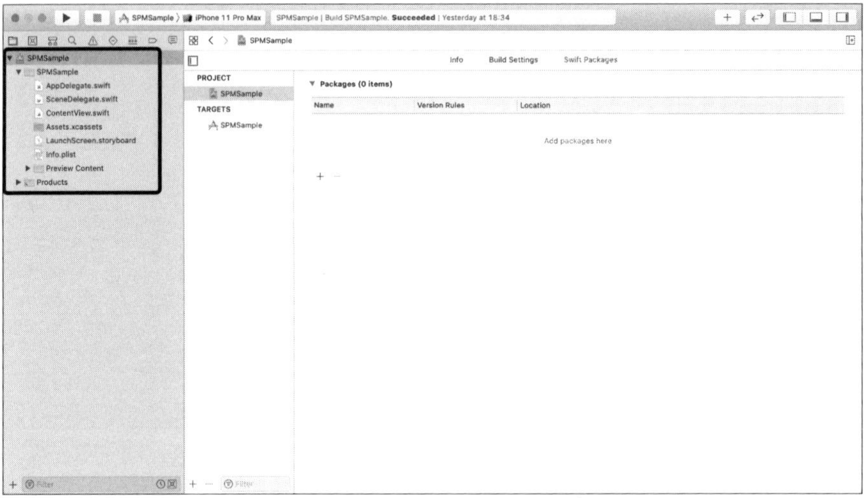

5-5 Alamofireを使用して通信処理を実装する

Alamofireは HTTP通信に関するライブラリです。Alamofireを使用すれば、リクエストの作成やレスポンスのハンドリングといった処理を効率的に実装できます。

- GitHub：https://github.com/Alamofire/Alamofire
- ライセンス：MIT

本節では4.9.1バージョンのAlamofireを使用します。

➡ サンプルプロジェクトの作成

「CocoaPodsでOSSを管理する」の「サンプルプロジェクトを作成する」と同じ手順で、Xcodeプロジェクトを作成します。プロジェクト名は「AlamofireSample」とします。

➡ インストール手順

Alamofireは、CocoaPods・Carthage・Swift Package Managerのいずれかを使用してインストールできます。

■ CocoaPodsでインストールする

5-2節「CocoaPodsでOSSを管理する」を参考にインストールしてください。Podfileには、以下のリストのように`pod 'Alamofire'`を記述します。

▼リスト5-20

```
target 'AlamofireSample' do
  pod 'Alamofire'
end
```

■ Carthageでインストールする

5-3節「CarthageでOSSを管理する」を参考にインストールしてください。Cartfileには、以下のリストのように`github "Alamofire/Alamofire"`を記述します。

▼リスト5-21

```
github "Alamofire/Alamofire"
```

■ Swift Package Managerでインストールする

5-4節「Swift Package ManagerでOSSを管理する」を参考にインストールしてください。ライブラリのリポジトリURLを指定する画面では、以下のURLを指定します。

- https://github.com/Alamofire/Alamofire

➡ JSONデータの取得

Web APIからJSONデータを取得する処理の実装手順を見ていきます。ここでは、GitHubのAPIからAlamofireのリポジトリの情報を取得してみます。

まず、`ViewController.swift`を選択します。

▼図5-43

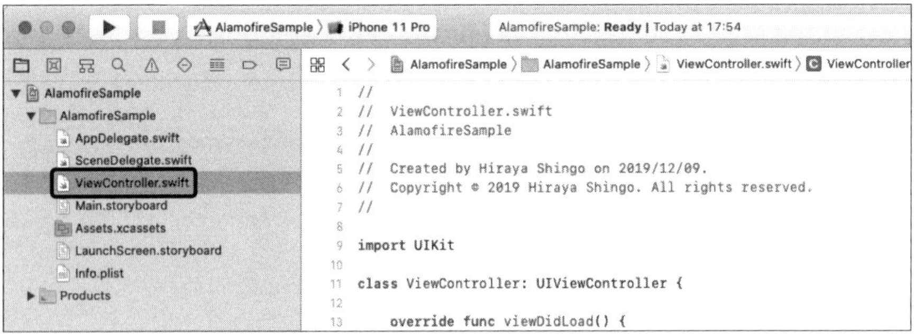

AlamofireSample 〉 iPhone 11 Pro
AlamofireSample: Ready | Today at 17:54
AlamofireSample 〉 AlamofireSample 〉 ViewController.swift 〉 ViewController
AlamofireSample
AlamofireSample
AppDelegate.swift
SceneDelegate.swift
ViewController.swift
Main.storyboard
Assets.xcassets
LaunchScreen.storyboard
Info.plist
Products
//
// ViewController.swift
// AlamofireSample
//
// Created by Hiraya Shingo on 2019/12/09.
// Copyright © 2019 Hiraya Shingo. All rights reserved.
//
import UIKit
class ViewController: UIViewController {
    override func viewDidLoad() {

以下のリストのように、「(1) Alamofireのインポート」「(2) リポジトリ情報取得用のメソッド」「(3) リポジトリ情報取得用のメソッドの呼び出し」のコードを追加します。

▼リスト5-22

```
import UIKit

// (1) Alamofireのインポート
import Alamofire

class ViewController: UIViewController {

    override func viewDidLoad() {
```

```
        super.viewDidLoad()
        // Do any additional setup after loading the view.

        // (3) リポジトリ情報取得用のメソッドの呼び出し
        getRepositoryInfo()
    }

    // (2) リポジトリ情報取得用のメソッド
    func getRepositoryInfo() {
        // (2-1) リクエストを作成する
        let req = request("https://api.github.com/search/repositories",
                          parameters: ["q": "Alamofire"])

        // (2-2) リクエストを実行する
        req.responseJSON { response in
            // (2-3) 取得結果をログ出力する
            switch response.result {
            case .success(let data):
                print("success. data:¥(data)")
            case .failure(let error):
                print("failure. data:¥(error)")
            }
        }
    }
}
```

■ (1) Alamofireのインポート

import文を追加し、サンプルアプリからAlamofireの機能を使えるようにします。

■ (2) リポジトリ情報取得用のメソッド

`getRepositoryInfo()`メソッドを追加し、GitHubのAPIからAlamofireのリポジトリの情報を取得する処理を記述します。

まず、「(2-1) リクエストの情報を作成する」でリクエストを作成します。今回は、リポジトリを検索するAPIを使用します。このAPIの詳細な仕様は、以下のページに記載されています。

- Search repositories：https://developer.github.com/v3/search/#search-repositories

リクエスト作成には、`request(_:method:parameters:encoding:headers:)`メソッドを

使用します。このメソッドは、1つ目の引数（URL指定用）以外は省略可能です。ここでは、エンドポイントURLとパラメーターを与えてリクエストを作成しています。パラメーターの内容は、キーワード「Alamofire」の指定です。

次に、「(2-2) リクエストを実行する」で`responseJSON(queue:options:completionHandler:)`をメソッドを使用してリクエストを実行します。レスポンスはJSONとしてパースされ、トップが配列またはディクショナリのオブジェクトを取得できます。

最後に、「(2-3) 取得結果をログ出力する」で取得結果をログ出力しています。

■ (3) リポジトリ情報取得用のメソッドの呼び出し

ビューがメモリ上に展開されたタイミングで呼ばれる`viewDidLoad()`内に、`getRepositoryInfo()`を呼び出すコードを追加します。

■ 動作確認

command + Rでアプリを実行します。アプリが起動し、XcodeのデバッグエリアにGitHubのAPIから取得した情報が出力されます。

▼図5-44

Running AlamofireSample on iPhone 11 Pro
AlamofireSample
AlamofireSample
AppDelegate.swift
iPhone 11 Pro — 13.2.2
11:22
//
// ViewController.swift
// AlamofireSample
//
// Created by Hiraya Shingo on 2019/12/09.
// Copyright © 2019 Hiraya Shingo. All rights reserved.
//
import UIKit
// (1) import文を追加する
import Alamofire
class ViewController: UIViewController {
override func viewDidLoad() {
super.viewDidLoad()
// Do any additional setup after loading the view.
// (3) getRepositoryInfo()の呼び出しを追加する
getRepositoryInfo()
}
// (2) getRepositoryInfo()を追加する
url = "https://api.github.com/users/hilen";
};
private = 0;
"pulls_url" = "https://api.github.com/repos/hilen/TSWeChat/pulls{/number}";
"pushed_at" = "2019-07-28T08:57:46Z";
"releases_url" = "https://api.github.com/repos/hilen/TSWeChat/releases{/id}";
score = "58.739735";
size = 29643;
"ssh_url" = "git@github.com:hilen/TSWeChat.git";
"stargazers_count" = 3365;
"stargazers_url" = "https://api.github.com/repos/hilen/TSWeChat/stargazers";
"statuses_url" = "https://api.github.com/repos/hilen/TSWeChat/statuses/{sha}";
"subscribers_url" = "https://api.github.com/repos/hilen/TSWeChat/subscribers";
"subscription_url" = "https://api.github.com/repos/hilen/TSWeChat/subscription";
"svn_url" = "https://github.com/hilen/TSWeChat";
"tags_url" = "https://api.github.com/repos/hilen/TSWeChat/tags";
"teams_url" = "https://api.github.com/repos/hilen/TSWeChat/teams";
"trees_url" = "https://api.github.com/repos/hilen/TSWeChat/git/trees{/sha}";
"updated_at" = "2019-12-09T09:42:14Z";
url = "https://api.github.com/repos/hilen/TSWeChat";
watchers = 3365;
"watchers_count" = 3365;
}
);
"total_count" = 2392;
}
All Output
実行中のアプリの画面
取得した情報

HTTPヘッダーの指定

カスタムのHTTPヘッダーをリクエストに追加することもできます。以下のリストのように`HTTPHeaders`を作成し、`request(_:method:parameters:encoding:headers:)`メソッドの`headers`引数に指定します。

▼リスト5-23

```
// ヘッダーを作成
let headers: HTTPHeaders = [
    "Authorization": "Basic VXNlcm5hbWU6UGFzc3dvcmQ=",
    "Accept": "application/json"
]

// リクエストを作成
let req = request("https://httpbin.org/headers", headers: headers).responseJSON {
response in
    debugPrint(response)
}
```

レスポンスのバリデーション

レスポンスのバリデーションに関して、レスポンスの内容にかかわらずリクエストが完了したら成功扱いになるのが、Alamofireのデフォルトの動作です。つまり、サーバーがステータスコード500を返しても、成功扱いになります。

ステータスコード200番台を成功扱いにするには、以下のリストのように`validate()`メソッドを使用します。`validate()`メソッドを使用すれば、以下の条件を満たしているかのチェックがおこなわれ、満たさない場合は失敗扱いになります。

- ステータスコードが200番台であるか
- レスポンスの`Content-Type`ヘッダーの値が、リクエストの`Accept`ヘッダーに指定したものと一致するか

▼リスト5-24

```
// レスポンスのバリデーションを実施
request.validate().responseJSON { response in
    // (中略)
}
```

以下を指定できるメソッドも用意されているので、アプリの仕様に合わせてバリデーション処理をカスタマイズできます。

- 許容できるステータスコード
- 許容できるContent Type
- バリデーション処理のクロージャ

▼リスト5-25

```
request
    // 許容できるステータスコードを指定する
    .validate(statusCode: 200..<300)

    // 許容できるContent Typeを指定する
    .validate(contentType: ["application/json"])

    // バリデーション処理のクロージャを指定する
    .validate { (request, response, data) -> Request.ValidationResult in
            // （中略）

            return .success // or .failure(error)
        }
    .responseData { response in
        // （中略）
    }
```

レスポンスのハンドリング

「JSONデータの取得」では、responseJSON(queue:options:completionHandler:)をメソッドを使用してレスポンスをシリアライズしました。これ以外にも、以下のリストに示す5つのメソッドが用意されているので、アプリの仕様に合わせたシリアライズ処理を選択できます。

▼リスト5-26

```
// シリアライズしない
func response(queue: DispatchQueue = .main,
              completionHandler: @escaping (AFDataResponse<Data?>) -> Void) -> Self

// シリアライザーを指定してシリアライズする
func response<Serializer: DataResponseSerializerProtocol>(queue: DispatchQueue = .main,
                                                          responseSerializer:
```

```
Serializer,
                                                         completionHandler: @
escaping (AFDataResponse<Serializer.SerializedObject>) -> Void) -> Self

// Dataにシリアライズする
func responseData(queue: DispatchQueue = .main,
                  completionHandler: @escaping (AFDataResponse<Data>) -> Void) ->
Self

// Stringにシリアライズする
func responseString(queue: DispatchQueue = .main,
                    encoding: String.Encoding? = nil,
                    completionHandler: @escaping (AFDataResponse<String>) -> Void)
-> Self

// Decodableにシリアライズする
func responseDecodable<T: Decodable>(of type: T.Type = T.self,
                                     queue: DispatchQueue = .main,
                                     decoder: DataDecoder = JSONDecoder(),
                                     completionHandler: @escaping (AFDataResponse<T>)
-> Void) -> Self
```

5-6 Kingfisherを使用してWeb上の画像を表示する

Kingfisherは Web上の画像のダウンロードやキャッシュを実行するためのライブラリです。

- GitHub : https://github.com/onevcat/Kingfisher
- ライセンス : MIT

本節では5.12.0バージョンのKingfisherを使用します。

サンプルプロジェクトの作成

「CocoaPodsでOSSを管理する」の「サンプルプロジェクトを作成する」と同じ手順でXcodeプロジェクトを作成します。プロジェクト名は「KingfisherSample」とします。

インストール手順

Kingfisher はCocoaPods、Carthage、Swift Package Managerのいずれかを使用してインストールできます。

■ CocoaPods

5-2節「CocoaPodsでOSSを管理する」を参考にインストールしてください。Podfileには、以下のリストのように`pod 'Kingfisher'`を記述します。

▼リスト5-27

```
target 'KingfisherSample' do
  pod 'Kingfisher'
end
```

■ Carthage

5-3節「CarthageでOSSを管理する」を参考にインストールしてください。Cartfileには、以下のリストのように`github "onevcat/Kingfisher"`を記述します。

▼リスト5-28

```
github "onevcat/Kingfisher"
```

■ Swift Package Manager

5-4節「Swift Package ManagerでOSSを管理する」を参考にインストールしてください。ライブラリのリポジトリURLを指定する画面では、以下のURLを指定します。

- https://github.com/onevcat/Kingfisher

➡ 画像のダウンロードとUIImageViewへの設定

画像をダウンロードし、UIImageViewに画像を設定してみましょう。**setImage(with:placeholder:options:progressBlock:completionHandler:)**メソッドを使用します。このメソッドは、画像のURLを指定する1つ目の引数のみ必須です。

以下のリストの例では、(1)でUIImageViewの作成とレイアウトをおこない、(2)で画像のダウンロードと設定をおこなっています。

▼リスト5-29

```
import UIKit

// Kingfisherのインポート
import Kingfisher

class ViewController: UIViewController {
    override func viewDidLoad() {
        super.viewDidLoad()

        // (1) UIImageViewの作成とレイアウトをおこなう
        let imageView = UIImageView()
        view.addSubview(imageView)
        imageView.translatesAutoresizingMaskIntoConstraints = false
        imageView.widthAnchor.constraint(equalToConstant: 250).isActive = true
        imageView.heightAnchor.constraint(equalToConstant: 250).isActive = true
        imageView.centerXAnchor.constraint(equalTo: view.centerXAnchor).isActive =
true
        imageView.centerYAnchor.constraint(equalTo: view.centerYAnchor).isActive =
true

        // (2) UIImageViewに対して画像のダウンロードと設定をおこなう
        let url = URL(string: "https://raw.githubusercontent.com/onevcat/
```

```
Kingfisher/master/images/kingfisher-1.jpg")
        imageView.kf.setImage(with: url)
    }
}
```

サンプルアプリの実行結果は以下の画像のようになります。

▼図5-45

■ キャッシュ

setImage(with:placeholder:options:progressBlock:completionHandler:)メソッドを呼んだ時の処理は、以下のとおりです。

- (1)画像がキャッシュされているかをチェックする（キーは画像URL）
  - キャッシュされている：UIImageViewに画像を設定する（処理終了）
  - キャッシュされていない：次の処理へ
- (2)画像をダウンロードし、ダウンロードしたデータをUIImageに変換する
- (3)URLをキーとして画像をキャッシュに保存する
- (4)UIImageViewに画像を設定する（処理終了）

画像のキャッシュはデフォルトでONになります。画像がキャッシュされている場合、キャッシュから取り出した画像が使用されます。

キャッシュの詳細については以下のページで紹介されています。

- Cheat Sheet · onevcat/Kingfisher Wiki：
  https://github.com/onevcat/Kingfisher/wiki/Cheat-Sheet#cache

プレースホルダの設定

UIImageViewにプレースホルダを設定してみましょう。以下のリストのように、`placeholder`引数に`UIImage`を指定します。

▼リスト5-30

```
// UIImageViewにプレースホルダを設定する
let placeholder = UIImage(named: "placeholder")
imageView.kf.setImage(with: url, placeholder: placeholder)
```

画像がダウンロードされるまでの間、以下の図のようにプレースホルダ画像が表示されるようになります。

▼図5-46

また、以下のリストのように、Placeholderプロトコルに適合したUIViewをプレースホルダとして設定することもできます。

▼リスト5-31

```
class MyView: UIView { /* ビューを実装する */ }

extension MyView: Placeholder {}

imageView.kf.setImage(with: url, placeholder: MyView())
```

角丸の設定

画像の角を丸くするには、以下のリストのようにRoundCornerImageProcessorを作成し、options引数に指定します。

▼リスト5-32

```
// 画像の角を丸くする
let processor = RoundCornerImageProcessor(cornerRadius: 20)
imageView.kf.setImage(with: url, options: [.processor(processor)])
```

サンプルアプリの実行結果は以下の図のようになります。

▼図5-47

今回は画像を各丸にするProcessorを紹介しましたが、ブラーをかけたり、色を調整したりするProcessorも用意されています。ほかのProcessorは以下のページで紹介されています。

- Cheat Sheet：https://github.com/onevcat/Kingfisher/wiki/Cheat-Sheet#processor

アニメーションの設定

アニメーションをかけて画像を表示するには、以下のリストのようにImageTransitionを作成し、options引数に指定します。なお、Webからダウンロードした画像を表示する場合のみアニメーションが適用されます。キャッシュから取り出した画像が使用される場合、アニメーションは適用されません。

▼リスト5-33

```
// アニメーションをかけて画像を表示する
let fade = ImageTransition.fade(0.2)
imageView.kf.setImage(with: url, options: [.transition(fade)])
```

5-7 PKHUDを使用してHUDを表示する

PKHUDはHUD（Head-Up Display）を表示するためのライブラリです。HUDを使用して、何らかの処理が実行中であることや完了したことをユーザーに示せます。

- GitHub：https://github.com/pkluz/PKHUD
- ライセンス：MIT

たとえば、以下のスクショのような画面を表示できます。

▼図5-48

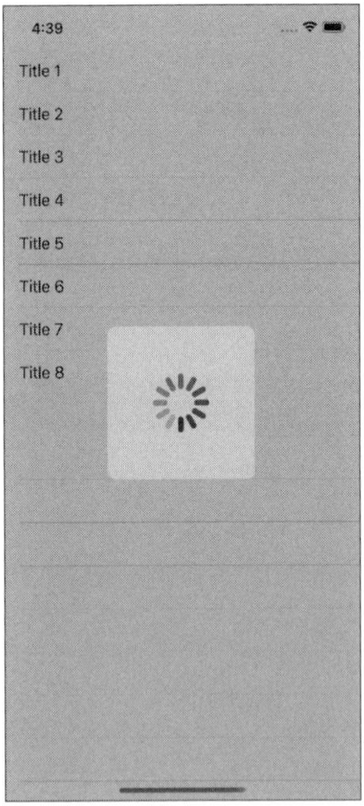

本節では5.3.0バージョンのPKHUDを使用します。

サンプルプロジェクトの作成

「CocoaPodsでOSSを管理する」の「サンプルプロジェクトを作成する」と同じ手順でXcodeプロジェクトを作成します。プロジェクト名は「PKHUDSample」とします。

インストール手順

PKHUDはCocoaPods、Carthageのいずれかを使用してインストールできます。

CocoaPods

5-2節「CocoaPodsでOSSを管理する」を参考にインストールしてください。Podfileには、以下のリストのようにpod 'PKHUD'を記述します。

▼リスト5-34

```
target 'PKHUDSample' do
  pod 'PKHUD'
end
```

Carthage

5-3節「CarthageでOSSを管理する」を参考にインストールしてください。Cartfileには、以下のリストのようにgithub "pkluz/PKHUD"を記述します。

▼リスト5-35

```
github "pkluz/PKHUD"
```

ローディングの表示と非表示

HUDのshow(_:onView:)メソッドを使用してローディングのHUDを表示し、hide(animated:completion:)メソッドを使用してHUDを非表示にします。表示内容としてprogressを指定します。

▼リスト5-36

```
import UIKit

// PKHUDのインポート
import PKHUD
```

```
class ViewController: UITableViewController {
    override func viewDidAppear(_ animated: Bool) {
        super.viewDidAppear(animated)

        // ローディングの表示
        HUD.show(.progress)

        DispatchQueue.main.asyncAfter(deadline: .now() + 2) {
            // ローディングの非表示
            HUD.hide(animated: true)
        }
    }
}
```

以下の図はコードの実行結果です。表示された2秒後にHUDは非表示になります。

▼図5-49

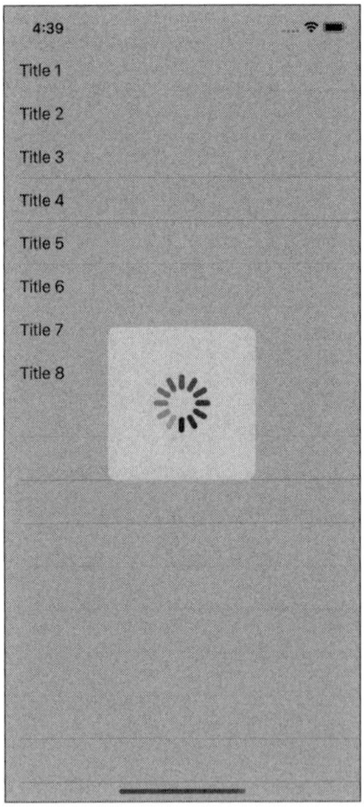

➡ 成功/失敗の表示

任意の処理完了後に成功や失敗のHUDを表示するには、flash(_:onView:)メソッドを使用します。成功のHUDを表示する場合は表示内容としてsuccessを、失敗のHUDを表示する場合はerrorを指定します。

▼リスト5-37

```
HUD.show(.progress)
DispatchQueue.main.asyncAfter(deadline: .now() + 2) {
    // 成功を表示
    HUD.flash(.success)

    // 失敗を表示
    // HUD.flash(.error)
}
```

successを指定してflash(_:onView:)メソッドを呼ぶと、以下の画像のビューが表示されます。

▼図5-50

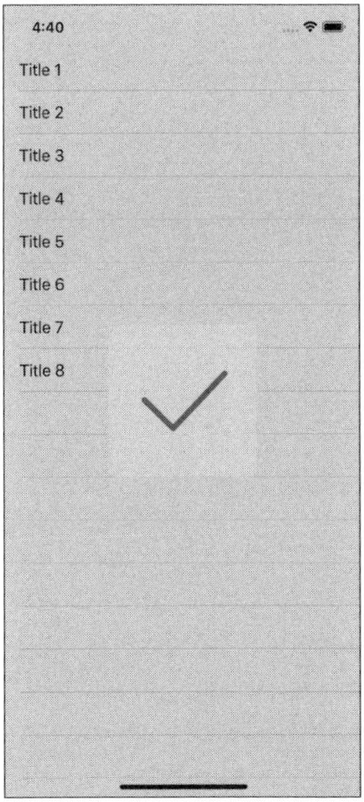

➡ ローディング・成功・失敗の表示（テキストあり）

テキストとともにローディング、成功、失敗のHUDを表示することもできます。show(_:onView:)メソッドまたはflash(_:onView:)メソッドを使用します。表示内容としてlabeledProgress、labeledSuccess、labeledErrorを指定します。

▼リスト5-38

```
// テキストを指定してローディングを表示
HUD.show(.labeledProgress(title: "Loading", subtitle: nil))

DispatchQueue.main.asyncAfter(deadline: .now() + 2) {
    // テキストを指定して成功を表示
    HUD.flash(.labeledSuccess(title: "Success", subtitle: nil))

    // 失敗を表示
    // HUD.flash(.labeledError(title: "Error", subtitle: nil))
}
```

コードを実行すると、以下の画像のようにローディングのHUDが表示されます。

▼図5-51

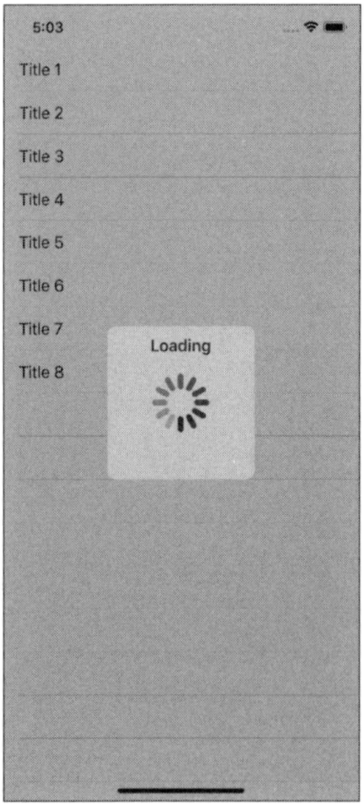

そして2秒後に、以下の画像のように成功のHUDが表示されます。

▼図5-52

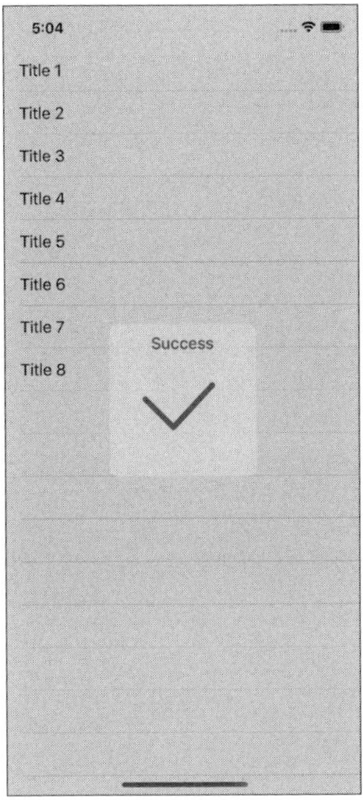

➡ テキストの表示

テキストを表示するには、show(_:onView:)メソッドを使用します。表示内容としてlabelを指定します。

▼リスト5-39

```
// テキストを表示
HUD.show(.label("データを更新しました"))
DispatchQueue.main.asyncAfter(deadline: .now() + 2) {
    HUD.hide(animated: true)
}
```

サンプルコードの実行結果は以下のとおりです。

▼図5-53

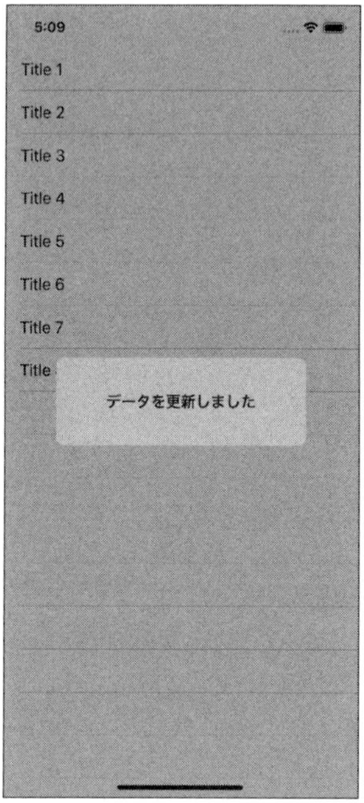

マスクの無効化

デフォルトの設定では、HUDの背後のビューは暗くなり、操作できません。

HUDの背後のビューを操作できるようにするには、HUDのallowsInteractionをtrueにします。また、背後のビューを操作できるようにする場合、このビューを暗くする処理も無効にしたほうが自然でしょう。そのためには、HUDのdimsBackgroundをfalseにします。

▼リスト5-40

```
// HUDの背後のビューを操作できるようにする
HUD.allowsInteraction = true

// HUDの背後のビューを暗くしない
HUD.dimsBackground = false

HUD.show(.progress)
DispatchQueue.main.asyncAfter(deadline: .now() + 2) {
    HUD.hide(animated: true)
```

```
}
```

コードの実行結果は以下の画像のとおりです。HUDの背後のテーブルビューが操作できます。

▼図5-54

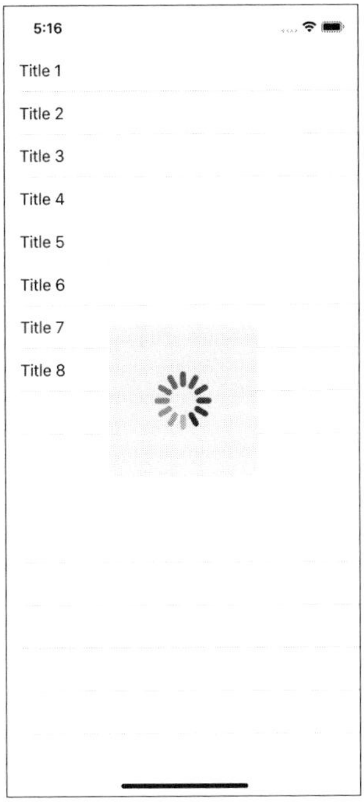

第6章

iOS開発テストの超入門

6-1 テストとは

アプリ開発をしていく中でテストをおこないます。たとえば電卓アプリを作る場合、1＋2＝5ではなく3になる必要があります。仕様どおりに動作しているかを確認するためテストをおこないます。

テストには、手動テストと自動テストがあります。手動テストは、シミュレータや実機上でアプリを人間が操作をして確認します。手動テストに入る前にテスト設計をおこない、テストケースを作成してからおこなうと、より細かいチェックができます。

自動テストは、プログラム的にテストを書いたり、テストの設定をしてコンピュータがおこないます。たとえば、実装した計算式のメソッドが正しく動作しているか確認したり、ログイン画面でIDとパスワードを入力して、次の確認画面に進むことをテストします。

自動テストのメリット

自動テストには以下の3つのメリットがあります。

■ くり返しおこなえる

コンピュータがテストをするので、何度も同じテストをくり返しおこなうことが可能です。開発が進むとテストが増えていき、全体を通して問題なく動作していることを確認できます。

また、よくないコードを整理して書き換えるリファクタリングをする際にも、テストコードが書いてあれば、仕様に沿った書き換えができていることを保証できます。

■ テスト判定のまちがいが少ない

人間は疲れてくるとミスをします。たとえば疲れているとき、電卓で足し算をしたときの答えをテストするときに、まちがっている答えを正しい答えと見まちがえてしまうこともあります。プログラムで何が正解なのかを定義しておけば、何度テストしてもまちがえることはないです。

■ テスト時間が短縮できる

人間がおこなうテストは実際のアプリを使ったものになるため、どうしても時間がかかってしまいます。自動テストであれば、すべてのテストは連続で無駄なくおこなわれるので、短い時間でおこなうことが可能です。

➡ 自動テストのデメリット

手動テストに比べてメリットが強いように見える自動テストですが、デメリットも存在します。

■ テストコード自体の保守作業が発生する

仕様が変わらない場合では、テストをおこなって動作保証ができます。しかし、仕様自体が変わってしまうと、テストに修正をかける必要があります。たとえばあるメソッドに引数を追加したときに、対応するテストコードも修正する必要があるからです。このように、テストコードは1度書けば終わりということは少なく、開発が進むごとに保守していく必要があります。

テストコードをたくさん書けばそれだけアプリの品質は上がります。しかし、それにともなうテストコードの保守の量も多くなってしまいます。どこまでテストして、どこからテストをしないかを決めるのは大切なことです。

➡ テストの種類

テストはさまざまな種類があり、書籍やプロジェクトごとに定義が違います。ここでは、Google I/O 2017で紹介された、テストピラミッドを説明します。

- Levels of the Testing Pyramid：https://developer.android.com/training/testing/fundamentals.html#testing-pyramid

▼図6-1　テストピラミッド

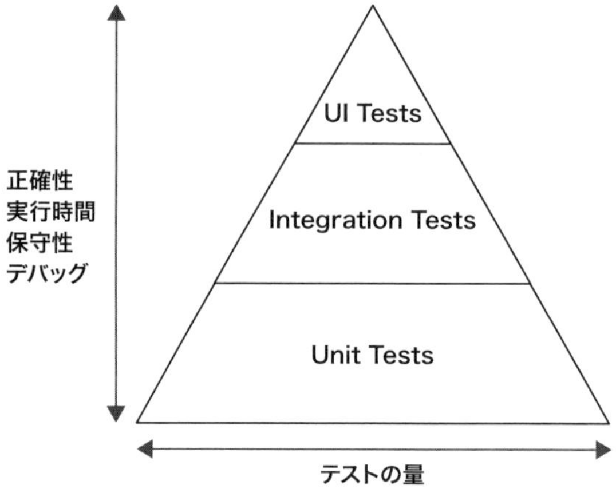

- 小規模テスト：単体テスト（Unit Test、ユニットテスト）。1つのClass内で完結するテスト。
- 中規模テスト：結合テスト（Integration Test）。異なるモジュール間の連携テスト。
- 大規模テスト：総合テスト（End-to-end Test）。ユーザーがアプリを操作して実際に体験するものをテスト。

ピラミッドの下のほうがテストの量が多く、上にいくほど少なくなります。図ではUnit Testsが多く、UI Testsが少ないです。また、下のほうがテストの実行時間は少なく済み、アプリケーション内の一部の機能だけをテストします。上にいくほどテストの実行時間は長くなり、アプリケーション内の多くの機能を連携してテストすることになります。この記事内では70%を小規模テスト、20%を中規模テスト、10%を大規模テストにする割合を薦めています。

■ 単体テスト

ユニットテストともいいます。上の例では、Android開発なので1つのClass内で完結するテストと書かれていました。iOSでは、Class、Structure、Enumerationで完結するテストと考えれば良いでしょう。

■ 結合テスト

複数のClass、Structure、Enumerationが相互に連携するテストをおこないます。

■ UIテスト

UIのテストをおこないます。人間の操作をプログラムで記述します。たとえば、ボタンを押すなどです。そして変更後の画面の状態が合っているかをテストします。

■ テストフレームワーク

XCTest frameworkを使って各テストをおこないます。UIテストはXCUIが接頭詞についているクラスを使います。たとえばXCUIElement、XCUIApplicationです。

6-2 XCTestでユニットテスト

XCTestのセットアップ

■ 新規プロジェクトの場合

新規プロジェクト作成時に Include Unit Tests にチェックが入っていることを確認してから作成します。

▼図6-2

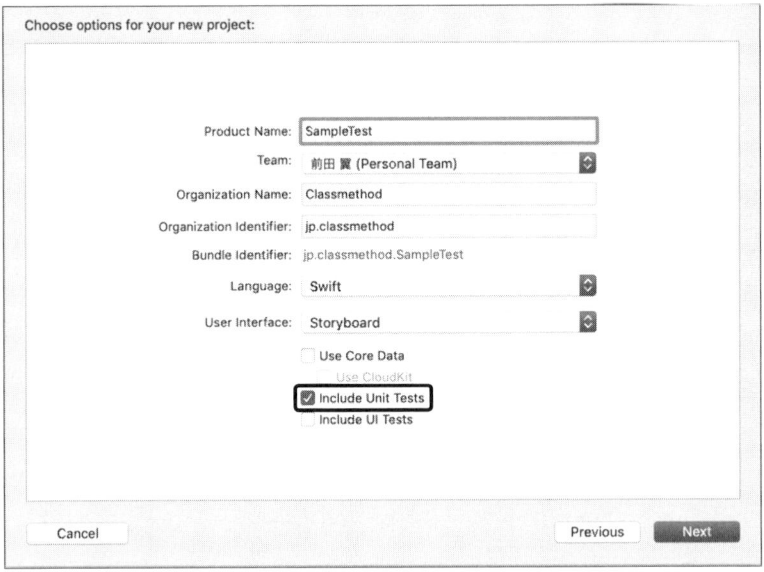

プロジェクトターゲットに「プロジェクト名+Tests」が入っていればOKです。

▼図6-3

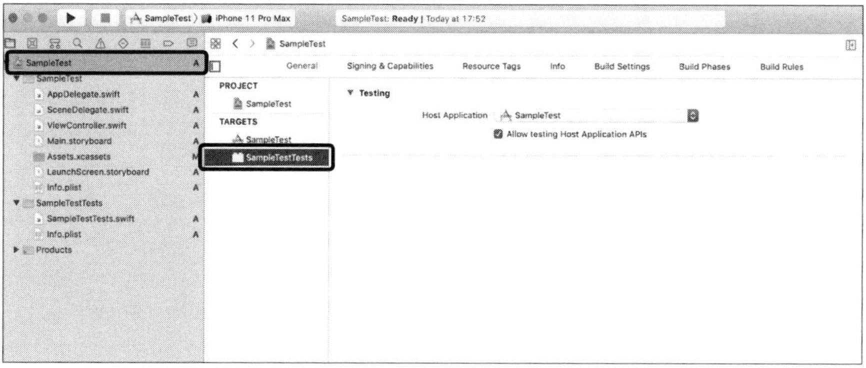

■ 既存プロジェクトの場合

プロジェクトターゲットの+ボタンを押します。ダイアログが表示されます。Testの項目の中にあるUnit Testing Bundleを選択してNextを押します。名前などを変更できますが、特に必要なければそのままにしてFinishを押します。

▼図6-4

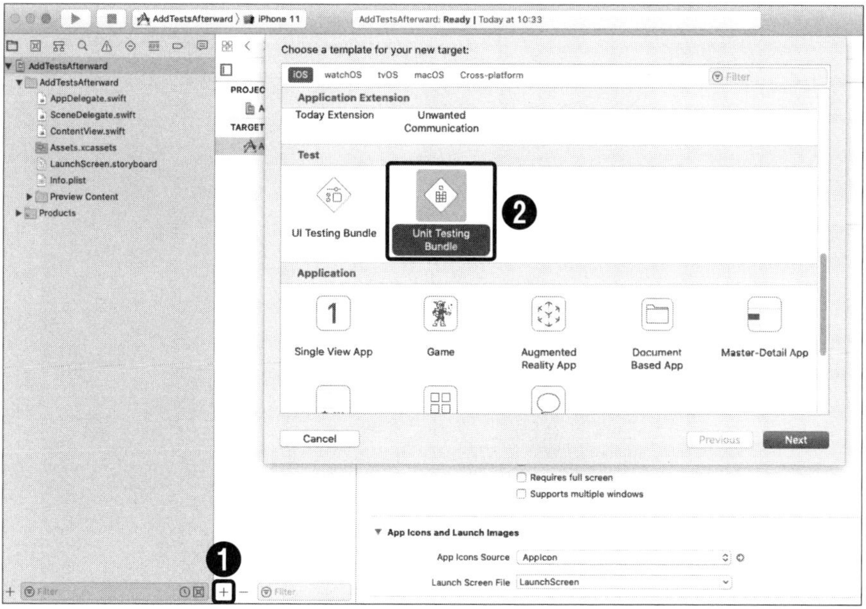

プロジェクトターゲットに追加されていればOKです。

▼図6-5

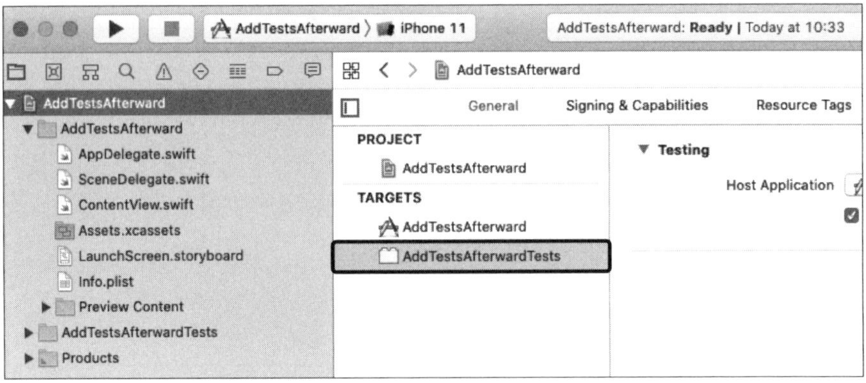
AddTestsAfterward 〉 iPhone 11
AddTestsAfterward: Ready | Today at 10:33
AddTestsAfterward
AddTestsAfterward
AppDelegate.swift
SceneDelegate.swift
ContentView.swift
Assets.xcassets
LaunchScreen.storyboard
Info.plist
Preview Content
AddTestsAfterwardTests
Products
General
Signing & Capabilities
Resource Tags
PROJECT
AddTestsAfterward
TARGETS
AddTestsAfterward
AddTestsAfterwardTests
Testing
Host Application

■ テストを実行してみる

まだ自作のテストは書いていませんが、サンプルテストクラスがすでに入っているので、実行してみましょう。セットアップがうまくいっていれば、テストが実行できます。サンプルクラスは、Testsフォルダの中に入っています。

▼図6-6

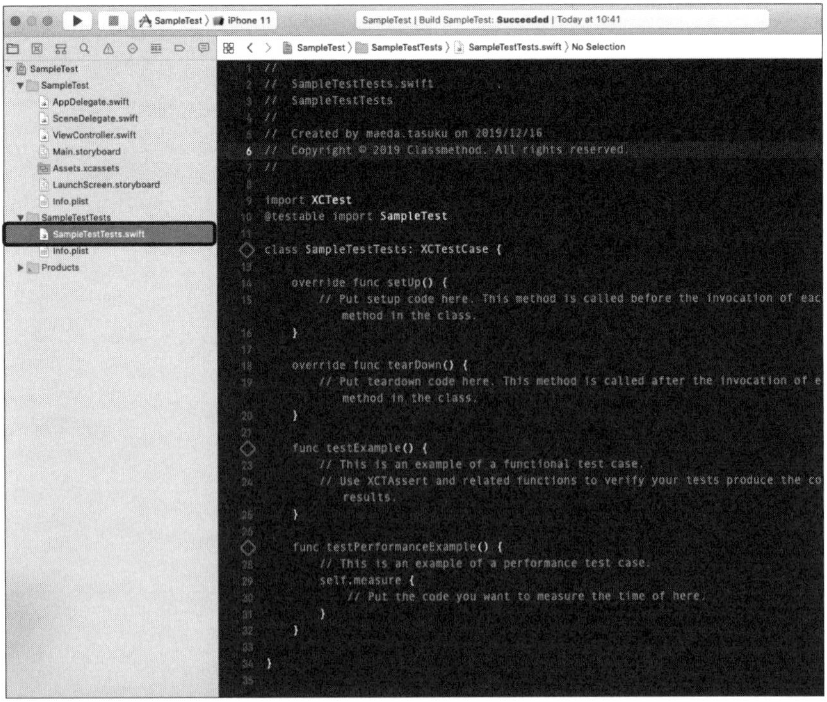
SampleTest 〉 iPhone 11
SampleTest | Build SampleTest: Succeeded | Today at 10:41
SampleTest 〉 SampleTestTests 〉 SampleTestTests.swift 〉 No Selection
SampleTest
SampleTest
AppDelegate.swift
SceneDelegate.swift
ViewController.swift
Main.storyboard
Assets.xcassets
LaunchScreen.storyboard
Info.plist
SampleTestTests
SampleTestTests.swift
Info.plist
Products
//
// SampleTestTests.swift
// SampleTestTests
//
// Created by maeda.tasuku on 2019/12/16
// Copyright © 2019 Classmethod. All rights reserved.
//
import XCTest
@testable import SampleTest
class SampleTestTests: XCTestCase {
override func setUp() {
// Put setup code here. This method is called before the invocation of eac
method in the class.
}
override func tearDown() {
// Put teardown code here. This method is called after the invocation of e
method in the class.
}
func testExample() {
// This is an example of a functional test case.
// Use XCTAssert and related functions to verify your tests produce the co
results.
}
func testPerformanceExample() {
// This is an example of a performance test case.
self.measure {
// Put the code you want to measure the time of here.
}
}
}

メニューから「Product」→「Test」を選びます。ショートカットはCommand＋Uです。ふだんはこのショートカットで実行することが多いでしょう。

テストが完了すると、テストのメソッドは緑のチェックマークがつき、ポップアップでテスト結果が表示されます。今回はすべて成功しています。

▼図6-7

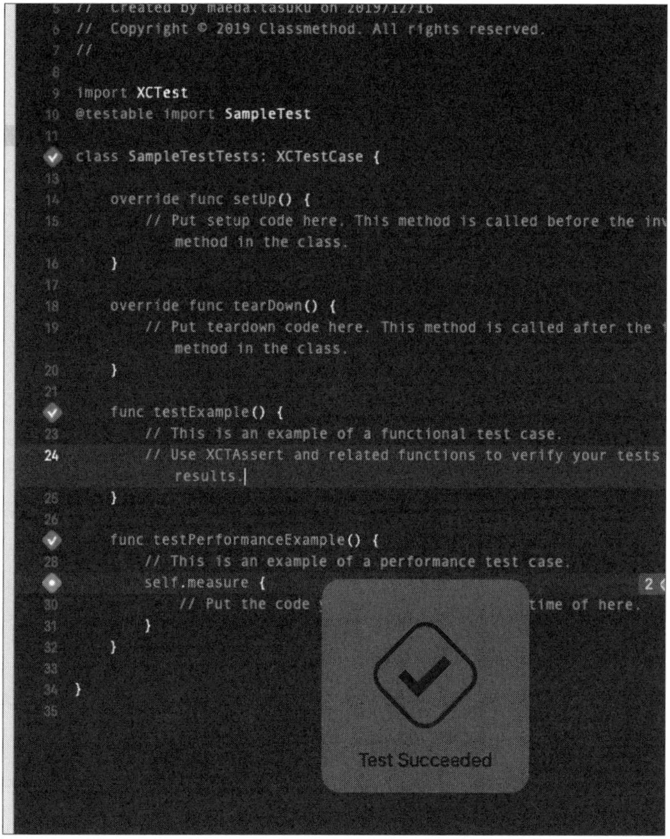
// Copyright © 2019 Classmethod. All rights reserved.
//
import XCTest
@testable import SampleTest
class SampleTestTests: XCTestCase {
override func setUp() {
// Put setup code here. This method is called before the inv
method in the class.
}
override func tearDown() {
// Put teardown code here. This method is called after the
method in the class.
}
func testExample() {
// This is an example of a functional test case.
// Use XCTAssert and related functions to verify your tests
results.
}
func testPerformanceExample() {
// This is an example of a performance test case.
self.measure {
// Put the code
time of here.
}
}
}
Test Succeeded

サンプルのテストクラスは、必要なければ削除してしまっても問題ないです。

➡ テストクラスを新規作成

では、テストクラスをはじめから作成してみましょう。しかし、その前にテストされるクラスを作成します。今回はIntCheckerというクラスを用意しました。

▼リスト6-1

```
class IntChecker {
    /// 偶数かどうかチェックする
    /// - Parameter number: チェックしたい数
    /// - Returns: 偶数だったらtrue。奇数だったらfalse
    func checkEven(number: Int) -> Bool {
        return number % 2 == 0
    }
}
```

それではテストクラスを作成します。Testsフォルダを選択した後、新規ファイルを作成します。右クリックでNew Fileを選択します。ダイアログの中からUnit Test Case Classを選択します。

▼図6-8

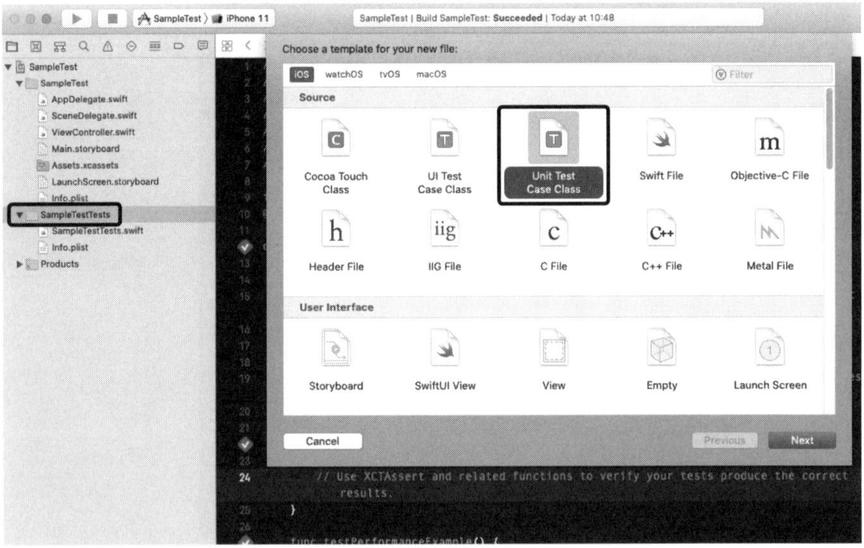

クラス名は「テストする対象+Tests」とすると良いでしょう。今回はIntCheckerTestsとしました。

▼図6-9

作成したクラスの中身を確認すると、サンプルのテストクラスと同じものが入っています。このうち、`testExample`と`testPerformanceExample`は必要ないので削除します。

▼リスト6-2

```
import XCTest

class IntCheckerTests: XCTestCase {

    override func setUp() {

    }

    override func tearDown() {

    }

}
```

■ テストターゲットのimport

テストできるようにテスト対象をimportします。そのとき、`@testable`を前につけます。テスト対象モジュールとテストモジュールは別のものです。そのため、テストモジュールからテスト対象モジュールを呼び出す場合、internalやpublicのアクセスコントロールをテスト対象モジュールに記述する必要があります。しかし、`@testable`をつけて

importすれば、アクセスコントロールをつけずにテストが可能になります。

▼リスト6-3

```
import XCTest
@testable import SampleTest
```

テスト対象の名前がわからないときは、プロジェクト設定のTARGETSの項目を確認します。

▼図6-10

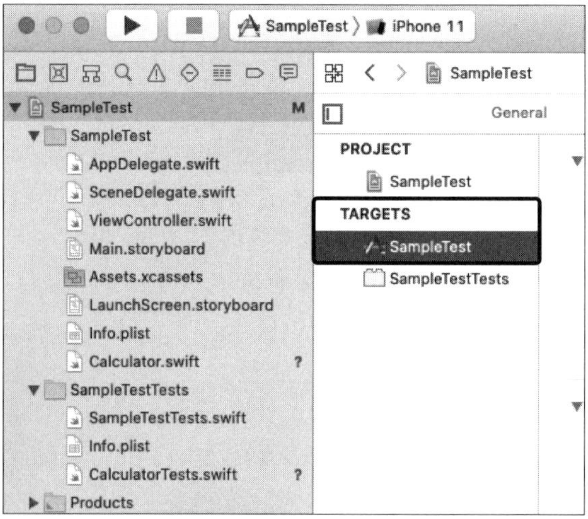

■ setUpとtearDown

setUpとtearDownは特別なメソッドです。テストメソッドを実行する前後に呼ばれます。たとえば、クラスが以下のような場合だとします。

▼リスト6-4

```
class IntCheckerTests: XCTestCase {

    override func setUp() {
        print("set up")
    }

    override func tearDown() {
        print("tear down")
    }
```

```
    func testSample1() {
        print("test sample 1")
    }

    func testSample2() {
        print("test sample 2")
    }
}
```

テストを実行すると、出力は以下のようになります。

▼リスト6-5

```
... (略)
set up
test sample 1
tear down
... (中略)
set up
test sample 2
tear down
```

setUpがテストの前に、tearDownがテストの後に実行されています。これを利用して、各テストの前に初期化をおこなったり、テストの後に片付け処理を書くことができます。

■ テストメソッド

テストメソッドの名前には、以下のルールがあります。

- 引数なし
- 返り値なし
- 小文字でtestから始まる

このルールに基づいた名前にすると、XCTest frameworkがテストメソッドだと自動認識します。

▼リスト6-6

```
func testCheckEvenNumber() {
    let checker = IntChecker()
    // 奇数のときはfalseが返る
    let result1 = checker.checkEven(number: 7)
    XCTAssertEqual(result1, false)

    // 偶数のときはtrueが返る
    let result2 = checker.checkEven(number: 8)
    XCTAssertTrue(result2)
}
```

テストを実行すると成功します。ここでXCTAssertEqualとXCTAssertTrueというメソッドが出ました。これはアサーションの一種です。

アサーション

アサーションとは、ある値が期待した値になっているかをチェックするしくみです。もし期待した値になればテストは成功し、そうでなければテストは失敗します。XCTestには、以下のようなアサーションがあります。

▼表6-1　おもなアサーション

カテゴリ	名前	役割
等価テスト	XCTAssertEqual	値が等しいことをテスト
Boolテスト	XCTAssertTrue	値がtrueであることをテスト
Boolテスト	XCTAssertFalse	値がfalseであることをテスト
Nilテスト	XCTAssertNil	値がnilであることをテスト
Nilテスト	XCTAssertNotNil	値がnilでないことをテスト
例外テスト	XCTAssertThrows	例外を投げることをテスト
条件失敗	XCTFail	意図しない条件がおきた場合、強制的にテストを失敗させる

表ではわかりやすくするため値をテストと書いていますが、実際には式を書くことも可能です。たとえば、以下のようになります。

▼リスト6-7

```
XCTAssertEqual(1 + 2, 3)
XCTAssertEqual(checker.checkEven(number: 8), true)
```

各アサーションの使用例は以下のとおりです。

▼リスト6-8

```
func testExample() {
    let text = "hello" + " world"
    // 等価テスト
    XCTAssertEqual(text, "hello world")

    let bool = true
    // boolテストは成功
    XCTAssertTrue(bool)
    // boolテストは失敗
    XCTAssertFalse(bool)

    let optional: Int? = nil
    // nilテストは成功
    XCTAssertNil(optional)
    // nilテストは失敗
    XCTAssertNotNil(optional)

    // エラーを投げる
    XCTAssertThrowsError(try throwFunc(text: "error function"))

    // 条件失敗
    let condition = 9
    if condition > 5 {
        XCTFail("condition > 5")
    }
}

// 引数の長さでthrowするサンプルメソッド
func throwFunc(text: String) throws {
    if text.count > 5 {
        throw SampleError.textCount
    }
}

enum SampleError: Error {
    case textCount
}
```

■ 失敗したときのメッセージを記述する

アサーションには、失敗したときの説明を記述できます。説明は、アサーションの引数の最後に追加します。

▼リスト6-9

```
func testDescription() {
    XCTAssertEqual(1 + 2, 5, "1 + 2 = 3")
}
```

テスト実行時は以下のように表示されます。

▼図6-11

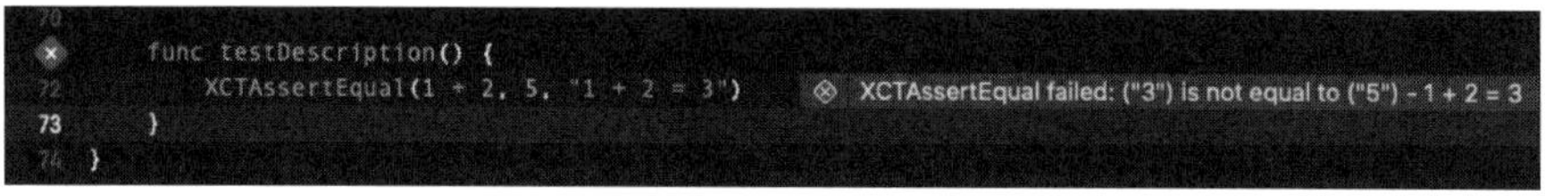

➡ テストの実行と結果表示

■ 全テストを実行する

作成したテストクラスをすべて実行する場合は、セットアップのところで書いたように、以下のようにおこないます。

- メニューから「Product」→「Test」を選択
- ショートカットで実行する場合は、Command＋U

■ テスト結果を表示する

テスト結果はテストナビゲータから確認できます。テストナビゲータには、テスト一覧と実行結果が表示されます。緑のチェックマークが成功を、赤の×マークが失敗を意味します。

▼図6-12

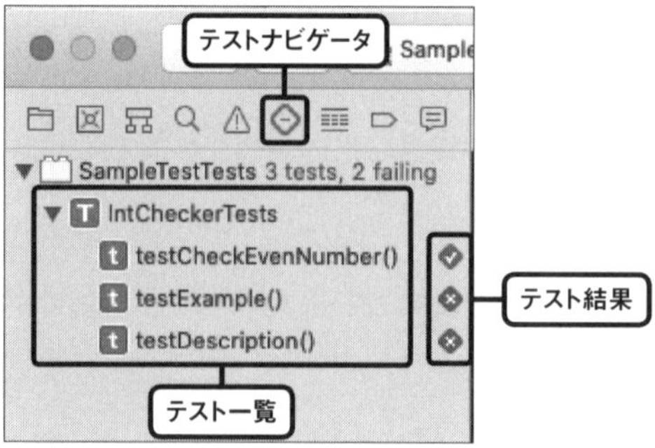

また、結果のマーク部分にマウスをロールオーバーすると、三角マークに切り替わります。この状態でクリックすると、各クラスや各メソッドのみ実行できます。

▼図6-13

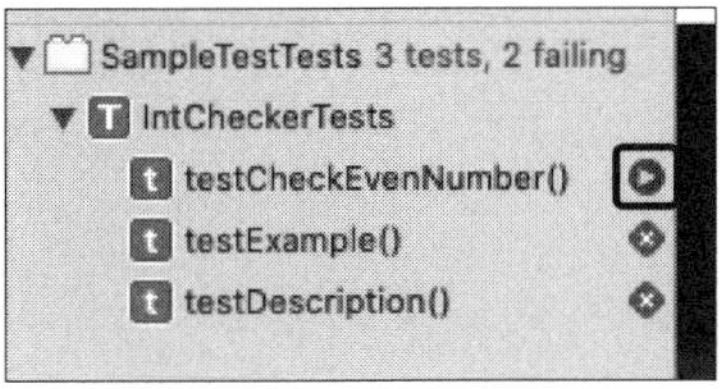
SampleTestTests 3 tests, 2 failing
IntCheckerTests
testCheckEvenNumber()
testExample()
testDescription()

テストクラスのコードを表示すると、同様に結果マークが表示されます。このマークも、テストナビゲータと同様に、マウスをロールオーバーすることで実行マークに切り替わり、指定した部分だけテストできます。

▼図6-14

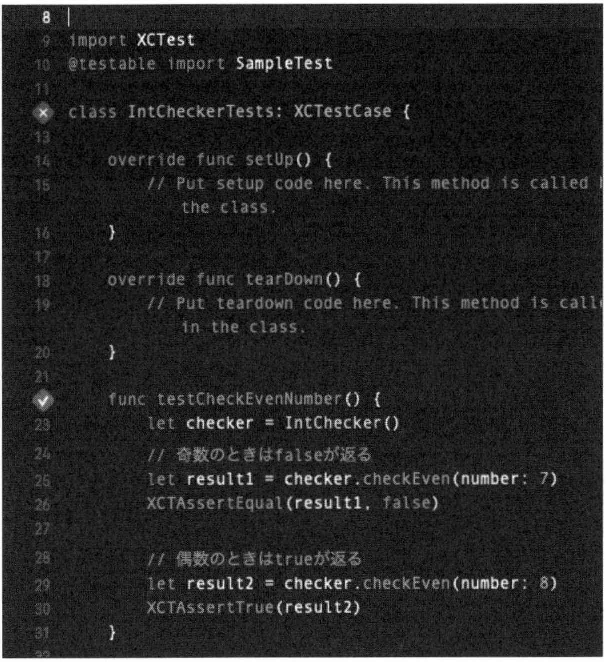
import XCTest
@testable import SampleTest
class IntCheckerTests: XCTestCase {
override func setUp() {
// Put setup code here. This method is called
the class.
}
override func tearDown() {
// Put teardown code here. This method is call
in the class.
}
func testCheckEvenNumber() {
let checker = IntChecker()
// 奇数のときはfalseが返る
let result1 = checker.checkEven(number: 7)
XCTAssertEqual(result1, false)
// 偶数のときはtrueが返る
let result2 = checker.checkEven(number: 8)
XCTAssertTrue(result2)
}

■ リポートナビゲータ

リポートナビゲータでは、テスト結果がさらにくわしく表示されます。

▼図6-15

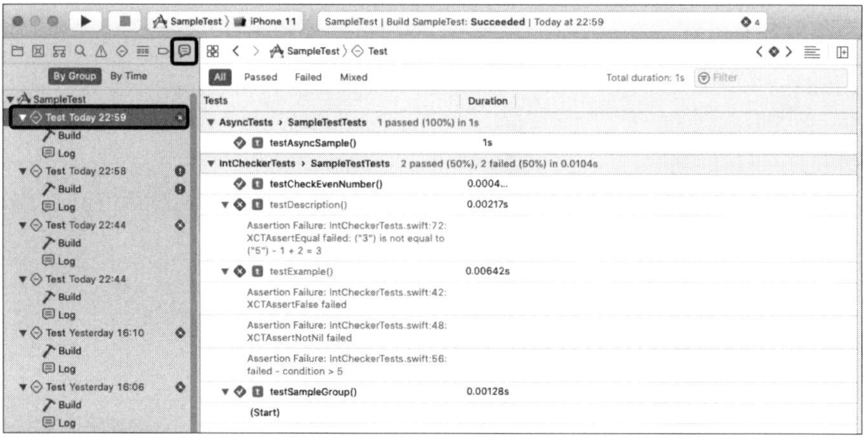

非同期テスト

これまでは、実行結果がすぐにわかる同期テストを説明してきました。これに対して、通信処理などは、いつ実行処理が終わるかわからない非同期処理です。非同期処理のテストはXCTestExpectationも使用します。

▼リスト6-10

```
func testAsyncSample() {
    // XCTestExpectationの作成
    let sampleExpectation = expectation(description: "非同期処理のサンプル")

    // 非同期処理の例。ここではタイマーを利用
    DispatchQueue.main.asyncAfter(deadline: .now() + 1.0) {
        // アサーション。実際には非同期の実行結果を使う
        XCTAssertEqual(1 + 2, 3)
        // 非同期処理が成功したのでXCTestExpectationに伝える
        sampleExpectation.fulfill()
    }

    // 3秒まで非同期処理を待つ。それを超えるとテスト失敗
    wait(for: [sampleExpectation], timeout: 3)
}
```

XCTestExpectationを作成して、waitで待ち、非同期処理の中でfulfillする、という流れです。

テストのグループ化

メソッドを分けることで、何に対してのテストなのかを表すことができます。しかし、1つのメソッドの中で複数のアサーションをグループ分けしたい場面があります。また、グループ分けをしなくても、何に対してのアサーションなのかを説明できると、後からテストコードを見たときにわかりやすくなります。

▼リスト6-11

```
func testSampleGroup() {
    let checker = IntChecker()
    XCTContext.runActivity(named: "奇数のときはfalseが返る") { _ in
        let result1 = checker.checkEven(number: 7)
        XCTAssertFalse(result1)
        let result2 = checker.checkEven(number: -1)
        XCTAssertFalse(result2)
    }
    XCTContext.runActivity(named: "偶数のときはtrueが返る") { _ in
        let result1 = checker.checkEven(number: 4)
        XCTAssertTrue(result1)
        let result2 = checker.checkEven(number: 0)
        XCTAssertTrue(result2)
    }
    XCTContext.runActivity(named: "エラーサンプル") { _ in
        XCTFail("エラーを起こす")
    }
}
```

このとき、リポートナビゲータでテスト結果がグループ分けされて表示されます。

▼図6-16

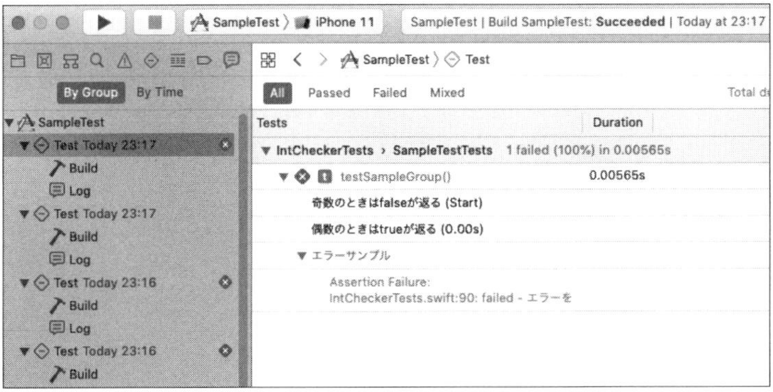

6-3 XCTestでUIテスト

UIテストのセットアップ

UIテストのセットアップも、ユニットテストと同じようにおこないます。

■ 新規プロジェクトの場合

新規プロジェクト作成のダイアログで、「Include UI Tests」にチェックをつけます。

▼図6-17

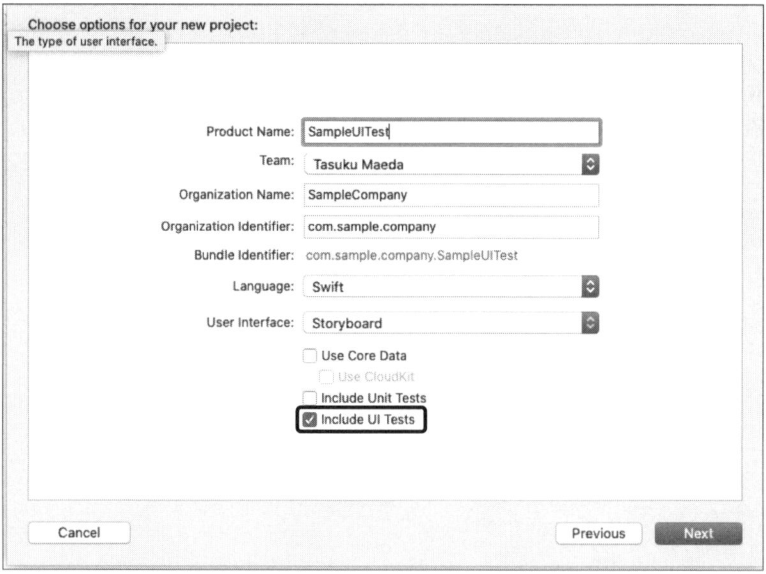

■ 既存プロジェクトの場合

プロジェクトターゲットの+ボタンを押します。ダイアログが表示されるので、Testの項目の中にある「UI Testing Bundle」を選択して「Next」を押します。

▼図6-18

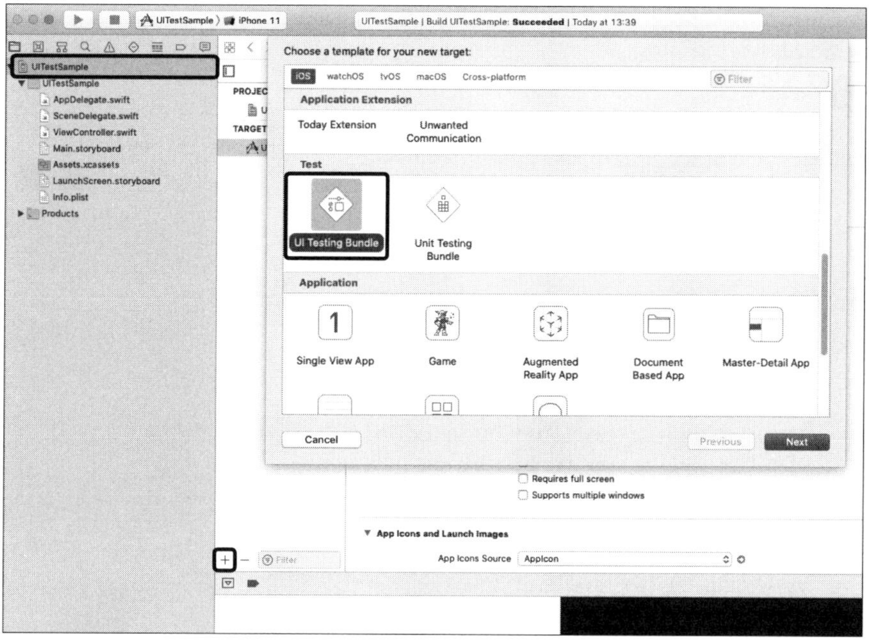

TARGETSの中にUITestsが入っていれば成功です。

▼図6-19

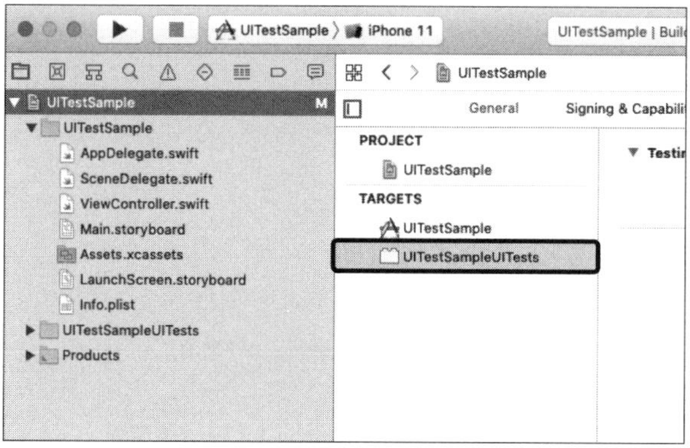

➡ テストするサンプルプロジェクト

UIテストするサンプルプロジェクトとして、足し算をするアプリを考えてみます。数値1

と数値2に数値を入力してから計算ボタンを押すと、計算結果が表示されます。

▼図6-20

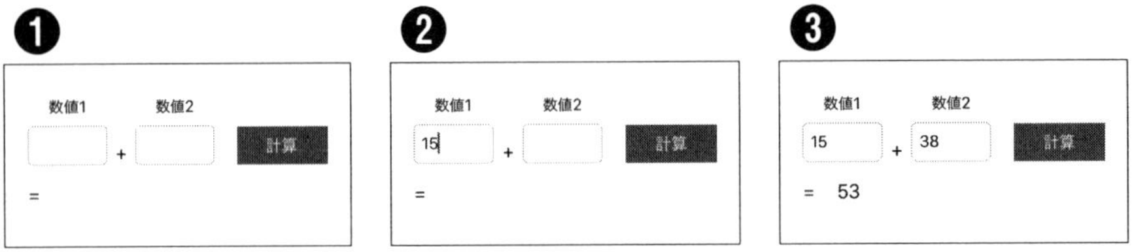

▼リスト6-12

```
class ViewController: UIViewController {

    @IBOutlet weak var num1TextField: UITextField?
    @IBOutlet weak var num2TextField: UITextField?
    @IBOutlet weak var resultLabel: UILabel!

    weak var editingTextField: UITextField?
    var inputTextAtStartEditing: String?
    var isCalculateComplete: Bool = false

    override func viewDidLoad() {
        super.viewDidLoad()

        setup()
    }

    func setup() {
        addBackgroundTapGesture()
        num1TextField?.inputAccessoryView = createNumpadToolbar()
        num2TextField?.inputAccessoryView = createNumpadToolbar()
        resultLabel.text = nil
    }

    func addBackgroundTapGesture() {
        let tapGesture = UITapGestureRecognizer(target: self, action:
#selector(ViewController.didTapBackground))
        tapGesture.numberOfTapsRequired = 1
        view.addGestureRecognizer(tapGesture)
    }

    @objc func didTapBackground() {
        stopTextEditing()
    }
```

```
func createNumpadToolbar() -> UIToolbar {
    let toolbarFrame = CGRect(x: 0, y: 0, width: view.frame.width, height: 44)
    let toolbar = UIToolbar(frame: toolbarFrame)
    toolbar.barStyle = .default
    toolbar.autoresizingMask = .flexibleWidth

    let cancelButton = UIBarButtonItem(
        barButtonSystemItem: .cancel,
        target: self,
        action: #selector(ViewController.didTapNumpadCancelButton(_:)))

    let doneButton = UIBarButtonItem(
        barButtonSystemItem: .done,
        target: self,
        action: #selector(ViewController.didTapNumpadDoneButton(_:)))

    let spacer = UIBarButtonItem(
        barButtonSystemItem: .flexibleSpace,
        target: nil,
        action: nil)

    toolbar.setItems([cancelButton, spacer, doneButton], animated: false)
    toolbar.sizeToFit()
    return toolbar
}

@objc func didTapNumpadCancelButton(_ button: UIBarButtonItem) {
    editingTextField?.text = inputTextAtStartEditing
    stopTextEditing()
}

@objc func didTapNumpadDoneButton(_ button: UIBarButtonItem) {
    stopTextEditing()
}

func stopTextEditing() {
    view.endEditing(true)
}

@IBAction func didTapCalculateButton() {
    if let result = calculate() {
        resultLabel.text = "¥(result)"
        isCalculateComplete = true
    }
```

```
        stopTextEditing()
    }

    func calculate() -> Int? {
        guard let num1Text = num1TextField?.text,
              let num1 = Int(num1Text),
              let num2Text = num2TextField?.text,
              let num2 = Int(num2Text) else {
            print("入力数値がおかしいですよー")
            return nil
        }
        return num1 + num2
    }
}

extension ViewController: UITextFieldDelegate {

    func textFieldDidBeginEditing(_ textField: UITextField) {
        // 計算が完了した後に入力を開始した場合はリセットする
        if isCalculateComplete {
            num1TextField?.text = nil
            num2TextField?.text = nil
            resultLabel.text = nil
            isCalculateComplete = false
        }
        inputTextAtStartEditing = textField.text
        editingTextField = textField
    }
}
```

■ UIテストできるようにAccessibilityにIdentifierを設定

UIテストをする際にコードから参照できるように、AccessibilityのIdentifierを設定します。

Storyboardで各コンポーネントを選択した後、Identityインスペクタータブを開きます。AccessibilityのIdentifierに名前を入力します。

▼図6-21

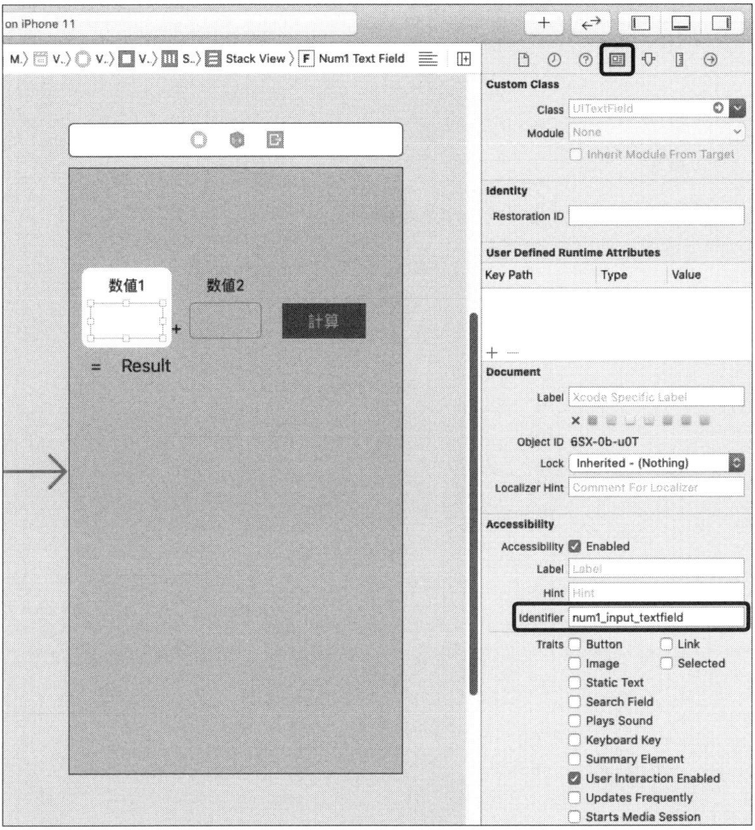

名前は以下のようにします。

▼図6-22

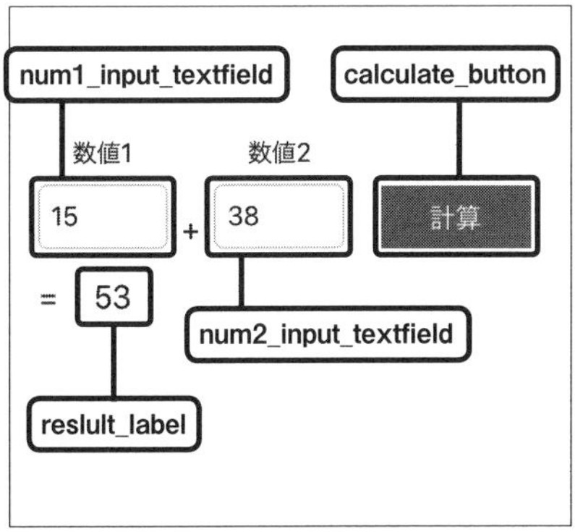

➡ UIテストを書く

このUIテストでは、以下の流れでテストします。

- (1) 数値を入力する
- (2) 計算ボタンを押す
- (3) 計算結果が問題なく表示できているかを確認する

テストコードは以下になります。

▼リスト6-13

```
import XCTest

class UITestSampleUITests: XCTestCase {

    override func setUp() {
        continueAfterFailure = false
    }

    override func tearDown() {
    }

    func testAddCalculation() {
        let app = XCUIApplication()

        // アプリ立ち上げ
        app.launch() // (1)

        // コンポーネントをAccessibilityから取得 (2)
        let num1TextField = app.textFields["num1_input_textfield"]
        let num2TextField = app.textFields["num2_input_textfield"]
        let calcButton = app.buttons["calculate_button"]
        let resultLabel = app.staticTexts["result_label"]

        XCTContext.runActivity(named: "コンポーネントの存在を確認") { _ in
            XCTAssertTrue(num1TextField.exists)
            XCTAssertTrue(num2TextField.exists)
            XCTAssertTrue(calcButton.exists)
            XCTAssertTrue(resultLabel.exists)
        }

        // 数値を入力 (3)
```

```
        num1TextField.tap()
        num1TextField.typeText("37")

        num2TextField.tap()
        num2TextField.typeText("5")

        XCTContext.runActivity(named: "入力した数値を確認") { _ in
            XCTAssertEqual(num1TextField.value as? String, "37")
            XCTAssertEqual(num2TextField.value as? String, "5")
        }

        // 計算ボタンを押す (4)
        calcButton.tap()

        // 計算結果を確認 (5)
        XCTContext.runActivity(named: "計算結果を確認") { _ in
            XCTAssertEqual(resultLabel.label, "42")
        }
    }
}
```

コードの(1)～(5)の各部分は、以下のようになっています。

- (1) XCUIApplicationを作成した後に、app.launchでアプリを立ち上げる
- (2) Accessibilityに設定したIDを使い、appのカテゴリごとのグループから各コンポーネントを取得
- (3) TextFieldに数値を入力する。このときtypeTextで入力する前に、tapを呼び出してコンポーネントをアクティブにする
- (4) 計算ボタンを押す
- (5) 計算結果を確認する

テスト中にシミュレータを確認すると、人間が操作しているようにコンピュータが自動操作していることがわかります。

スクリーンショットを撮る

XCTestでは、テスト中のスクリーンショットを撮影して、画像ファイルとして確認することが可能です。

▼リスト6-14

```
// 入力前のスクリーンショットを撮る
let screenshot = XCUIScreen.main.screenshot()
let attachment = XCTAttachment(screenshot: screenshot)
// 成功しても画像を保存し続ける
attachment.lifetime = .keepAlways
// 成功時に削除する設定はこちら
//attachment.lifetime = .deleteOnSuccess
add(attachment)
```

テストを実行した後にリポートナビゲータを確認すると、スクリーンショットが保存されていることが確認できます。

▼図6-23

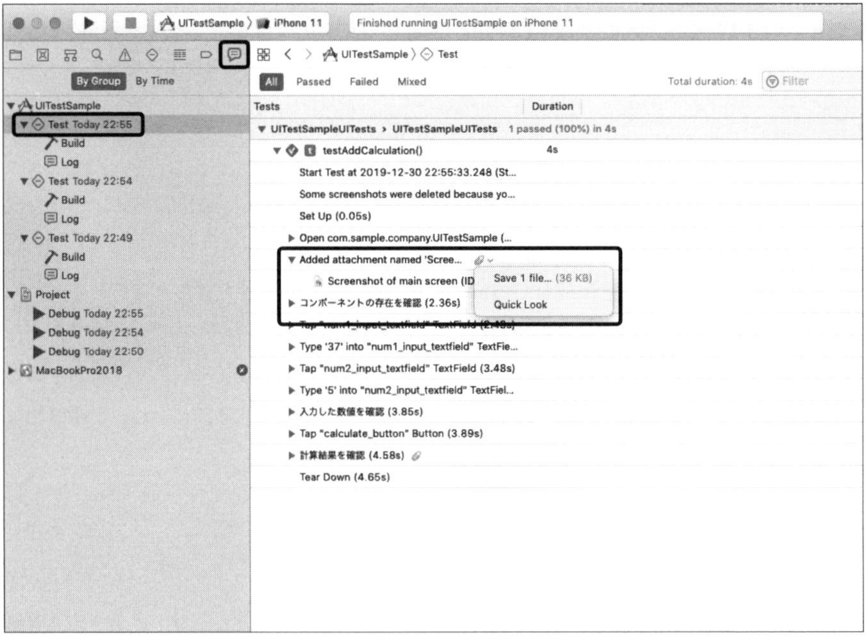

`XCAttackment`のlifetimeをkeepAlwaysにすると、テストを実行するたびに画像が保存されてしまい、Macのストレージ容量を圧迫してしまいます。そのため、基本的にはdeleteOnSuccessにしておけば良いでしょう。

もしテストログが溜まって容量が気になる場合は、Derived Dataの中の該当プロジェクトを削除してください。Derived Dataフォルダは、「Prefrences」→「Locations」→

「Derivedxc Data」の三角の矢印ボタンを押すと、Finderが立ち上がり確認できます。

▼図6-24

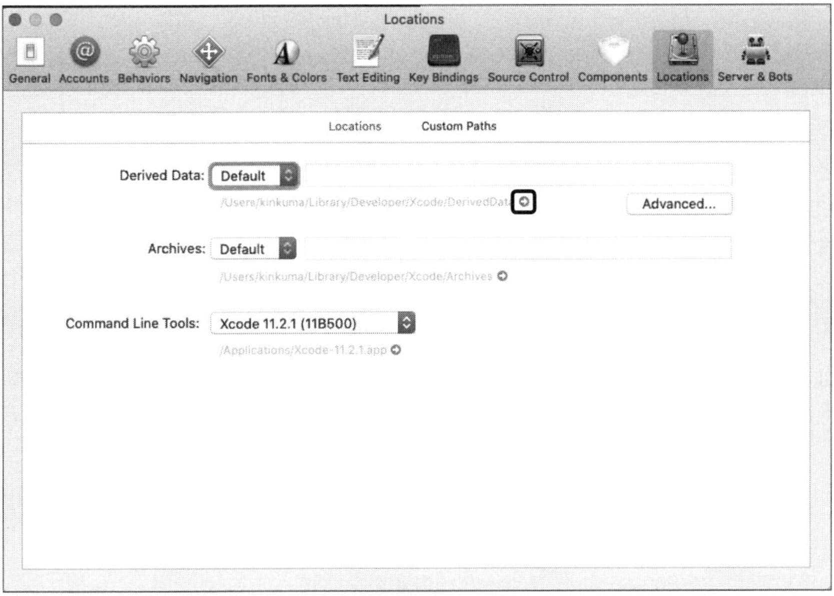

6-4 CI/CD入門

ソフトウェア開発で、CI/CDという用語があります。これは、Continuous Integration (継続的インテグレーション) とContinuous Delivery (継続的デリバリー) の略です。

CIとは

CIとは、各開発者が書いたソースコードを、開発チームで共有する端末でコピーしてソースコードをまとめた後、ビルドをするものです。iOSのCIのイメージは、Gitなどのバージョン管理システムと組み合わせて、以下のワークフローをおこないます。

- (1)ローカル端末で開発したソースコードをソースコードサーバーにPush
- (2)ビルドサーバーがソースコードサーバーの変更を検知
- (3)ビルドサーバーがソースコードをPull
- (4)ビルドサーバーでプロジェクトをビルド。テストもおこなう
- (5)ビルドサーバーでインストールできるアプリを作成して配布

▼図6-25　iOS開発におけるCIのワークフロー

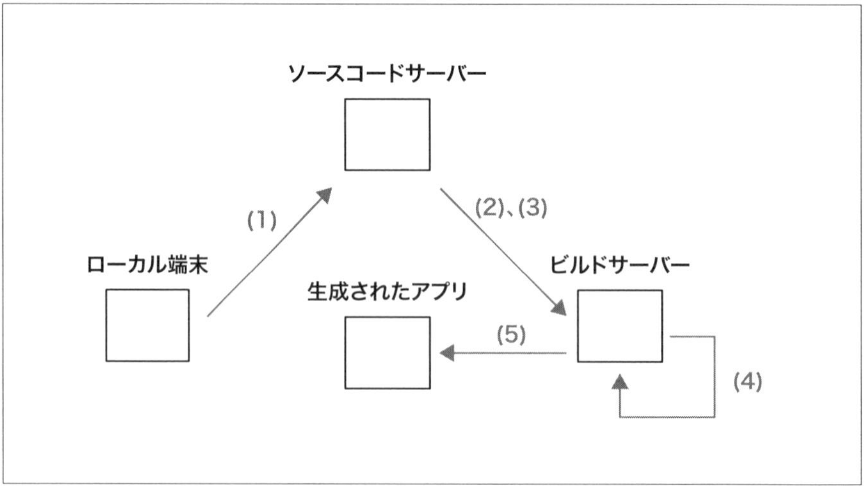

図では、ワークフローを開始するタイミングをPushにしていますが、特定のブランチにマージするときなど、任意のタイミングで構いません。ソースコードサーバーは、GitHubやGitLabがあります。また、ビルドサーバーとしては、GitHub Actions、Bitrise、CircleCIなどのWebサービスや、JenkinsなどのOSSがあります。

(5)のアプリ配布部分は、CD（継続的デリバリー）です。CDは、ワークフローの中で毎回おこなう必要はありません。たとえば、特定にブランチにマージするときのみおこなうなどとして、プロジェクトでルールを決めれば良いでしょう。

➜ CIのメリット

CIのワークフローは、開発が完了してアプリをリリースするタイミングでおこなうのではなく、開発中に何度もおこないます（1日に何回もおこなっても良い）。こうすることで、以下のメリットが得られます。

■ 問題の早期発見ができて修正も楽になる

ソースコードをコミットするタイミング、または任意のタイミングでワークフローをおこないます。そのときにビルドエラーがおきれば、まさにそのコミットがエラーを起こしたことになります。エラーを修正するには、そのコミットだけを修正すればよく、問題が小さいうちに対処可能です。

■ テスト適用範囲が広がる

ローカル端末で、複数端末向けに複数のテストをおこなうと時間がかかってしまい、その間の開発作業が止まってしまいます。サーバーでテストをおこなえば、その間にローカル端末では別の作業をできます。サーバーでは、広範囲のさまざまなテストを設定できます。

■ テスト統計情報を毎回生成できる

ワークフローの進行状況やテストの失敗状況を毎回生成することで、いつでもアプリの状態を確認できます。

➜ CDとは

CDは、ソースコードの変更があるたびに、短いサイクルでソフトウェアをいつでもリリースできる状態にしておくことです。CIのワークフローの最後に、アプリをリリース用にパッケージングします。iOSでは、開発環境はAd Hoc用、本番環境はApp Store用に書き出します。

➡ Xcode ServerでCIを実践する

実際のプロジェクトでは、ビルドサーバーにGitHub Actions、Bitrise、CircleCIなどのWebサービスを利用することが多いでしょう。しかし、ここではMacで手軽にCI/CDをおこなえるXcode Serverを使って、CIをやってみましょう。Xcode Serverは、Xcodeにデフォルトで入っている機能です。

また、もしXcode Serverを実際のプロジェクトで使う場合は、開発用Macとは別のMacを用意して、それをビルドサーバーとして動かすほうが良いです。ただ、今回は体験が目的なので、開発用Macの中でXcode Serverを動かします。

それから、ソースコードサーバーはGitHubにします。事前にGitHubにリポジトリを作って、CIしたいプロジェクトをPushしておいてください。

■ Server & Botsの設定

Xcodeのメニューから「Xcode」→「Preferences」を選んで設定ダイアログを表示します。「Server & Bots」を選択し、右上のXcode Serverの起動スイッチをクリックします。

▼図6-26

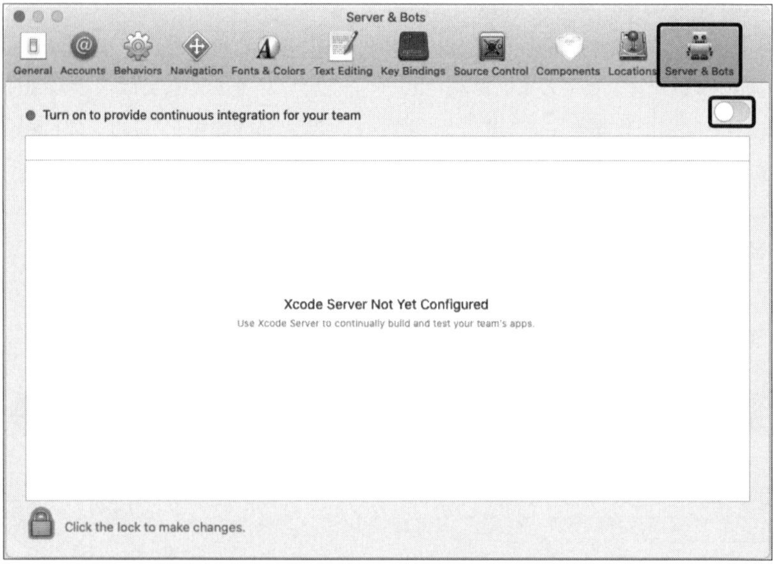

管理者権限が必要なのでパスワードを入力します。すると、インテグレーションユーザー選択画面になります。Administratorでないユーザーが推奨されていますが、ここでは現在ログイン中のAdministratorのアカウントを選択しました。

▼図6-27

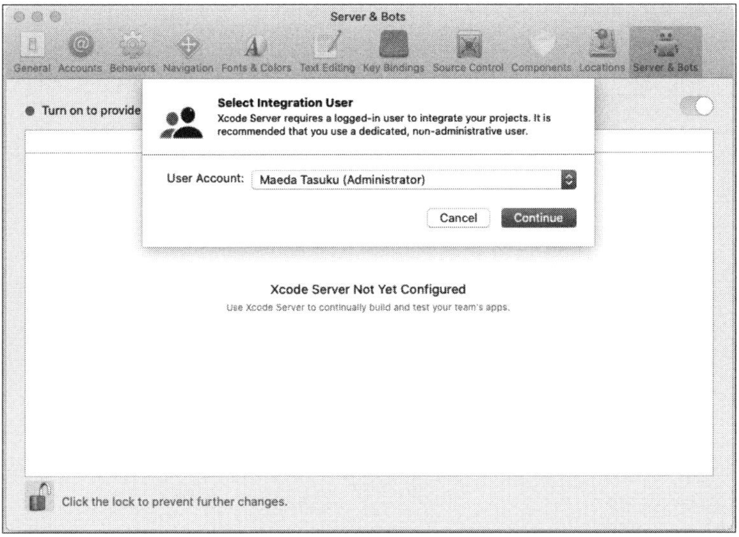

設定が完了すると、次のような画面になります。

▼図6-28

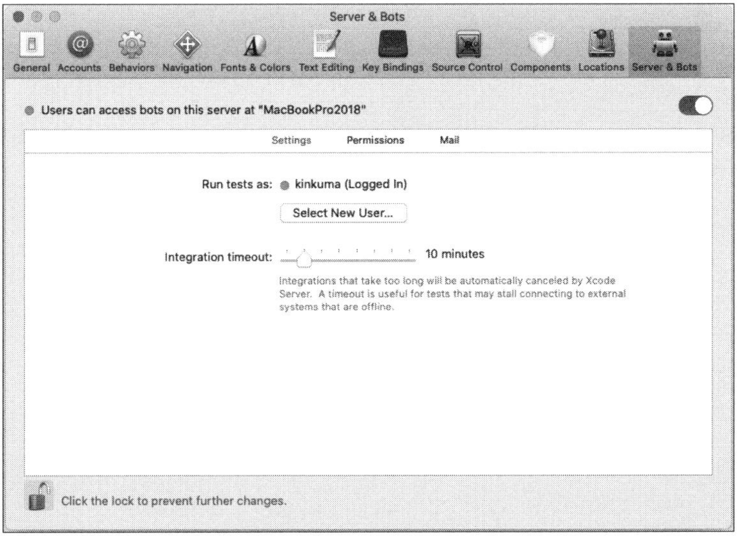

■ Accountsの設定

アカウントを追加します。Accountsタブの左下の＋マークをクリックします。

▼図6-29

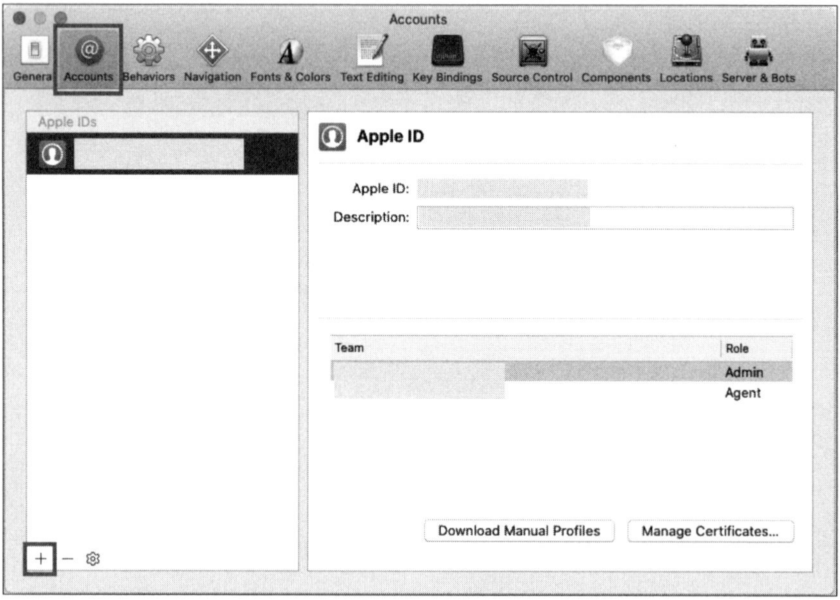

Xcode Serverを選択します。

▼図6-30

端末を選択します。

▼図6-31

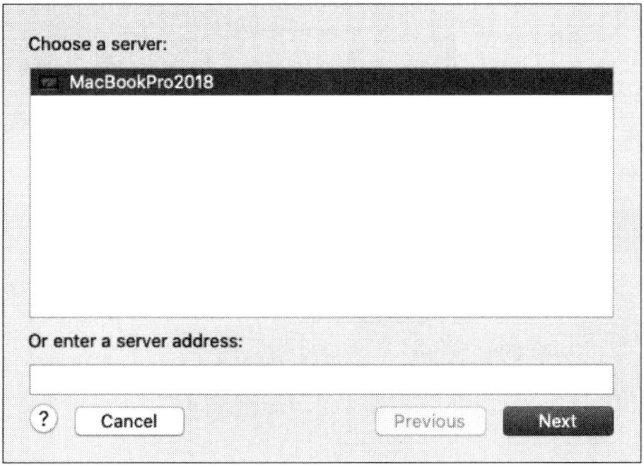

ログイン中のユーザーアカウントで、User NameとPasswordを入力します。

▼図6-32

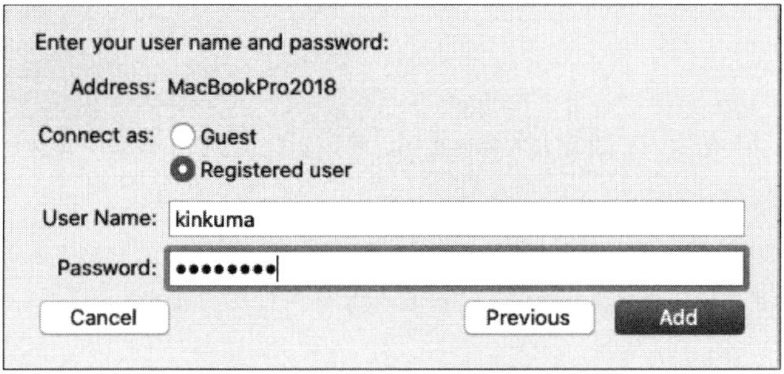

Xcode Serverアカウントが追加されれば成功です。

▼図6-33

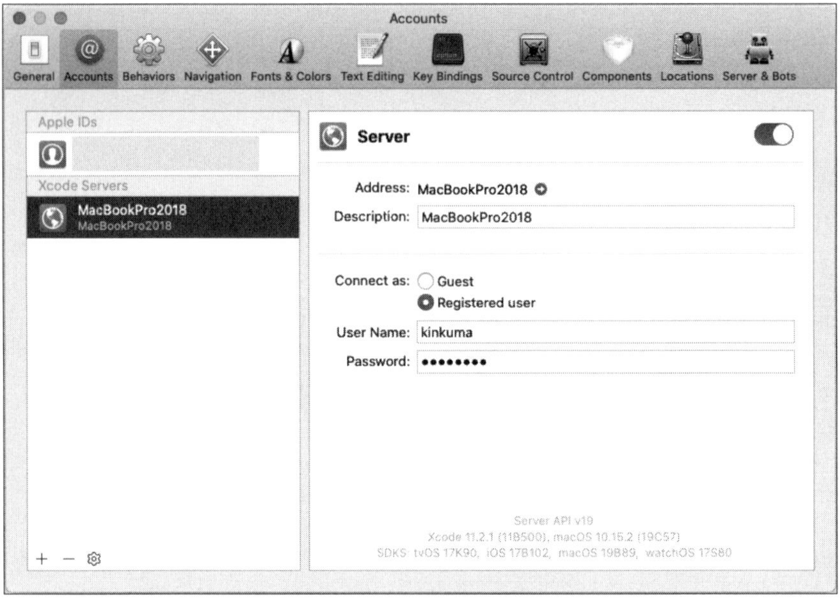

■ Schemeの共有

ここからは、プロジェクトを開いて設定していきます。前述したように、プロジェクトはGitHubにPushしておいてください。

プロジェクトのSchemeが共有になっていない場合は、共有化します。プロジェクト名をクリックして出てくるメニューから、Manage Schemesをクリックします。

▼図6-34

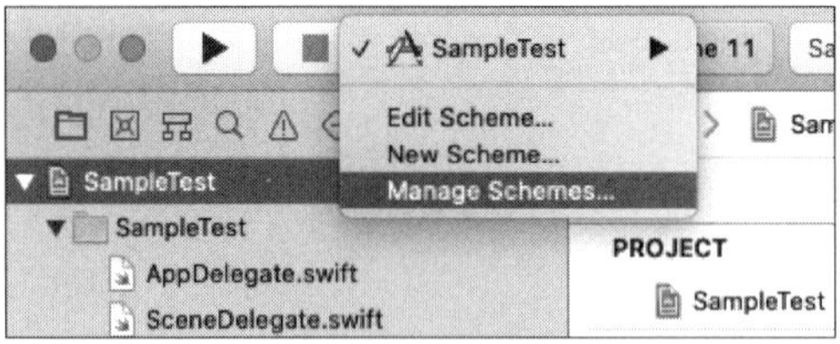

Sharedにチェックが入っていない場合は、チェックします。その後、またGitHubにPushしてください。

▼図6-35

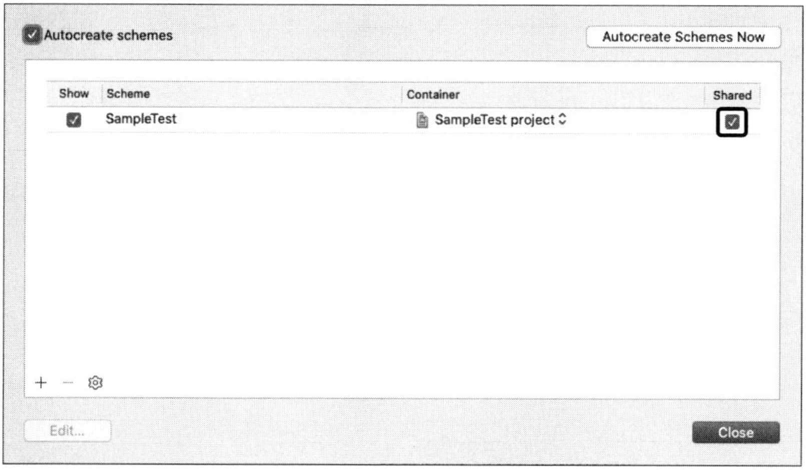

Botsの作成

Xcode Serverでのワークフローは、Bot単位でおこないます。Botが、リポジトリの変更を検知したり、ビルドする命令を出します。

メニューから「Product」→「Create Bot」を選択します。Bot作成のダイアログが出ます。

▼図6-36

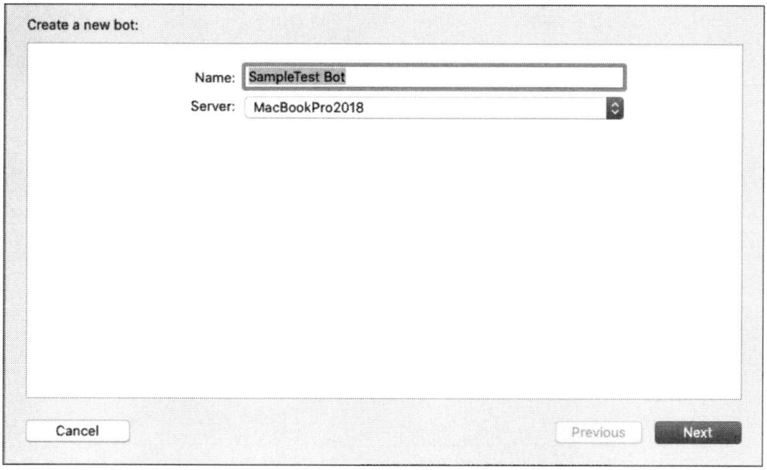

リポジトリを選択します。GitHubへの認証が必要です。Sing Inボタンを押してログイ

ンしてください。ログイン後にNextをクリックして、次の画面に進みます。

▼図6-37

Botで何をおこなうかを設定します。Testにチェックを入れると、ユニットテストとUIテストをおこないます。テストに使用する言語とリージョンを設定できます。ipaファイルの書き出しはおこなわないので、Archiveのチェックをはずします。

▼図6-38

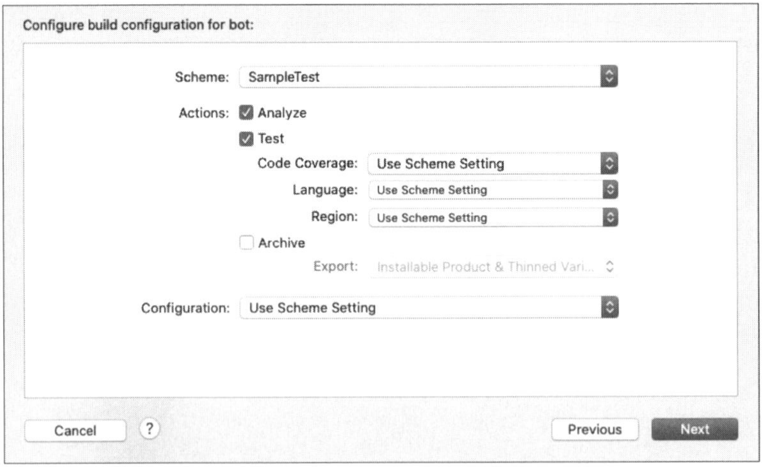

Bot起動のタイミングのスケジュールを設定します。ここでは、GitHubリポジトリに変更があった場合に開始するようにしました。

▼図6-39

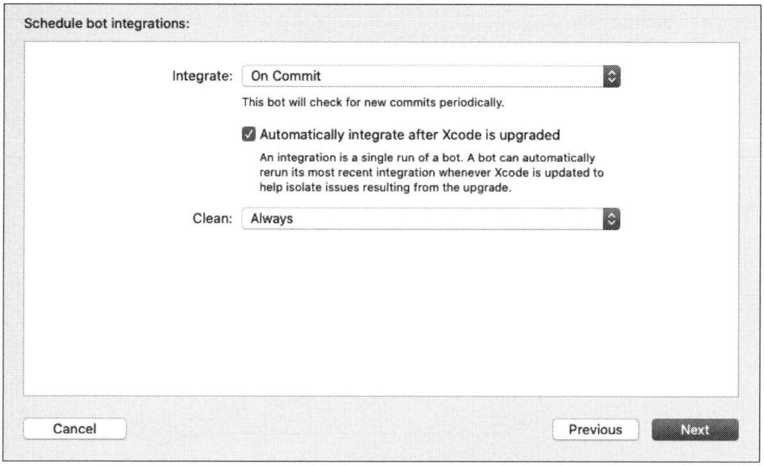

何の端末でテストをおこなうかを設定します。ここでは、iPhone 11のシミュレータでのみおこなうようにしました。

▼図6-40

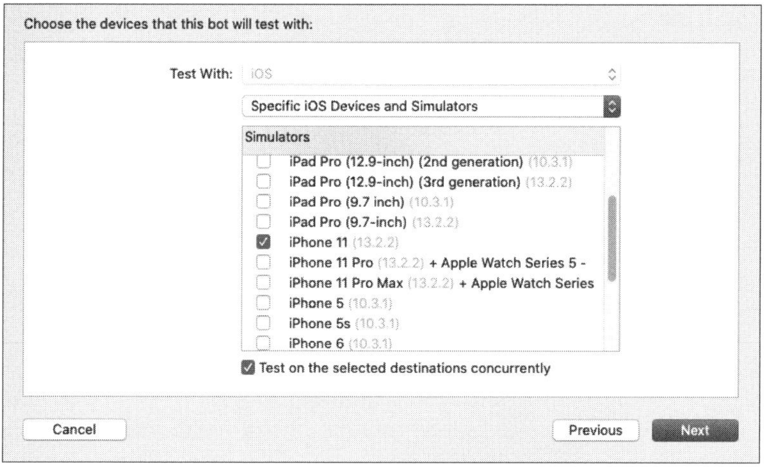

Xcode Serverに証明書とプロビジョニングプロファイルを設定します。ここでは、Optionsにチェックはいれませんでした。

▼図6-41

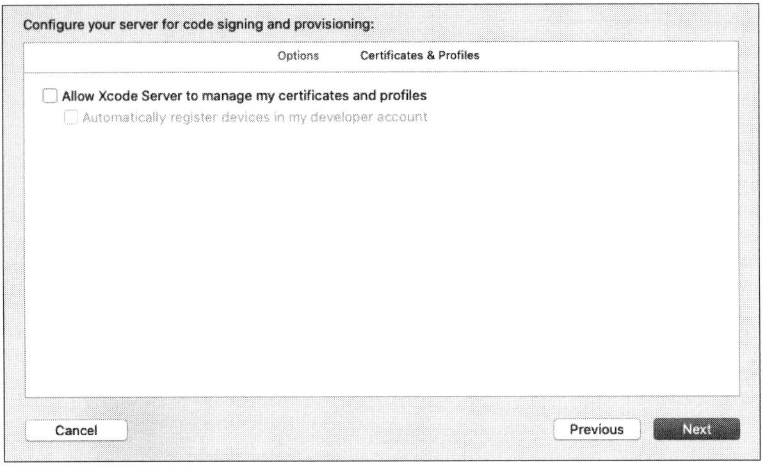

Certificates & Profilesのところで、テストに必要な証明書とプロビジョニングプロファイルを Add to Server ボタンをクリックして追加しました。

▼図6-42

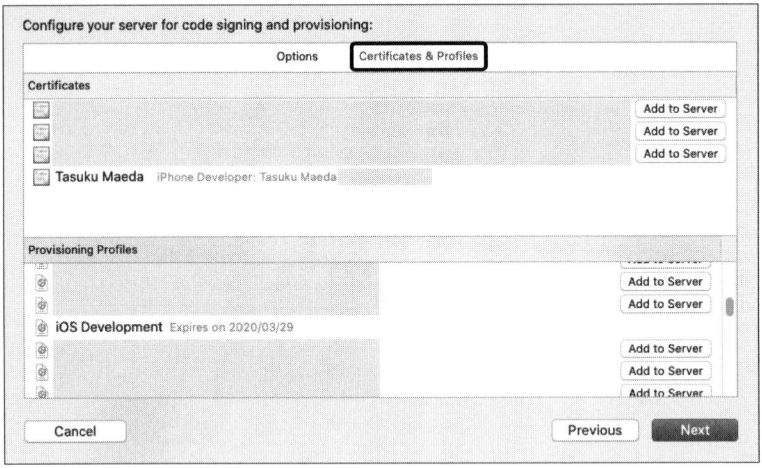

ビルドやアプリ実行時の環境変数の設定です。ここでは特に必要ないため空欄にしました。

▼図6-43

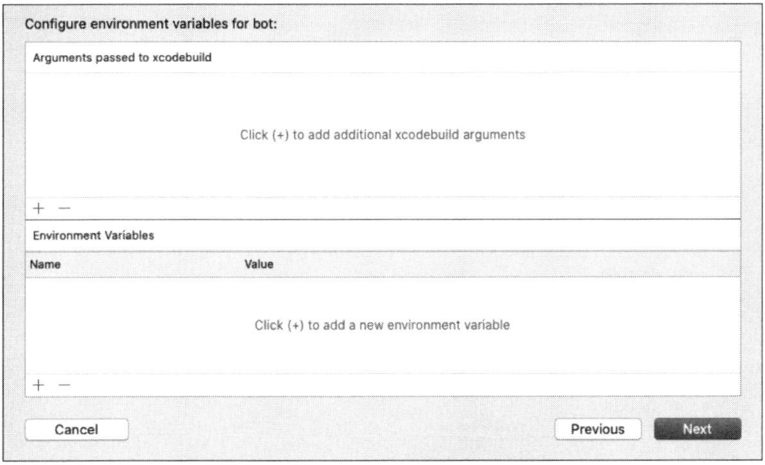

Botの開始時や終了時にシェルスクリプトを実行したり、メールを送信することが可能です。たとえば、Bot終了時にSlackにメッセージを送信できます（別途Slackアプリの作成が必要）。ここでは特に必要ないため空欄にしました。これでBotが作成されました。

▼図6-44

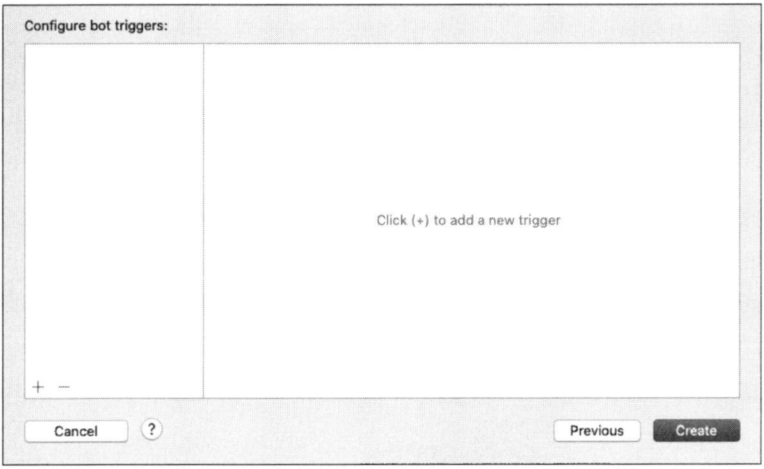

■ 実行結果の表示

Botを作成すると自動でワークフローが開始されます。リポートナビゲータからBotの実行結果を確認できます。

▼図6-45

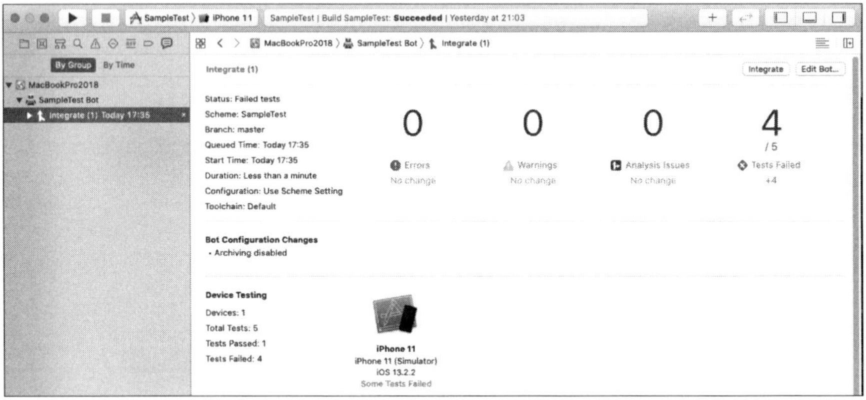

　画面右上のIntegrateボタンを押すと手動でBotを開始します。Edit Botボタンを押すとBotの設定を編集できます。

▼図6-46

　もし、GitHubにソースをPushされてコミット履歴に変更があると、ワークフローが開始されます。以上でXcode Serverを使ったCIの入門は完了です。ここでは説明しませんでしたが、Xcode ServerではCDもおこなうことが可能です。

索引

記号

& 83
+= 68
$ 164
@escaping 98
@IBAction 222
@IBOutlet 217
@State 162, 171
*.xcodeproj 276
*.xcworkspace 280
*xcworkspace 276

A

Accessibility 356
Activity Monitor 39
Adaptive User Interfaces 27
Add Package Dependency... 299
Alamofire 311
API 20, 28
append(_:) 67
append(contentsOf:) 68
AppKit 116
Apple ID 24
Application Programming Interface 28
App Store 24, 30
App Store Connect 30
App Store Reviewガイドライン 31
associated value 108
async 103
attribute 98
Attribute Inspecter 131
autoclosure 98
Auto Layout 27, 198

B

background 105
background modifier 140
Bluetooth 17
body 121, 171, 173
Bool 65
Breakpoint Navigator 39
Button 160, 173

C

Canvas 131
Cartfile 285, 294
Cartfile.resolved 286, 296
Carthage 269, 284
case 92
catch 109
CD 362
CI 362
CocoaPods 269, 271
Constraint 199
Content 147
ContentView_Previews 121
Continuous Delivery 362
Continuous Integration 362
Core Locationフレームワーク 29

D

Debug area 58
Debug Navigator 39
default 92, 105
Delegateパターン 99
destination 156
Dictionary 69
Dictionary<Key, Value> 69
DispatchQueue 104
do 109
do-catch 109
Double 64

Dynamic Text ………… 27

E

else ………… 88, 90
else if ………… 88
enter() ………… 106
enum ………… 108
Error protocol ………… 108
escaping ………… 98
extension ………… 87, 108

F

Face ID ………… 19, 253
Failable Initializer ………… 107
FIDO ………… 253
Find Navigator ………… 39
font ………… 135
fontWeight ………… 135
for ………… 94
ForEach ………… 153, 169, 180
for-in ………… 95

G

GCD ………… 102
GitHub ………… 312
Global Queue ………… 103, 105
Grand Central Dispatch ………… 102
guard ………… 90
guard-let ………… 90, 107

H

HorizontalAlignment ………… 138
HStack ………… 127, 136
HTTP通信 ………… 311
HTTPヘッダー ………… 315
HUD ………… 324
HUG ………… 193

I

IDE ………… 24
Identifiable ………… 147, 150, 169
if ………… 88
if-let ………… 89, 107
iMac ………… 24
Image ………… 174
inout ………… 83
insert(_:at:) ………… 68
Int ………… 60, 63, 75
Int64 ………… 63
iOS Human Interface Guidelines ………… 193
iOS SDK ………… 28
Issue Navigator ………… 39

J

JSON ………… 312, 314

K

Kingfisher ………… 318

L

LAContext ………… 254
leave() ………… 106
let ………… 59
Link Binary With Libraries ………… 287
List ………… 147

M

Mac ………… 24
MacBook ………… 24
MacBook Pro ………… 24
Main Queue ………… 103
MFA ………… 252
modifier ………… 135, 139

N

navigationBarTitle() ………… 156
navigationBarTitle modifier ………… 153
NavigationLink ………… 147, 155
NavigationView ………… 147, 153, 171
nil ………… 70, 74
notify() ………… 106
Null安全 ………… 74

O

Objective-C ………… 20
offset modifier ………… 142
onDelete(perform:) ………… 180
Optional ………… 73, 107

Optional<Wrapped> 73, 89
OS 20, 26
OSS 268

P

padding modifier 139, 140
PKHUD 324
Playground 56
pod 275, 279, 283
Podfile 275, 279, 280, 283
Podfile.lock 280, 283
pod install 276, 280, 283
pod outdated 281
Podsディレクトリ 280
pod update 282, 283
previews 121
Private Queue 103
Project Navigator 39
protocol 84

R

raw value 108
rawValue 72, 152
removeAll() 69
remove(_at:) 68
remove(at:) 180
removeFirst() 69
removeLast() 69
repeat-while 96
Report Navigator 39
Result<Succes, Failure> 112
Run Script 289

S

Safe Area 207
SDK 17
Section 153
Sequence protocol 94
Server & Bots 364
SF Symbol 174
Slider 163
Source Control Navigator 39
Spacer 142
Storyboard 197
String 60, 62, 75
struct 75
subscripts 68
super 77
Swift Package Manager 269, 298
Swift Packages 299, 302, 308
Swift Playground 20
SwiftUI 116
switch 91
Symbol Navigator 39
sync 103
System Image 174

T

TaskView 171
TDD 17
Teamアカウント 42
Test Navigator 39
Text 124, 152
TextField 173
throw 109
throws 110
Toggle 164
Touch ID 19, 253
Trailing closure 161
try 111
try! 111
try? 111

U

UI 16, 186
UICollectionView 102
UICollectionViewDelegate 102
UI Flows 191
UIImageView 319
UIKit 56, 116
UIKitフレームワーク 29
UINavigationController 226
UITableView 102, 226
UITableViewDelegate 102
UIエレメントカラー 246
UIテスト 352
unspecified 105
update(_:forKey:) 71

Update to Latest Package Versions... …… 305, 306
userInitiated …… 104
userInteractive …… 104
User Interface …… 16
utility …… 105
UX …… 186

V

validate …… 315
var …… 59
View protocol …… 121
Views and Controls …… 160
Void型 …… 84
VStack …… 126, 127, 136

W

Web API …… 312
where …… 95
while …… 94, 95
Wrapped? …… 74
WWDC …… 20

X

Xcode …… 24, 56, 71, 269, 298
Xcode Server …… 364
Xcodeワークスペース …… 38
XCTestExpectation …… 350
XCTest framework …… 337

あ行

アクティビティシナリオ …… 188
アサーション …… 346
値型 …… 75
新しいバージョン …… 281
アップデート …… 282
アニメーション …… 323
安定性 …… 268
アンラップ …… 89
委譲 …… 99
イニシャライザ …… 76, 107, 156, 169
インアウト引数 …… 82
インスタンス …… 75
インスタンス化 …… 79
インスタンスメソッド …… 67
インストール …… 311
インスペクターエリア …… 40
インタラクションシナリオ …… 188
インタラクション設計 …… 185
インタラクティブ …… 20
エディタエリア …… 40
エラーハンドリング …… 107
演算 …… 16
演算子 …… 64
エンドポイント …… 314
オープンソース …… 17
オブジェクト指向 …… 17
オプショナル …… 70
オプショナルバインディング …… 89
オペレーティングシステム …… 26
親クラス …… 77

か行

開発の高速化 …… 271
外部引数名 …… 78, 82
カスタマージャーニーマップ …… 189
カスタムカラー …… 247
型 …… 54, 60, 66
型安全 …… 71
型推論 …… 54, 60
角丸 …… 322
画面設計 …… 185
仮引数 …… 82
関数 …… 55, 81, 83, 97
企画 …… 184
キャッシュ …… 318, 320
キャッチアップ …… 19
キャンバス …… 121
クラス …… 75, 77
クロージャ …… 83, 97
継承 …… 77
結合テスト …… 336
工数 …… 268
構造化シナリオ …… 188
構造体 …… 75
効率化 …… 268
コード量の削減 …… 271
子クラス …… 77

コンポーネント 16

さ行

サーバー 315
サブクラス 77
参照型 75
ジェスチャー 259
システムカラー 244
失敗 327
失敗可能イニシャライザ 107
実引数 82
自動テスト 334
シミュレータ 25
ジャイロセンサー 25
手動テスト 334
条件式 88
条件分岐 16
状態管理 81
情報設計 185
処理 16
シリアライズ 316
シンタックスシュガー 74
真理値 65
スーパークラス 77
スクリーンショット 359
スコープ 90, 98
スタティックメソッド 67
ステータスコード 315
制御構文 88
成功 327
生産性 268
静的型付き言語 54
制約 199
整列ツール 211
設計 185
絶対値 27
宣言型 116
総合テスト 336
ソースコードエディタ 40
属性 98

た行

ダークモード 241
ダウンロード 318, 319
タプル 75
多要素認証 252
単体テスト 336
中央集権型 271
抽象化 84
中置演算子 64
ツールバー 38
定数 59
定数名 59
ディスプレイサイズ 27
データ通信 14
適応的なUI 27
デザインパターン 17, 99
テスト 185, 334
テスト駆動開発 17
テストターゲット 343
テストのグループ化 351
テストフレームワーク 337
テストメソッド 345
デバッグエリア 40
デファクトスタンダード 20
デフォルト値 82
同期テスト 350
統合開発環境 24
動的型付き言語 54
トレイリングクロージャ 97

な行

内部引数名 78, 82
内部表現 72
ナビゲーターエリア 39
ネットワーク通信 14

は行

バージョンアップ 19
バージョン管理 280, 295
バージョン指定 294, 300, 306
バージョンの指定 279, 304
ハードウェア 14
配列 66
バインディング 164
パスワードレス認証 253
パターンマッチ 92, 112
パッケージング 29

ハッシュ 69
ハッシュテーブル 69
パラメーター 314
バリデーション 315
バリューシナリオ 188
引数 97
ビジュアルイメージ 185
否定 65
非同期処理 14, 98
非同期テスト 350
ビルド 278, 302
プッシュ遷移 260
プラットフォーム 30
フルスタック 14
プレースホルダ 321
フレームワーク 29, 56
プレビュー 40
プログラム 14
プロジェクトファイル 302, 308
プロトコル 84
プロパティ 77
分散型 284, 298
分析 186
ペーパープロトタイプ 194
ベゼルレス 19
ペルソナ 187
変数 55, 59
変数名 59
ボトムシート 263

ま行

マスク 330
命題論理 65
メソッド 77, 81
モーダル遷移 260
文字列リテラル 63
モックアップ 196
モデル 27
戻り値 84

や行

ユーザーインターフェース 16
ユーザーインタラクション 160
ユーザーシナリオ 187
ユーザビリティ 187
ユーティリティ 14

ら行

ライセンス 269
ライブラリ 17
ライブラリ管理ツール 271
ライブラリの更新 281, 305, 307
ライブラリの削除 283
ライブラリの追加 298
リアクティブプログラミング 17
リクエスト 311, 313, 314
リポートナビゲータ 349
リリース 19, 185
レスポンス 311, 315, 316
列挙型 71, 75, 92
連想配列 69
ローカルスコープ 98
ローディング 325
ロジック 16
論理演算 65
論理積 65
論理和 65

わ行

ワイヤーフレーム 195

参考資料

第2章

- 「The Basics — The Swift Programming Language (Swift 5.1)」
  https://docs.swift.org/swift-book/LanguageGuide/TheBasics.html
- 『［改訂新版］Swift 実践入門 —— 直感的な文法と安全性を兼ね備えた言語』（石川洋資、西山勇世　著／2018年／技術評論社）
- 「Swift.org - API Design Guidelines」
  https://swift.org/documentation/api-design-guidelines/
- 「Swiftのエラー4分類が素晴らしすぎるのでみんなに知ってほしい - Qiita」
  https://qiita.com/koher/items/a7a12e7e18d2bb7d8c77
- 「Swiftで値型と参照型の違いを理解する - Qiita」
  https://qiita.com/koher/items/bcdbf6578b6edd1f9e0c

第3章

- 「SwiftUI | Apple Developer」
  https://developer.apple.com/jp/xcode/swiftui/
- 「SwiftUI by Example | HACKING WITH SWIFT」
  https://www.hackingwithswift.com/quick-start/swiftui
- 「SwiftUIチュートリアル」
  https://developer.apple.com/tutorials/swiftui

第4章

- 『Web制作者のためのUXデザインをはじめる本』（玉飼真一、村上竜介、佐藤哲、太田文明、常盤晋作、株式会社アイ・エム・ジェイ 著／2016年／翔泳社）
- 『UXリサーチの道具箱 イノベーションのための質的調査・分析』（樽本徹也 著／2018

年／オーム社）

- 『［新版］UIデザインの教科書 マルチデバイス時代のインターフェース設計』（原田秀司 著／2019年／翔泳社）

- 『UIデザイン　みんなで考え、カイゼンする。』（栄前田勝太郎、河西紀明、西田陽子 著／2019年／MdN）

- 『はじめてのUIデザイン』（吉竹遼、池田拓司、上ノ郷谷太一、元山和之、宇野雄、坪田朋 著／2019年／PEAKS出版）

- 『スマートフォンアプリマーケティング　現場の教科書』（川畑雄補、丸山弘詩、荻野博章 著、2016年／マイナビ出版）

- 「UI Flows」
https://signalvnoise.com/posts/1926-a-shorthand-for-designing-ui-flows

第6章

- 「XCTest | Apple Developer Documentation」
https://developer.apple.com/documentation/xctest

- 「Testing with Xcode」
https://developer.apple.com/library/archive/documentation/DeveloperTools/Conceptual/testing_with_xcode/chapters/01-introduction.html

- 『iOSアプリ開発自動テストの教科書　〜XCTestによる単体テスト・UIテストから、CI/CD、デバッグ技術まで』（平田敏之、細沼祐介 著／2019年／技術評論社）

- 『iOSテスト全書』（松尾和昭、田中賢治、細沼祐介、平田敏之、玉城信悟 著／2019年／PEAKS）

- 「About Continuous Integration in Xcode」
https://developer.apple.com/library/archive/documentation/IDEs/Conceptual/xcode_guide-continuous_integration/index.html#//apple_ref/doc/uid/TP40013292-CH1-SW1

- 「Xcode Server and Continuous Integration Guide」
https://developer.apple.com/library/archive/documentation/IDEs/Conceptual/xcode_guide-continuous_integration/index.html

著者プロフィール

諏訪悠紀（すわゆうき）
主にモバイルアプリやWebアプリのデベロッパー、またAWSやGCPのソリューションアーキテクトとして活動している。得意分野はUI・UXデザイン、モバイルアプリ、サーバーサイド、インフラ、サーバーレスなど多岐にわたる。技術メディアへの記事投稿、イベントへの登壇などを積極的におこなっている。特撮好きな二児の父。

平屋真吾（ひらやしんご）
クラスメソッド株式会社所属のiOSアプリエンジニア。大学時代からiOSアプリ開発に取り組みはじめ、これまで数十のiOSアプリの開発や保守を担当。UIの実装が得意。理解しやすくメンテナンスしやすいコードを好む。個人でもアプリを開発していて、学生向けの時間割管理アプリや、音楽フェスのタイムテーブル作成アプリなどを公開している。

前田翼（まえだたすく）
クラスメソッド株式会社所属のiOSアプリエンジニア。Flash、Webフロントエンド、iOSアプリなどユーザーが直接触れる部分をこれまで担当している。「きんくまデザイン」名義で個人制作アプリを公開中。

田辺信之（たなべのぶゆき）
クラスメソッド株式会社所属のiOSアプリエンジニア。異業種からソフトウェアエンジニアに転職し、クラスメソッドで現在2社目。サーバーサイドとクライアントサイド両方を担当していたが、現在はネイティブアプリ開発を専門として業務に従事している。

●お問い合わせについて

本書に関するご質問は、FAX か書面でお願いいたします。電話での直接のお問い合わせにはお答えできませんので、あらかじめご了承ください。また、下記の Web サイトでも質問用フォームを用意しておりますので、ご利用ください。

ご質問の際には、以下を明記してください。

・書籍名　・該当ページ・　返信先（メールアドレス）

ご質問の際に記載いただいた個人情報は質問の返答以外の目的には使用致しません。

お送りいただいたご質問には、できる限り迅速にお答えするよう努力しておりますが、お時間をいただくこともございます。

なお、ご質問は本書に記載されている内容に関するもののみとさせていただきます。

●問い合わせ先

宛先：〒 162-0846
東京都新宿区市谷左内町 21-13
株式会社技術評論社　雑誌編集部
「スタートダッシュ iOS」係
FAX：03-3513-6173
Web サイト：https://gihyo.jp/book/2020/978-4-297-11403-9

スタートダッシュ iOS《アイオーエス》

～アプリエンジニアの必須《ひっす》ノウハウをサクっと押《お》さえる

2020 年 6 月 13 日　初版　第 1 刷発行

著　者　諏訪《すわ》悠紀《ゆうき》、平屋《ひらや》真吾《しんご》、前田《まえだ》翼《たすく》、田辺《たなべ》信之《のぶゆき》
発行者　片岡　巌
発行所　株式会社技術評論社
東京都新宿区市谷左内町 21-13
電　話　03-3513-6150　販売促進部
03-3513-6177　雑誌編集部
印刷 / 製本　日経印刷株式会社

ISBN978-4-297-11403-9　C3055
Printed in Japan

装丁　トップスタジオ デザイン室
（轟木亜紀子）
本文デザイン・DTP　SeaGrape
編集　西原康智